第二次青藏高原综合科学考察研究丛书

三江源国家公园
生态系统现状、变化及管理

赵新全 等 著

科学出版社

北京

内 容 简 介

三江源地处青藏高原腹地，是我国淡水资源的重要补给地，是高原生物多样性最集中的地区。为保护该地独特的生物多样性及生态系统，我国建立了首个体制机制试点的三江源国家公园，为国家公园体系建设提供示范样板。本书展示了三江源国家公园及其毗邻地区的生物多样性及分布格局、植被特征的遥感监测及变化解析、草地资源合理利用、野生动物及栖息地恢复、生态系统服务功能重要性分区及其空间差异、生态资产核算及生态补偿、生态承载力与区域生态安全评价、适应性管理模式及实践等方面的最新研究成果。

本书可供生态学、生态系统管理相关研究领域的科研人员、高校教师和研究生阅读，也可作为国家公园管理的政策制定、生态资产评估和生态补偿制度建立、生态承载力和草地管理等部门管理及技术人员的参考书。

审图号：GS（2021）3314号

图书在版编目（CIP）数据

三江源国家公园生态系统现状、变化及管理 / 赵新全等著. —北京：科学出版社，2021.8

（第二次青藏高原综合科学考察研究丛书）

国家出版基金项目

ISBN 978-7-03-063978-3

Ⅰ.①三… Ⅱ.①赵… Ⅲ.①国家公园–生态环境–环境管理–研究–青海 Ⅳ.①S759.992.44

中国版本图书馆CIP数据核字（2019）第289354号

责任编辑：李秋艳 朱 丽 程雷星 / 责任校对：何艳萍
责任印制：肖 兴 / 封面设计：吴霞暖

科学出版社 出版

北京东黄城根北街16号
邮政编码：100717
http://www.sciencep.com

北京汇瑞嘉合文化发展有限公司 印刷

科学出版社发行 各地新华书店经销

*

2021年8月第 一 版 开本：787×1092 1/16
2021年8月第一次印刷 印张：17 3/4
字数：420 000

定价：218.00元

（如有印装质量问题，我社负责调换）

刘丛强　中国科学院地球化学研究所

龚健雅　武汉大学

焦念志　厦门大学

赖远明　中国科学院西北生态环境资源研究院

胡春宏　中国水利水电科学研究院

郭正堂　中国科学院地质与地球物理研究所

王会军　南京信息工程大学

周成虎　中国科学院地理科学与资源研究所

吴立新　中国海洋大学

夏　军　武汉大学

陈大可　自然资源部第二海洋研究所

张人禾　复旦大学

杨经绥　南京大学

邵明安　中国科学院地理科学与资源研究所

侯增谦　国家自然科学基金委员会

吴丰昌　中国环境科学研究院

孙和平　中国科学院测量与地球物理研究所

于贵瑞　中国科学院地理科学与资源研究所

王　赤　中国科学院国家空间科学中心

肖文交　中国科学院新疆生态与地理研究所

朱永官　中国科学院城市环境研究所

《三江源国家公园生态系统现状、变化及管理》
编写委员会

主　编　赵新全

编　委　赵新全　樊江文　郑　华　周华坤　赵　亮　徐世晓

朱伟伟　李　奇　胡林勇　李欣海　姚步青　张雅娴

赵　娜　胡军华　詹祥江　黄小涛　薛　凯　高庆波

黄斌斌　冯晓玙　官惠玲　郭雅楠　王穗子　文　志

陈懂懂　张良侠

第二次青藏高原综合科学考察队
三江源科学考察分队人员名单

姓名	职务	工作单位
赵新全	分队长	中国科学院西北高原生物研究所 中国科学院三江源国家公园研究院
朱伟伟	执行队长	中国科学院空天信息创新研究院
李 奇	执行队长	中国科学院西北高原生物研究所 中国科学院三江源国家公园研究院
李欣海	执行队长	中国科学院动物研究所
胡林勇	执行队长	中国科学院西北高原生物研究所 中国科学院三江源国家公园研究院
赵 亮	执行队长	中国科学院西北高原生物研究所 中国科学院三江源国家公园研究院
陈懂懂	队员	中国科学院西北高原生物研究所 中国科学院三江源国家公园研究院
罗彩云	队员	中国科学院西北高原生物研究所 中国科学院三江源国家公园研究院
周华坤	队员	中国科学院西北高原生物研究所 中国科学院三江源国家公园研究院
赵 娜	队员	中国科学院西北高原生物研究所 中国科学院三江源国家公园研究院
贺福全	队员	中国科学院西北高原生物研究所 中国科学院三江源国家公园研究院
姚步青	队员	中国科学院西北高原生物研究所 中国科学院三江源国家公园研究院

徐世晓	队员	中国科学院西北高原生物研究所
		中国科学院三江源国家公园研究院
徐田伟	队员	中国科学院西北高原生物研究所
		中国科学院三江源国家公园研究院
高庆波	队员	中国科学院西北高原生物研究所
		中国科学院三江源国家公园研究院
刘宏金	队员	中国科学院西北高原生物研究所
		中国科学院三江源国家公园研究院
许茜	队员	中国科学院西北高原生物研究所
		中国科学院三江源国家公园研究院
张晓玲	队员	中国科学院西北高原生物研究所
		中国科学院三江源国家公园研究院
陈昕	队员	中国科学院西北高原生物研究所
		中国科学院三江源国家公园研究院
王循刚	队员	中国科学院西北高原生物研究所
		中国科学院三江源国家公园研究院
康生萍	队员	中国科学院西北高原生物研究所
		中国科学院三江源国家公园研究院
耿远月	队员	中国科学院西北高原生物研究所
		中国科学院三江源国家公园研究院
王玉山	队员	中国科学院动物研究所
王博一	队员	中国科学院动物研究所
吉中如	队员	中国科学院动物研究所
刘洋	队员	中国科学院动物研究所
朱筱佳	队员	中国科学院动物研究所
权擎	队员	中国科学院动物研究所
李帆	队员	中国科学院动物研究所
李百度	队员	中国科学院动物研究所
周巴	队员	中国科学院动物研究所
胡莉	队员	中国科学院动物研究所
骆倩倩	队员	中国科学院动物研究所

黄 冲	队员	中国科学院动物研究所
詹祥江	队员	中国科学院动物研究所
潘胜凯	队员	中国科学院动物研究所
王晓意	队员	中国科学院成都生物研究所
杨胜男	队员	中国科学院成都生物研究所
胡军华	队员	中国科学院成都生物研究所
夏安全	队员	中国科学院成都生物研究所
唐 科	队员	中国科学院成都生物研究所
黄 燕	队员	中国科学院成都生物研究所
王穗子	队员	中国科学院地理科学与资源研究所
李愈哲	队员	中国科学院地理科学与资源研究所
官惠玲	队员	中国科学院地理科学与资源研究所
张雅娴	队员	中国科学院地理科学与资源研究所
海 燕	队员	中国科学院地理科学与资源研究所
樊江文	队员	中国科学院地理科学与资源研究所
刘文俊	队员	中国科学院空天信息创新研究院
吴方明	队员	中国科学院空天信息创新研究院
吴炳方	队员	中国科学院空天信息创新研究院
赵 旦	队员	中国科学院空天信息创新研究院
曾 源	队员	中国科学院空天信息创新研究院
文 志	队员	中国科学院生态环境研究中心
冯晓玙	队员	中国科学院生态环境研究中心
郑 华	队员	中国科学院生态环境研究中心
郭雅楠	队员	中国科学院生态环境研究中心
黄斌斌	队员	中国科学院生态环境研究中心
王艳芬	队员	中国科学院大学
杜建卿	队员	中国科学院大学
陈 琳	队员	中国科学院大学
张 静	队员	中国科学院大学
周殊彤	队员	中国科学院大学
薛 凯	队员	中国科学院大学

丛 书 序 一

　　青藏高原是地球上最年轻、海拔最高、面积最大的高原，西起帕米尔高原和兴都库什、东到横断山脉，北起昆仑山和祁连山、南至喜马拉雅山区，高原面海拔4500米上下，是地球上最独特的地质－地理单元，是开展地球演化、圈层相互作用及人地关系研究的天然实验室。

　　鉴于青藏高原区位的特殊性和重要性，新中国成立以来，在我国重大科技规划中，青藏高原持续被列为重点关注区域。《1956—1967年科学技术发展远景规划》《1963—1972年科学技术发展规划》《1978—1985年全国科学技术发展规划纲要》等规划中都列入针对青藏高原的相关任务。1971年，周恩来总理主持召开全国科学技术工作会议，制订了基础研究八年科技发展规划（1972—1980年），青藏高原科学考察是五个核心内容之一，从而拉开了第一次大规模青藏高原综合科学考察研究的序幕。经过近20年的不懈努力，第一次青藏综合科考全面完成了250多万平方千米的考察，产出了近100部专著和论文集，成果荣获了1987年国家自然科学奖一等奖，在推动区域经济建设和社会发展、巩固国防边防和国家西部大开发战略的实施中发挥了不可替代的作用。

　　自第一次青藏综合科考开展以来的近50年，青藏高原自然与社会环境发生了重大变化，气候变暖幅度是同期全球平均值的两倍，青藏高原生态环境和水循环格局发生了显著变化，如冰川退缩、冻土退化、冰湖溃决、冰崩、草地退化、泥石流频发，严重影响了人类生存环境和经济社会的发展。青藏高原还是"一带一路"环境变化的核心驱动区，将对"一带一路"沿线20多个国家和30多亿人口的生存与发展带来影响。

　　2017年8月19日，第二次青藏高原综合科学考察研究启动，习近平总书记发来贺信，指出"青藏高原是世界屋脊、亚洲水塔，是地球第三极，是我国重要的生态安全屏障、战略资源储备基地，是中华民族特色文化的重要保护地"，要求第二次青藏高原综合科学考察研究要"聚焦水、生态、人类活动，着力解决青藏高原资源环境承载力、灾害风险、绿色发展途径等方面的问题，为守护好世界上最后一方净土、建设美丽的青藏高原作出新贡献，让青藏高原各族群众生活更加幸福安康"。习近平总书记的贺信传达了党中央对青藏高原可持续发展和建设国家生态保护屏障的战略方针。

第二次青藏综合科考将围绕青藏高原地球系统变化及其影响这一关键科学问题，开展西风–季风协同作用及其影响、亚洲水塔动态变化与影响、生态系统与生态安全、生态安全屏障功能与优化体系、生物多样性保护与可持续利用、人类活动与生存环境安全、高原生长与演化、资源能源现状与远景评估、地质环境与灾害、区域绿色发展途径等 10 大科学问题的研究，以服务国家战略需求和区域可持续发展。

"第二次青藏高原综合科学考察研究丛书"将系统展示科考成果，从多角度综合反映过去 50 年来青藏高原环境变化的过程、机制及其对人类社会的影响。相信第二次青藏综合科考将继续发扬老一辈科学家艰苦奋斗、团结奋进、勇攀高峰的精神，不忘初心，砥砺前行，为守护好世界上最后一方净土、建设美丽的青藏高原作出新的更大贡献！

孙鸿烈
第一次青藏科考队队长

丛书序二

  青藏高原及其周边山地作为地球第三极矗立在北半球，同南极和北极一样既是全球变化的发动机，又是全球变化的放大器。2000年前人们就认识到青藏高原北缘昆仑山的重要性，公元18世纪人们就发现珠穆朗玛峰的存在，19世纪以来，人们对青藏高原的科考水平不断从一个高度推向另一个高度。随着人类远足能力的不断加强，逐梦三极的科考日益频繁。虽然青藏高原科考长期以来一直在通过不同的方式在不同的地区进行着，但对于整个青藏高原的综合科考迄今只有两次。第一次是20世纪70年代开始的第一次青藏科考。这次科考在地学与生物学等科学领域取得了一系列重大成果，奠定了青藏高原科学研究的基础，为推动社会发展、国防安全和西部大开发提供了重要科学依据。第二次是刚刚开始的第二次青藏科考。第二次青藏科考最初是从区域发展和国家需求层面提出来的，后来成为科学家的共同行动。中国科学院的A类先导专项率先支持启动了第二次青藏科考。刚刚启动的国家专项支持，使得第二次青藏科考有了广度和深度的提升。

  习近平总书记高度关怀第二次青藏科考，在2017年8月19日第二次青藏科考启动之际，专门给科考队发来贺信，作出重要指示，以高屋建瓴的战略胸怀和俯瞰全球的国际视野，深刻阐述了青藏高原环境变化研究的重要性，要求第二次青藏科考队聚焦水、生态、人类活动，揭示青藏高原环境变化机理，为生态屏障优化和亚洲水塔安全、美丽青藏高原建设作出贡献。殷切期望广大科考人员发扬老一辈科学家艰苦奋斗、团结奋进、勇攀高峰的精神，为守护好世界上最后一方净土顽强拼搏。这充分体现了习近平总书记的生态文明建设理念和绿色发展思想，是第二次青藏科考的基本遵循。

  第二次青藏科考的目标是阐明过去环境变化规律，预估未来变化与影响，服务区域经济社会高质量发展，引领国际青藏高原研究，促进全球生态环境保护。为此，第二次青藏科考组织了10大任务和60多个专题,在亚洲水塔区、喜马拉雅区、横断山高山峡谷区、祁连山-阿尔金区、天山-帕米尔区等5大综合考察研究区的19个关键区,开展综合科学考察研究,强化野外观测研究体系布局、科考数据集成、新技术融合和灾害预警体系建设,产出科学考察研究报告、国际科学前沿文章、服务国家需求评估和咨询报告、科学传播产品四大体系的科考成果。

两次青藏综合科考有其相同的地方。表现在两次科考都具有学科齐全的特点,两次科考都有全国不同部门科学家广泛参与,两次科考都是国家专项支持。两次青藏综合科考也有其不同的地方。第一,两次科考的目标不一样:第一次科考是以科学发现为目标;第二次科考是以摸清变化和影响为目标。第二,两次科考的基础不一样:第一次青藏科考时青藏高原交通整体落后、技术手段普遍缺乏;第二次青藏科考时青藏高原交通四通八达,新技术、新手段、新方法日新月异。第三,两次科考的理念不一样:第一次科考的理念是不同学科考察研究的平行推进;第二次科考的理念是实现多学科交叉与融合和地球系统多圈层作用考察研究新突破。

"第二次青藏高原综合科学考察研究丛书"是第二次青藏科考成果四大产出体系的重要组成部分,是系统阐述青藏高原环境变化过程与机理、评估环境变化影响、提出科学应对方案的综合文库。希望丛书的出版能全方位展示青藏高原科学考察研究的新成果和地球系统科学研究的新进展,能为推动青藏高原环境保护和可持续发展、推进国家生态文明建设、促进全球生态环境保护做出应有的贡献。

姚檀栋

第二次青藏科考队队长

前　言

　　三江源地处青藏高原腹地，是长江、黄河、澜沧江的发源地，是我国淡水资源的重要补给地，是高原生物多样性最集中的地区，是亚洲、北半球乃至全球气候变化的敏感区和重要启动区。特殊的地理位置、丰富的自然资源、重要的生态功能使其成为我国重要的生态安全屏障，在全国生态文明建设中具有特殊而重要的地位，关系到全国的生态安全和中华民族的长远发展。三江源国家公园是我国首个体制机制试点的国家公园，将为我国以国家公园为主体的自然保护地体系建设提供示范和参考。本书聚焦三江源国家公园及其毗邻地区的生物物种多样性分布格局及现状、草地生产力变化及可持续利用、生物多样性保育及栖息地恢复技术、生态服务及生态资产评估、生态承载力及生态安全、区域发展模式等开展科学考察，形成三十多万字的考察报告，具体各章节内容及人员分工如下。

　　第1章由赵新全、周华坤、赵亮、赵娜、姚步青、黄小涛等编写，综述三江源地区和国家公园在物种多样性分布、现状及保护对策，植被生产力及质量变化、草地资源的合理利用与栖息地修复，生态系统服务功能、生态资产核算及生态补偿，生态承载力及生态安全，区域可持续发展模式方面的内容。第2章由周华坤、黄小涛、姚步青、赵亮、徐世晓、赵新全等编写，综述三江源国家公园概况，包括区域自然环境、自然资源、动植物区系及生态系统、生态体验发展状态和体制机制试点目标及进展。第3章由姚步青、朱伟伟、樊江文、郑华、李欣海、李奇、周华坤、胡林勇等编写，总结科学考察采用的最新技术方法及评价方法，含植被调查与监测，动物调查与监测，草地质量指标遥感监测，植被特征生态参数标准化数据遥感监测，生态承载力与生态安全综合评价，N%核算，生态系统服务评估及重要性分级、分区等方面。第4章由李欣海、赵娜、詹祥江、胡军华、薛凯、高庆波、朱伟伟等编写，主要介绍三江源国家公园生物多样性及分布格局，包括植物物种多样性的现状与分布、动物物种多样性的现状与分布、重要微生物类群及其功能特征。第5章由朱伟伟、姚步青、樊江文、王穗子、张雅娴、张良侠等编写，主要展示植被特征的遥感监测及变化解析，含草地质量指标遥感监测与验证、近 30 年三江源地区土地覆被遥感监测结果分析、草地生产力变化及其与生态工程和气候变化的关系。第 6 章由徐世晓、胡林勇、李奇、赵新全等编写，为草地资源合理利用及野生动物栖息地恢复，包括三江源区、野生动物栖息地保护、野生动物栖息地生态恢复技术、天然草地合理利用技术、放牧草场返青期休牧技术。第 7 章由张雅娴、樊江文、胡林勇等编写，系统阐述生态系统服务功能重要性分区及其空间差异，包括生态系统服务功能状况变化、生态系统服务功能重要性分级、生态服务功能重要性分区及其空间差异。第 8 章由郑华、赵娜、郭雅楠、黄斌斌、冯晓玙、文志等编写，主要内容为生态资产核算及生态补偿，包含生态资产价值监测与评估、生态资产及其变化特征、生态补偿及实现途径。第 9 章由樊江文、胡林勇、张雅娴、王穗子、官惠玲、赵新全等编写，主要内容为生态承载力与区域生态安全评价，包括基于指标体系法的生态承载力与生态安全综合评价、基于草地畜牧业生产的生态承载力与生态安全评价、基于旅游承载力的三江源旅游区游客生态容量评估。第 10 章由李奇、赵亮、陈懂懂、赵新全等编写，介绍适应性管理模式及实践，包含生态系统适应性管理理论及途径、基于自然比例核算原理的国家公园管理框架设计及实践、国家公园功能优化模式构建、资源空间优化配置的三区耦合模式及应用、对策与建议。

本书中科学考察得到第二次青藏高原综合科学考察研究专题"草地生态系统与生态畜牧业"（2019QZKK0302）、中国科学院科技服务网络计划（STS）项目（KFJ-STS-ZDTP-013）、"美丽中国"生态文明建设科技工程专项课题"三江源山川秀美国家公园建设的关键技术及示范"（XDA23060600）和青海省重大科技专项"三江源国家公园星空地一体化生态监测及数据平台建设和开发应用"（2017-SF-A6）的支持，并得到国家出版基金项目的资助，在此一并表示衷心感谢！考察历时三年，考察范围聚焦三江源国家公园，涉及整个青海三江源区 39.5 万 km^2。鉴于三江源区环境恶劣、条件艰苦、可达性差，所得结果有其局限性甚至不确定性，我们深信对该地区的野外考察研究没有最准确，只有更准确，书中难免有不妥和疏漏之处，恳请读者批评指正。

赵新全

2020 年夏

摘　要

　　青藏高原是长江、黄河、澜沧江的发源地，被誉为"中华水塔"，是我国淡水资源的重要补给地，是亚洲、北半球乃至全球气候变化的敏感区和重要启动区，是世界上独一无二的高寒生态系统，是我国重要的生态安全屏障。三江源国家公园体制试点区位于青藏高原腹地。试点区域总面积 12.31 万 km^2，共涉及果洛藏族自治州玛多县、玉树藏族自治州杂多县、治多县、曲麻莱县 4 个县区的 12 个乡镇 53 个行政村。三江源国家公园是我国体制机制试点的首个国家公园，担负着为我国国家公园建设提供示范和参考样板的重任。本书集中反映三江源国家公园及其毗邻地区物种多样性分布、现状及保护对策，植被生产力及质量变化、草地资源的合理利用与栖息地修复技术，生态系统服务功能、生态资产核算及生态补偿，生态承载力与生态安全，生态系统管理理论与实践。这些将为三江源国家公园实施科学化、精准化、智慧化管理提供本底资料和技术支撑。

　　科考采用了新技术、新方法，包括植被调查与监测、动物调查与监测、植被特征生态参数标准化数据遥感监测、生态承载力与生态安全综合评价、区域功能优化（自然比例）核算、生态服务功能及其重要性分级、分区等技术和方法。建立了基于光谱变异系数的草地物种多样性遥感监测理论模型，构建了"天－地"一体化草地地上生物量遥感监测方法和草地含氮量遥感监测方法，探索了草地质量指标遥感监测方法并在三江源国家公园加以应用，完善了植被特征生态参数标准化数据遥感监测方法，开展了草地其他生态参数标准化数据遥感监测方法研究和基于冠层分层的植被覆盖度改进算法，设计了基于野外调查的野生动物种群数量计算模型，可用于评估和预测野生动物分布与数量，以及给出了基于食草动物的食谱资源和农牧民生活需求的 N% 核算方法。

　　遥感监测及地面验证的数据表明国家启动实施三江源生态保护和建设工程后 8 年（2005 ～ 2012）比工程实施前 17 年（1988 ～ 2004）的平均地上生物量提高了 30.31%。2000 ～ 2018 年三江源国家公园草地地上生物量持续上升，在 2012 年之后趋于稳定或略有下降。三江源国家公园载畜压力明显减轻，2003～2012 年平均载畜压力指数（现实载畜量和理论载畜量的比例）比 1988～2002 年平均载畜压力指数下降了 36.1%。减畜工程对减轻草地载畜压力、区域可持续发展和有效应对气候变化产生了积极的影响。2000～2017 年三江源国家公园生态系统支持功能、水源涵养、水土保持、防风固沙等四类服务功能表现出不同程度的增强，其中以水土保持服务功能增强最明显。区域生态资产质量较好，优级和良级占生态资产总面积的 55.06%。实施的天然草场季节放牧、优化配置和返青期休牧、不同退化程度草地分级分类治理恢复等技术，有效遏制了退化草地的发展蔓延，使三江源国家公园整体变绿变好。

在政府严格有效的保护措施和广大牧民共同参与下，藏羚、雪豹的种群迅速恢复，并得到了相关权威机构的认可。地面样带调查发现国家公园内藏羚、藏原羚、藏野驴、野牦牛和白唇鹿的数量分别约为 6 万只、6 万只、3.6 万头、1 万头和 1 万只。2016 年世界自然保护联盟红色名录将藏羚的濒危级别从"濒危"降为"近危"，2017 年世界自然保护联盟红色名录将雪豹的濒危级别从"濒危"降为"易危"。利用卫星遥感资料监测大型野生动物种群数量实现了方法学突破，为全区域、无死角监测野生动物奠定了基础，发现国家公园核心保育区内（2.3 万平方千米）藏羚、藏原羚和藏野驴数量分别为 3.7 万只、3.4 万只和 1.7 万头，均高于地面样带监测得到的物种分布密度。

三江源区可利用草地平均理论载畜量为 0.58 SHU[①]/hm²，总体可承载牲畜（含野生有蹄类食草动物）1356.25 万 SHU，呈现由东南向西北逐渐降低趋势。2013～2017 年三江源地区年平均放牧家畜总量为 2235.98 万 SHU，载畜压力指数达到了 1.65。三江源国家公园理论可承载食草动物数量为 225.22 万 SHU。按目前放牧家畜数量 238.91 万 SHU，如果仅考虑放牧家畜，三江源国家公园三个园区的载畜压力指数为 1.06，基本处于草畜平衡状态。综合考虑野生有蹄类食草动物和放牧牲畜，现实承载力为 272.31 万 SHU，载畜压力指数为 1.21，即超载 21%。

基于上述科考成果提出了三江源区可持续发展对策建议。以维系生态系统原真性为目标，以区域理论承载力核定为准绳，以满足牧民生活需求为养畜底线，核定每户减畜数量。将牧民合理的放牧活动作为国家公园原真性、完整性的一部分，把放牧作为生活资料而不作为生产资料，以满足国家公园核心区牧民的传统文化、生活习惯和对肉奶的基本需求为底线，以此为依据核定每户最少牲畜饲养数量。实施"机会成本＋管护成本"的补偿标准。以牧民因减少牲畜而损失的直接经济价值为下限，损失的直接经济价值与管护员成本之和为上限，初步核算的生态补偿总金额为 1.02 亿～3.5 亿元。生态补偿标准应遵循总体公平原则上的差异化补偿，建议将补偿资金纳入中央财政预算或中央转移支付，增加生态补偿专项的扶持，建立生态保护效果评价体系和机

---

① SHU 表示 sheep unit，羊单位，指牲畜的计算单位。一只体重 45kg、日消耗 1.8kg 草地标准干草的成年绵羊（农业行业标准 NY/T635-2015）

制,将生态补偿与生态保护效果挂钩,探索生态产品价值化标准及实现路径。践行山水林田湖草生命共同体理念,实施三江源国家公园野生有蹄类食草动物与家畜平衡管理示范工程。在三江源国家公园现行的"两区"基础上增加外围支撑区(生产承接区),以区域理论载畜量为牧压上限核定国家公园内的放牧家畜数量,转移超载家畜到公园外的外围支撑区,实现"保护"与"生产"功能的区域优化配置,保障"区内"野生动物生存空间,"区外"营养均衡牧业生产,减轻"区内"放牧压力,提高"区外"生产效率,为解决国家公园"人畜地矛盾"提供示范样板。

目　　录

第 1 章

总　论

党的十八大提出"五位一体"的治国方略，十八届三中全会提出"建立国家公园体制"，这是落实生态文明建设的重大举措，十九大报告提出"建立以国家公园为主体的自然保护地体系"，这是建设美丽中国的重要组成部分。2015年12月中央全面深化改革领导小组审议通过《三江源国家公园体制试点总体方案》，2016年3月中共中央办公厅、国务院办公厅联合下文启动国家公园试点工作，2018年国家发展和改革委员会颁布了《三江源国家公园总体规划》。三江源国家公园是我国体制机制试点的首个国家公园，将为我国国家公园建设提供示范和参考样板。考察历时三年，考察范围聚焦三江源国家公园，涉及整个青海三江源区39.5万km²，行程约1.52万km。考察报告《三江源国家公园生态系统现状、变化及管理》三十多万字，分析和回答了三江源地区和国家公园以下五个方面的科学和区域可持续发展的问题：①物种多样性分布、现状及保护对策；②植被生产力及质量变化、草地资源的合理利用与栖息地修复技术；③生态系统服务功能、生态资产核算及生态补偿；④生态承载力与生态安全；⑤生态系统管理理论与实践。这对将三江源国家公园建成青藏高原生态保护修复示范区、民族团结及人与自然和谐先行区、青藏高原自然环境展示和生态文化传承区以及国家生态文明先行区都具有重要的支撑作用。

第一部分　三江源国家公园概况、物种多样性分布、现状及保护对策。①位置及范围。三江源国家公园位于青海省南部，由长江源、黄河源、澜沧江源3个园区组成，即"一园三区"，涉及治多、曲麻莱、玛多、杂多四县和可可西里自然保护区管辖区域，共12个乡镇、53个行政村，总面积12.31万km²，占三江源区面积的31.16%，包括三江源国家级自然保护区的扎陵湖–鄂陵湖、星星海、索加–曲麻河、果宗木查、昂赛5个保护分区和可可西里国家级自然保护区。②地质地貌。三江源国家公园地形地貌以高原和高山峡谷为主。海拔4000～5800m的高山是三江源国家公园地貌的主要骨架，主要山脉有昆仑山主脉及其支脉可可西里山、巴颜喀拉山及唐古拉山等，山系绵延，地势高耸，地形复杂。③气候特征。三江源国家公园属青藏高原气候系统，具有典型高原大陆型气候特征。主要特征为冷暖两季、雨热同期、冬长夏短，无四季之别，日照时间长、辐射强烈，风沙大，植物生长期短。降水主要受到印度洋西南季风和太平洋东南季风的影响，多年平均降水量经向上呈现出自东向西减少的特点，纬向上呈现自北向南增加的特点。④水文。园区河流众多，湖泊星罗棋布，辫状水系十分发达，是世界上海拔最高、数量最多、面积最大的高原湖群区之一。作为长江、黄河、澜沧江的发源地，园区水资源丰富。多年平均地表水资源量为84.35亿m³，水质优良，水能资源理论蕴藏量为1603.71MW。⑤生态系统。国家公园自然资源丰富，其中草地是三江源国家公园面积最大、分布范围最广的土地类型和生态系统，草地总面积8.68万km²，占国家公园总面积的71%。草地类型有高寒草甸、高寒草原、高寒沼泽、高山灌丛草甸等。林地资源总面积为495.23km²，面积相对较小，仅占园区总面积的0.4%，林地主要有高寒灌丛和亚高山森林。⑥物种多样性。公园内共有维管束植物756种（变种），分属53科224属，野生植物形态以矮小的草本和垫状灌丛为主，高大乔木仅有大果圆柏（*Sabina tibetica*）、青海云杉（*Picea crassifolia*）等。其中，长江源园区共有植物 40 科 149 属 348 种（变种）；黄河源园区共有植物 40 科 153 属 431 种（变种）；澜沧江源园区共有植物 47 科 199 属 555 种（变种）。公园内长江源园区、黄河源园区和澜沧江源园区分别有陆生脊椎动物 238 种、127 种和 167 种，大多为青藏高原特有种，且种群数量大。长江源园区以寒温带动物区系和高原高寒动物区系青藏类为主，其中国家一级重点保护动物有雪豹（*Panthera uncia*）、白唇鹿（*Przewalskium albirostris*）、藏野驴（*Equus kiang*）、野牦牛（*Bos mutus*）等 16 种，国家二级保护动物 53 种。黄河源园区的 127 种陆生脊椎动物中，兽类 38 种、鸟类 87 种、爬行类 2 种。其中，国家一级保护动物 9 种，国家二级保护动物 23 种。澜沧江源园区的 167 种陆生脊椎动物中，兽类 44 种、鸟类 115 种、两栖类 5 种、爬行类 3 种。其中，国家一级保护动物 11 种，国家二级保护动物 35 种。三江源国家公园内共有家畜约 116.70 万羊单位（SHU）。对三江源国家公园区域内常见野生有蹄类动物种群数量的调查发现，藏原羚（*Procapra picticaudata*）、藏野驴、藏羚、白唇鹿和野牦牛分别为 6 万只、3.6 万头、6 万只、1 万只和 1 万头。另外，基于卫星遥感估算出的三江源国家公园核心保育区 2.33 万 km^2 内野生有蹄类动物藏羚、藏原羚和藏野驴分别共有 37197 只、35499 只和 17480 头。⑦区域功能划分及其保护对策。将每个园区进一步分为核心保育区和一般管控区。其中，核心保育区，是维护自然生态系统功能，实行更加严格保护的基本生态空间，限制人类活动。一般管控区实施严格的禁牧、休牧、轮牧，保持草畜平衡，逐步减少人类活动。针对三江源区食草野生动物生境破碎化问题，通过考察提出了三江源国家公园生态廊道设计方案及生物多样性保护保障措施；针对野生动物栖息地的退化现状及成因，集成了不同退化程度栖息地自然、近自然生态恢复技术体系，最后提出了高寒天然草地合理放牧利用和放牧草场返青期休牧技术。区域适宜的栖息地保护与生态修复技术、草地资源合理利用技术，将为系统解决三江源区生物多样性保护所面临的不合理放牧、栖息地破碎化及退化等问题，提供技术支持和解决方案，从而为三江源国家公园生物多样性保护和栖息地生态修复及维持提供有效技术途径和举措。在有效实现保护环境的同时，实现了生态经济的发展，促成了人与自然和谐相处。⑧科考方法。采用了最新技术、新方法及评价方法，包括植被调查与监测、动物调查与监测、植被特征生态参数标准化数据遥感监测、生态承载力与生态安全综合评价、区域功能优化自然比例（nature%，N%）核算、生态服务功能及其重要性分级、分区等方法。主要建立了基于光谱变异系数的草地物种多样性遥感监测理论模型，构建了"天 – 地"一体化草地地上生物量遥感监测方法和草地含氮量遥感监测方法，探索了草地质量指标遥感监测方法在三江源国家公园的应用，完善了植被特征生态参数标准化数据遥感监测方法，包括草地其他生态参数标准化数据遥感监测方法研究和基于冠层分层的植被覆盖度改进算法，设计了基于野外调查的野生动物种群数量计算模型，可用于评估和预测野生动物分布与数量，以及给出了基于食草动物的食谱资源和农牧民生活需求的 N% 的核算方法。

　　第二部分　植被生产力及质量变化、草地资源的合理利用与栖息地修复。利用遥感监测及地面草地样方观测数据，分析了三江源国家公园草地类型、草地地上生物量、草地营养（氮含量）等草地质量指标的变化规律，发现：①三江源地区 1988 ~ 2018 年草地地上生物量呈现增加的趋势，且自 2005 年三江源生态保护和建设工程实施以来，三江源地区草地的地上生物量明显增加，工程实施后的 2005 ~ 2012 年的草地平均地上生物量比工程实施前 1988 ~ 2004 年的平均地上生物量提高了 30.31%。在气候变暖变湿的背景下，三江源国家公园草地生产力整体呈现增加的趋势，但变化速率趋于变小。2000 ~ 2018 年草地地上生物量有上升趋势，且在 2000 ~ 2012 年有明显的增加趋势，而在 2012 年之后有稍微下降的趋势，三个分区草地地上生物量的变化趋势与三江源国家公园整体变化趋势类似。草地地上生物量空间分布呈现自东南向西北逐渐减少的趋势，其减少趋势的区域主要发生在人类活动较为密集的区域，其中长江源园区的中西部有增加趋势，而在东部有减少趋势；澜沧江源园区中西部有减少趋势，黄河源园区中部有增加趋势。②三江源地区草甸至高寒草原草地植被含氮量有逐渐减少的趋势，分析发现生态保护和建设工程实施后，三江源全区草地产草量普遍提高，主要归因于生态保护和建设工程的实施以及气候暖湿化。③减畜工程实施后，三江源全区载畜压力明显减轻，2003 ~ 2012 年平均载畜压力指数比 1988 ~ 2002 年平均载畜压力指数下降了 36.1%，表明减畜工程对减轻草地载畜压力产生了积极的影响；但减畜措施后的 2003 ~ 2012 年三江源平均载畜压力指数为 1.46，即草地超载约 46%，表明三江源地区草地仍处于超载状态。同时，草地退化态势好转仅表现在长势上，群落结构并未发生好转，且实施减畜措施后的三江源地区草地仍处于超载状态。

　　青藏高原独特的地理气候条件决定了其生态系统初级生产力低、生态系统脆弱。这里野生动物面临着草场过牧超载、栖息地退化、冰川退缩等自然环境变化的威胁。为了给野生动物创建一个和谐、健康的自然环境，建议采取有效措施，恢复退化的野生动物栖息地、增加栖息地的连通性、减少牧民所承包草场的载畜量，以缓解国家公园内野生动物种群密度较大地区的草地承载压力。基于三江源区面临天然草场超载过牧、栖息地破碎化等威胁，尤其是三江源区域道路对野生动物迁徙和栖息地破碎化造成的影响，提出了三江源国家公园生态廊道这一野生动物栖息地免破碎化关键技术及保障举措，设计了野生动物通道；提出了逐步拆除三江源国家公园草地围栏，加强技术支撑体系建设和重视传统文化的积极作用等三江源国家公园生物多样性保护保障举措。分析了野生动物栖息地退化现状及成因，发现超载过牧是草地退化的主要原因。研发总结了三江源区轻度、中度退化草地围栏封育自然恢复技术，重度退化草地近自然恢复与重建技术，以及生态恢复成效监测评估和天然草地合理利用技术。进行天然草场季节放牧优化配置技术研发，包括放牧草场返青期休牧技术和休牧期放牧家畜舍饲技术。同时，针对野生动物栖息地的退化现状及成因，集成了不同退化程度栖息地自然、近自然生态恢复技术体系。根据天然草地退化演替程度不同，通过封育、松耙补播、施肥、防除毒杂草和鼠害防治等技术措施集成，快速恢复退化草地植被和提高初级生产力，以遏制退化草地的发展和蔓延。针对三江源区分布面积最广的植被——高寒草地，提出了未退化高寒草地合理放牧利用技术和放牧草场返青期休牧技术。

　　第三部分　生态系统服务功能、生态资产核算及生态补偿。生态系统服务功能是指生态系统和生态过程所形成与维持的人类赖以生存的自然环境条件与效用，代表了人类从生态系统和生态过程中获得的惠益。从生态系统结构和功能保护的角度出发，结合三江源国家公园生态系统特点和现状，对 2000～2017 年三江源生态系统支持功能、水源涵养、水土保持、防风固沙等四类服务功能变化情况进行了分析，发现这期间三江源国家公园生态系统各关键服务功能表现出不同程度的增强，其中以水土保持服务功能增强最明显。基于评估结果进行重要性分级时，首先对三江源自然保护区全区的生态系统服务功能重要性进行分级，从而从整体上把握三江源国家公园各个园区不同生态系统服务功能重要性的侧重，再逐个有针对性地对三个园区生态系统服务功能的重要性进行分级。最后依据不同区域主导生态系统服务功能重要性，统筹兼顾地形地貌、行政区划等，遵循完整性、等级性、相似性与差异性、发生学原则，将三江源国家公园生态系统服务功能重要性划分成 4 个级别区，分别为一般重要区、较重要区、重要区和极重要区，为引导区域资源的分类管理、开展针对性保护和合理利用奠定了基础。

　　基于生态资产面积和质量两个参数所构建的生态资产评价体系方法，对三江源面上的生态资产进行了评估。三江源生态资产总面积为 29.67 万 km²，其中森林面积 0.09 万 km²（0.32%）、灌丛面积 1.47 万 km²（4.97%）、草地面积 24.10 万 km²（81.21%）、湿地面积 4.01 万 km²（13.50%）。总体上，当地生态资产质量较好，优级和良级占生态资产总面积的 55.06%，主要分布在黄河源园区和澜沧江源园区。另外，三江源国家公园核心保育区生态资产状况也明显改善，其中黄河源园区核心保育区生态资产指数增加最大（5.02），澜沧江源园区核心保育区生态资产指数增加最小（0.23）。驱动当地生态资产变化的主要原因是退耕还林还草工程的实施。另外，针对三江源国家公园实际自然禀赋条件和社会经济发展状况，在空间化生态补偿机会成本的基础上，设计了三江源国家公园退牧还草生态补偿机制，构建了以"谁保护、谁受益、获补偿""权利与责任对等""生态优先，兼顾精准扶贫"为原则的三江源国家公园退牧还草生态补偿机制。补偿标准以机会成本＋管护成本为准，即以弥补退牧还草使牧民缩减牲畜而损失的直接经济价值为下限，直接经济价值损失＋管护员工资为上限。以综合考虑受补偿地区的自然资源禀赋和社会经济发展状况，同时以不降低牧户现有生活水平、引导新兴替代生计为目标，最终划定补偿面积为 38222.88km²，补偿总金额为 34560.93 万元。此生态补偿管理办法实现了公平基础上的差异化补偿，具备一定的科学性，且可实施性强，有助于促进生态保护和社会经济协调发展。

　　第四部分　生态承载力及生态安全。基于对野生有蹄类动物数量的估算，进行草地承载力分析，比较了载畜压力状况。如果仅考虑放牧家畜，三江源全区的载畜压力指数为 1.64，综合考虑野生有蹄类食草动物和放牧牲畜，三江源全区的载畜压力指数为 1.67，草地中度超载。对玛多县野生有蹄类食草动物数量估算结果的分析显示，如果仅考虑放牧家畜，玛多县全县载畜压力指数为 1.13，轻度超载；而在仅考虑藏野驴、藏原羚和岩羊（*Pseudois nayaur*）3 种野生有蹄类食草动物（不考虑放牧家畜）时，载畜压力指数为 0.25；在综合考虑放牧家畜和野生有蹄类食草动物（藏野驴、藏原羚和岩羊）的情况下，2016 年玛多县载畜压力指数为 1.38，呈中度超载。然而，在三江源国家公园范围内，仅考虑放牧家畜的载畜压力指数为 1.06，基本达到草畜平衡。综合考虑野生有蹄类食草动物和放牧家畜时，载畜压力指数为 1.21，超载 21%。基于三江源国家公园三个园区核心保育区（约 2.33 万 km^2）藏羚、藏原羚、藏野驴数量的遥感监测估算结果折合 12.49 万 SHU，长江源、澜沧江源和黄河源三个园区核心保育区的牧载压力指数分别为 0.35、0.36 和 0.65，均有足够的牧草供主要有蹄类野生动物繁衍生息。

采用不同方法对基于旅游承载力的三江源旅游区游客生态容量进行评估，结果均显示三江源游客生态容量较低，已经或者即将超载。采用疏林草地用地标准、不考虑旅游区当地居民的分析结果显示，三江源地区 2015 年的游客人数已经超过该区域的游客生态容量，至 2017 年，已经超载 89.45%。采用一般景点用地标准、考虑旅游区当地居民的分析结果则显示，三江源地区的旅游资源利用强度较合理，未超过该区的游客生态容量，但若以此增速发展，三江源地区将在 2023 年基本达到游客生态容量，并在 2024 年超出其容量。

基于指标体系法对生态承载力与生态安全进行综合评价。其中利用层次分析赋权重法计算的三江源地区整体平均生态承载力指数为 0.495，利用综合均衡整合法计算的指数为 0.552，处于中等水平，生态安全仍处于濒危状态，生态承载力都呈现出由东南向西北逐渐减少的空间格局，水域生态环境保护、草地退化防治及治理和生物多样性保护仍是三江源地区生态环境治理的关键。基于草地畜牧业生产的生态承载力与生态安全评价结果显示，三江源地区平均理论载畜量为 0.58SHU/hm^2，呈现由东南向西北逐渐降低趋势。三江源西北地区和中部地区，生态呈现安全或较安全状态，南部地区的囊谦县、玉树市以及东北地区部分县呈现较不安全状态，东北地区的部分地区生态不安全。基于草地畜牧业的人口承载力情景分析发现，在目前三江源收入状况情景下，三江源绝大部分地区的可容纳人口数均高于现实人口数，仅三江源东北部分县和囊谦县的现实人口数高于可容纳人口数。

第五部分　区域可持续发展模式。首先，依据适宜性管理概念和国家公园现状及变化趋势，给出了三江源国家公园生态系统综合管理方案。为解决发展这一核心问题，通过对生态系统中各组成要素之间相互影响的属性、程度、机制和规律的研究，设定指标、确立阈值、风险分析等步骤实现生态系统的可持续管理，给出了国家公园生态系统适应性管理框架；进一步以大量的科学评估和监测为依据，通过适应性管理框架把科学知识和管理行动统一起来，经过科学监测和分析证实或潜在地改变管理行动，研发了国家公园内不同区域功能耦合及实现途径，并构建了适应性管理模式，提出了三江源国家公园生态系统综合管理方案，即三江源国家公园自然－社会－经济系统区域耦合均衡调控模式。然后，建立起生态科学研究和管理政策之间的联系，实现途径为 N% 核算，并且依据其比例，给出了提升 N% 的途径。三江源国家公园实行最严格的生态保护，形成了人与自然和谐发展的新模式。人与自然和谐发展的根本问题在于生态保护与经济发展之间的矛盾。基于中国科学院动物研究所魏辅文院士团队提出的 N% 理念，估算发现基于国家公园区域内家畜和主要野生有蹄类草食动物的营养生态位的理论 N% 为 90%，基于现有家畜／主要野生有蹄类草食动物数量的现实 N% 为

30%，基于当地牧民的基本生活需求的预期 N% 为 74%。进一步估算发现，通过"返青期休牧"和"两段式饲养模式"区域资源空间配置优化，以上现实 N% 和预期 N% 可分别提高至 67% 和 87%。然后，在三江源国家公园两个功能分区基础上增加外围支撑区。为了实现区域资源空间配置优化，根据三江源国家公园的生态保护、生态体验、科学研究、环境教育和社区发展五大基础功能及生态、生产、生活和社会四维价值，参考三江源地区可持续发展分区情况，在核心保育区和一般管控区的基础上增加外围支撑区。最后，可持续发展的建议。通过分析三江源国家公园现状，运用三江源区三区耦合理论和发展模式，形成三江源国家公园资源时空互补的可持续发展管理模式。在一般管控区实现由传统自然放牧向放牧＋饲草料基地建设＋冷季舍饲养畜的"暖牧冷饲"生态畜牧业生产方式转变。同时将一般管控区的部分牲畜逐步迁移到外围支撑区进行"暖牧冷饲"。优化一般管控区的畜群结构，提高出栏率和经济效益，减少单位畜产品的碳排放。并且，通过缓解一般管控区的天然草地的放牧压力，使天然草地得到保护，有效地遏制了草地退化，使草地生态系统趋于良性循环，维持了天然草地生态功能。探索外围支撑区土地流转体制与机制，建立规模化优质饲草料基地；减轻核心保育区、一般管控区的家畜放牧压力，优化传统畜牧业生产方式；创建区域耦合关键技术体系和调控模式，实践自然 – 社会 – 经济协调发展。以外围支撑区草产业为纽带，依据生态学的理论，充分考虑三江源国家公园三个功能分区和外围支撑区各个单元的功能、结构特点和自然条件，激活一般管控区和外围支撑区的物质、能量和信息流动，合理配置，科学规划，恢复生态功能，发展舍饲畜牧业，调整外围支撑区的产业结构，形成三江源国家公园草地资源的保护和合理利用和以外围支撑区为纽带的饲草资源合理配置的草产业。以外围支撑区饲草料生产基地为依托，实现经营方式由粗放经营向集约经营转变，饲养方式由自然放牧向舍饲半舍饲转变的生态畜牧业，促进当地牧民群众生产生活条件改善和小康社会建设，形成人与自然和谐发展的新模式。

三江源的资源和生态具有鲜明的特点，其生态环境状况不仅关系自身生态安全和经济可持续发展，在全国也有着举足轻重的地位。建立三江源国家公园的目的就在于保护该区域生态系统的完整性，强化对其资源的有效保护和合理利用。本次科考对三江源国家公园及毗邻地区的生物多样性现状及维持、草地生态系统变化、生态承载力、生态系统恢复技术、生态价值评估及生态补偿、区域发展模式等开展研究，取得了一系列成果。这些成果可用于支撑国家公园的生态保护决策管理与机制创新，也可为三江源国家公园青藏高原生态保护修复示范区、青藏高原自然环境展示和生态文化传承区以及国家生态文明先行区建设顺利实施提供技术支撑和应用模式。

取得成绩的同时我们必须清醒地认识到三江源科学考察任重而道远。三江源国家公园科技基础薄弱依然是个现实问题，公园建设尚有许多未知领域需加强探索研究。本次科学考察中存在的主要问题有：①不同物种的物候、节律有所差异，很难在同一时期观察到所有物种，而且项目周期相对较短，受区域气候环境限制，工作时间也有限，难以在时间上完成足够的重复调查，短时间内全面收集较长时间序列的相关地面、自然、生态、社会、经济等方面的数据存在一定的难度，野生动物包括家养动物数量还存在很大的不确定性。一些研究也没有现成的方法可以借鉴，生态系统服务流评估方法、生态补偿标准确定、生态系统服务流与生态补偿关系等部分成果尚需进一步优化。②三江源地区是重要的少数民族聚居地，保留着丰富的传统民族文化资源。当地居民对生命和野生动物有着极强的敬畏意识，但通常对科学考察工作不甚了解，加之存在语言上的沟通障碍，难以在当地采样工作中进行协调沟通。③由于可可西里属于世界遗产地，虽多次与相关部门进行沟通，仍无法开展相关的控制试验研究。科考组在三江源区传统利用区以牧户家庭为中心开展了放牧草地合理利用技术和草畜资源区域耦合模式试验示范，取得了一定的成效，但当地牧民受传统思想的影响参与的积极性不高。

我们必须针对三江源国家公园的未知领域，并结合本次科考的经验教训，进行下一步研究工作。具体工作设想如下：①由于三江源国家公园位置偏僻、气候环境条件恶劣，通信和监测等基础设施落后，生态环境和生物多样性监测目前仍依赖于人工监测。后续应联合三江源国家公园管理局、国家林业和草原局及青海省生态环境厅等部门，在三江源国家公园选择代表性的生境，强化基础设施建设，完善监测体系，同时，充分发挥当地农牧民或生态守护岗位作用，进行生态环境、动物、植物和微生物的长期监测，以获取种群动态时空格局，研究环境变化对动物、植物、微生物的影响，为三江源国家公园生物多样性的保护策略提供理论支持，为三江源的生态保护和恢复提供数据支撑。②由于时间紧、任务重，此次科考所构建的三江源国家公园生态承载力与生态安全综合评价、生态补偿标准核算方法、生态补偿机制等模型、方法，后续仍需要结合生态系统生态生产功能提升技术和适应性管理模式，参考后续相关生态参数地面调查数据，进行标定、验证和修改完善，并加强与国家林业和草原局及青海省相关业务部门的沟通，为政府有关部门决策提供科学依据。③藏族是三江源国家公园农牧民的主体，他们在长期生活中适应并塑造了当地的自然地理环境。因此，在制订三江源国家公园的保护和管理措施，保护生态环境的同时，须同时关注当地的人文环境和传统文化，加强对园区藏族传统文化的保护，做到人与自然的和谐统一。④考虑三江源国家公园生态系统先天的脆弱性、饲草资源固有的时空分布不均衡性，为保障园区放牧家畜尤其是野生食草动物的生存空间，建议增设外围支撑区，完善相关信息交流平台，强化一般管控区外围支撑区草畜资源的互动交流，实现草畜资源的时空耦合，进一步提升三江源国家公园生态系统服务功能。

此次野外科学考察由中国科学院西北高原生物研究所、中国科学院空天信息创新研究院、中国科学院动物研究所、中国科学院大学等 7 个研究教学机构的六十余位科研人员在三江源国家公园开展，旨在进一步摸清三江源国家公园的自然本底情况，对生态、环境承载力进行科学评价。科考在 2017～2018 年进行。选择有代表性的四个重点区域进行观测：在黄河源区的果洛藏族自治州玛多县选择了高寒草原类型，在长江源区的玉树藏族自治州曲麻莱县选择了高寒湿地和高寒草甸两个类型，在可可西里地区选择了高寒荒漠类型。2017 年进行了夏季生物多样性调查，科考样线设置基本涵盖了三江源国家公园的主要植被类型和景观，经玛多县、玉树市、杂多县、治多县、索加乡、曲麻河乡、格尔木，行程累计 7600km。2018 年进行了冬季动物数量和分布调查，经格尔木、曲麻河乡、索加乡、治多县、杂多县、玉树市、玛多县，行程累计 7600km。本次科考是针对三江源国家公园建设中面临的科技问题和管理需求开展的，主要内容：一是对三江源国家公园的自然本底进行调查，包括动物、植物、微生物、土壤情况等；二是对三江源国家公园的环境承载力进行评估；三是为三江源国家公园的功能区划分提供科学依据。科考路线如图 1.1 所示。

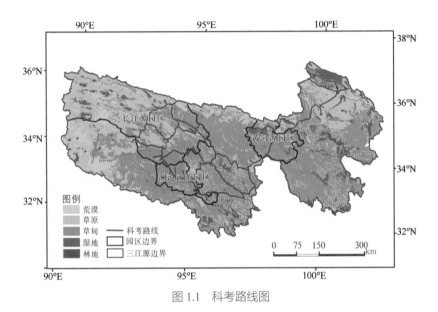

图 1.1　科考路线图

第 2 章

三江源国家公园概况

三江源位于青海省南部地区，包括玉树藏族自治州、果洛藏族自治州全境和海南藏族自治州、黄南藏族自治州、海西蒙古族藏族自治州的部分地区。地理位置介于89°24′～102°41′E，31°39′～36°16′N，区域面积39.5万km²。该区域地处青藏高原腹地，是长江、黄河和澜沧江的发源地，也是世界上海拔最高、面积最大的高原湿地区和高海拔地区生物多样性最集中的地区，素有"中华水塔"和"高原物种基因库"之称（彭启芳，2010），同时提供了气候调节、固碳、生物灾害控制、景观、文化教育等多项极其重要的生态系统服务。特殊的地理位置、丰富的自然资源、重要的生态功能使其成为我国重要生态安全屏障，也是亚洲、北半球乃至全球气候变化的敏感区和重要启动区（石凡涛和马仁萍，2012；吴丹等，2016）。20世纪末，人类放牧活动加剧和气候变化等使这一地区草原、湖泊、冰川等生态系统发生退化。为此，国家于2005年建立了三江源自然保护区，经过多年的努力，生态退化得到一定遏制。2016年4月9日，青海省召开省委常委会议部署三江源国家公园体制试点工作，提出将力争于5年内达到建成三江源国家公园的目标。2018年国家发展和改革委员会公布《三江源国家公园总体规划》，明确至2020年正式设立三江源国家公园。这是全国首个国家公园试点，公园位于三江源地区的核心地带，区域总面积12.31万km²，涉及治多、曲麻莱、玛多、杂多四县和可可西里自然保护区管辖区域，共12个乡镇、53个行政村。园区地形复杂多样、高寒缺氧、气候特殊、土层薄且质地粗，但蕴藏着丰富的自然资源，包括草地资源、林地资源、水资源和湿地资源等，尤其是丰富的生物资源和生态体验资源。三江源国家公园试点的成立，旨在严格保护三江源地区生态系统、提升生态系统服务、恢复生物多样性，同时实现管理体制的突破，形成绿色发展方式并改善民生，最终将三江源国家公园建成青藏高原生态保护修复示范区，共建共享、人与自然和谐共生的先行区，青藏高原大自然保护展示和生态文化传承区。

2.1　自然环境

2.1.1　地理位置

三江源国家公园位于青海省南部，由长江源、黄河源、澜沧江源3个园区组成，即"一园三区"，涉及治多、曲麻莱、玛多、杂多四县和可可西里自然保护区管辖区域，共12个乡镇、53个行政村，总面积12.31万km²，占三江源区面积的31.16%，包括三江源国家级自然保护区的扎陵湖–鄂陵湖、星星海、索加–曲麻河、果宗木查、昂赛5个保护分区和可可西里国家级自然保护区。地理坐标89°50′57″～99°14′57″E，32°22′36″～36°47′53″N。

长江源园区：位于玉树藏族自治州治多、曲麻莱两县，包括可可西里国家级自然保护区、三江源国家级自然保护区索加–曲麻河保护分区，面积9.04万km²。涉及治多县的索加乡和扎河乡、曲麻莱县的曲麻河乡和叶格乡，共15个行政村。地理坐标89°50′57″～95°18′51″E，33°9′5″～36°47′53″N。

黄河源园区：位于果洛藏族自治州玛多县境内，包括三江源国家级自然保护区的扎陵湖 – 鄂陵湖和星星海两个保护分区，面积 1.90 万 km²。涉及玛多县的黄河乡、扎陵湖乡和玛查理镇，共 19 个行政村。地理坐标 97°1′20″ ～ 99°14′57″E，33°55′5″ ～ 35°28′15″N。

澜沧江源园区：位于玉树藏族自治州杂多县，与长江源园区接壤，包括青海三江源国家级自然保护区果宗木查、昂赛两个保护分区，面积 1.37 万 km²。涉及杂多县的莫云、查旦、扎青、阿多和昂赛 5 个乡，共 19 个行政村。地理坐标 93°38′24″ ～ 95°55′40″E，32°22′36″ ～ 33°56′6″N（三江源国家公园管理局，2018a）。

2.1.2　地质地貌

三江源国家公园地形地貌以山原和高山峡谷为主，长江源园区自南向北横跨唐古拉准地台、通天河优地槽带和巴颜喀拉冒地槽褶皱带。黄河源园区地处松潘 – 甘孜褶皱系，巴颜喀拉复向斜北翼，局部为古近纪 – 新近纪断陷盆地，出露地层分二叠系、三叠系、古近系 – 新近系、第四系。澜沧江源园区地处唐古拉准地台东南部，带内断裂发育，褶皱平缓而不完整（张忠孝，2009；三江源国家公园管理局，2018a）。

海拔 4000 ～ 5800m 的高山是源区地貌的主要骨架，主要山脉有昆仑山主脉及其支脉可可西里山、巴颜喀拉山及唐古拉山等，山系绵延，地势高耸，地形复杂。中西部和北部为河谷山地，多宽阔而平坦的滩地，以高寒草甸和沼泽湿地为主；东南部唐古拉山北麓则以高山峡谷为多，河流切割强烈，地势陡峭，山体相对高差多在 500m 以上。唐古拉山脉与横断山脉过渡地带拥有青藏高原发育最完整的白垩纪丹霞地质景观，可可西里山东接巴颜喀拉山，二者同为中国三叠系分布最广、发育最好地区（三江源国家公园管理局，2018b）。

2.1.3　气候

三江源国家公园地处中纬度内陆高原，属青藏高原气候系统，并且具有典型高原大陆性气候特征。在青藏高原强大的高原下垫面和周围大致均匀环境场，巨大的地理空间孕育出了一个独特的气候单元。主要特征为冷暖两季、雨热同期、冬长夏短，且在两季间转化快，暖季受西南季风的影响，产生热低压，水汽丰富，降水较多，形成了明显干湿两季，而无四季之别。日照时间长、辐射强烈，风沙大，植物生长期短。热量条件较差，温度年较差小、日较差大，多年平均气温 –5.6 ～ 7.8℃，冷季长达 7 个月，绝大部分地区无绝对无霜期，气温年较差 20 ～ 24℃。多年平均降水量 262.2 ～ 772.8mm，其中长江源园区多年平均降水量多为 200 ～ 400mm，黄河源园区多年平均降水量多为 200 ～ 500mm，澜沧江源园区多年平均降水量为 400 ～ 600mm。多年平均降水量经向上呈现出自东向西减少的特点，纬向上呈现自北向南增加的特点。年蒸发量相对较大，为 730 ～ 1700mm。由于地处青藏高原腹地，海拔高而空气稀薄，日照时间长、辐射强烈，年日照时数 2300 ～ 2900h，年辐射量 5658 ～ 6469MJ /m²，东部低于西部。风与干季同期，大风多，全年 ≥ 8 级大风日数有 3.9 ～ 110 天，空气含氧量低，仅相当于海平面的 60% ～ 70%（张颖等，2017；Chen et al.，2017）。

2.1.4 水文

三江源国家公园河流众多，湖泊星罗棋布，辫状水系十分发达，多年平均径流量为 499 亿 m³，径流深 69mm。其中，长江源园区径流深 44mm；黄河源园区径流深 71mm；澜沧江源园区径流深 230mm。长江正源沱沱河发源于唐古拉山中段的各拉丹冬雪山，园区主要支流有楚玛尔河、布曲、当曲、聂恰曲等；黄河发源于巴颜喀拉山北麓各姿各雅雪山，园区主要支流有多曲、热曲等；澜沧江发源于果宗木查雪山，园区主要支流有扎曲等。园区内主要河流可分为外流河和内流河两大类。外流河主要是通天河、黄河、澜沧江（上游称扎曲）三大水系，内流河主要分布在西北一带，为向心水系，河流较短，流向内陆湖泊。国家公园内湖泊主要集中分布在内陆河流域和长江、黄河的源头段，面积大于 1km² 的有 167 个，其中长江源园区 120 个、黄河源园区 36 个、澜沧江源园区 11 个，以淡水湖和微咸水湖居多，也是世界上海拔最高、数量最多、面积最大的高原湖群区之一。长江南源的当曲流域是高寒沼泽湿地集中发育区，湿地最高发育海拔 5600m。雪山冰川总面积 833.4km²，河流、湖泊和沼泽湿地总面积 29842.8km²（三江源国家公园管理局，2018a）。

2.1.5 土壤

三江源国家公园受环境、地形、地貌等自然因素的影响，加之气候条件特殊，地面寒冻分化作用强烈，土壤发育过程缓慢，成土作用时间短，土壤比较年轻，土层薄，质地粗，砂砾性强。山前广布洪积扇，多为巨砾、碎石、粗砂。土壤类型可分为 15 个土类、29 个亚类。土壤类型随海拔由高到低呈垂直地带性分布，主要有高山寒漠土、高山草甸土、高山草原土、山地草甸土、栗钙土、沼泽土、风沙土及山地森林土，以高山草甸土为主，冻土面积较大。高山寒漠土分布于巴颜喀拉山和唐古拉山海拔 4650m 以上地区；高山草甸土分布于海拔 4000m 左右的山顶、山梁及山坡上；高山草原土分布于海拔 4300m 以上的河谷、湖盆、山前倾斜平面起伏不大的平缓山体阳坡、半阳坡和山缘地带；山地草甸土处于林线范围内的无林地段或与疏林地带交错分布地段；栗钙土主要分布于河谷、阶地、中小河流下游的坡地、洪积扇上；沼泽土分布于河流两岸的河漫滩、河流交汇处低洼地带、高海拔滩地和河流上游；山地森林土分布在有林地范围内；风沙土主要分布在河流沿岸，尤其是玛多县绵沙岭等沿河带。土壤系高原气候下发育的，由于高原生成时间较晚，土壤处于年轻发育阶段，土层浅薄。成土过程中，土壤中微生物活动较少，化学作用较弱，物理属性较好，土壤的潜在养分较高，但速效养分不足，保水性较差，肥力呈现"缺磷、少氮、富钾"的特征，容易受侵蚀而造成水土流失。

2.2　自然资源

2.2.1　土地资源

三江源国家公园土地利用情况划分为 6 个一级类型和 20 个二级类型，土地利用 /
覆盖类型包括草地、林地、水域及水利设施用地、城镇村及工矿用地和其他土地利用
方式。其中，草地 8.68 万 km^2，林地 495.23km^2，水域及水利设施用地 0.98 万 km^2，城
镇村及工矿用地 24.54km^2，其他土地 2.6 万 km^2（表 2.1）。

表 2.1　三江源国家公园土地利用现状表　　　　　（单位：km^2）

县	乡（镇）	草地	城镇村及工矿用地	林地	其他土地	水域及水利设施用地
治多县	索加乡	45392.39	5.33	1.39	13035.18	6807.18
	扎河乡	3419.34		99.74	753.54	186.34
曲麻莱县	曲麻河乡	9827.91	4.59	115.04	3994.15	582.46
	叶格乡	3466.17	0.53	18.42	935.61	141.01
玛多县	花石峡镇	2757.10	0.99	0.63	385.09	36.83
	黄河乡	3831.92		1.36	816.06	194.78
	玛查理镇	3439.74	10.47		897.04	196.65
	扎陵湖乡	4100.62			871.14	1291.22
杂多县	阿多乡	1844.73	1.33	49.92	526.22	45.05
	昂赛乡	1242.67	0.34	75.38	314.78	6.89
	查旦乡	1333.03	0.45		472.60	36.25
	莫云乡	2680.36		0.54	819.85	101.02
	扎青乡	3496.06	0.51	132.81	2167.42	208.77
合计		86832.04	24.54	495.23	25988.68	9834.45

数据来源：《青海省土地利用总体规划》，2000

2.2.2　草地资源

三江源国家公园植被覆盖以草地为主，其是园区面积最大、分布范围最广的土地
类型和生态系统（陈春阳等，2012；李琳等，2016）。草地总面积 8.68 万 km^2，占国家
公园总面积的 71%，其中长江源园区所占面积最大，为 6.30 万 km^2，黄河源园区和澜
沧江源园区分别是 1.42 万 km^2 和 0.96 万 km^2。卫星遥感监测显示，三江源国家公园内
高覆盖度草地约 3.87 万 km^2，占草地总面积的 44.59%，中覆盖度草地 1.60 万 km^2，占
18.43%，低覆盖度草地 3.21 万 km^2，占 36.98%。园内可利用草地面积 7.43 万 km^2，禁
牧面积 5.16 万 km^2，草畜平衡 3.52 万 km^2（表 2.2）（三江源国家公园管理局，2018a）。

表 2.2 三江源国家公园草地资源盖度分布统计表 （单位：km²）

分区	县（市）	乡（镇）	土地总面积	高覆盖度草地	中覆盖度草地	低覆盖度草地
长江源园区	治多县	索加乡	64037.86	18463.38	7478.21	18511.46
		扎河乡	4432.23	2576.54	158.67	656.45
	曲麻莱县	曲麻河乡	14570.49	4123.90	2023.95	3745.16
		叶格乡	4637.58	2081.15	187.16	1224.09
	格尔木市	格尔木（南）	2643.33	375.32	417.74	1002.70
黄河源园区	玛多县	黄河乡	4864.95	2086.71	1105.76	659.53
		扎陵湖乡	6330.23	1172.38	1554.15	1480.10
		玛查理镇	4698.38	1866.58	774.81	784.18
		花石峡镇	3189.57	1190.65	934.47	629.89
澜沧江源园区	杂多县	莫云乡	3599.21	1256.76	564.02	867.15
		查旦乡	1784.24	494.29	349.01	448.02
		扎青乡	4241.73	1217.94	269.37	1071.67
		阿多乡	2434.45	1035.12	99.55	689.19
		昂赛乡	1676.56	850.46	55.33	355.28
总计			123140.81	38791.18	15972.20	32124.87

数据来源：《三江源国家公园产业发展和特许经营专项规划》，2018

格尔木（南）指唐古拉山镇，属于格尔木市代管

　　草地类型有高寒草甸、高寒草原、高寒沼泽、高山灌丛草甸等，间有高山垫状植被、高山流石坡植被和高山裸岩分布。高寒草甸、高寒草原是最主要的草地植被类型，高寒草甸植被主要由耐寒的多年生植物组成，优势种以短根茎嵩草属的高山嵩草（*Kobresia pygmaea*）、西藏嵩草（*Kobresia tibetica*）、矮嵩草（*Kobresia humilis*）等为主，分布广、面积大，牧草生长期 100 ～ 140 天。高寒草原牧草种类简单，优势种为紫花针茅（*Stipa purpurea*）、乳白花黄耆（*Astragalus galactites*）、镰荚棘豆（*Oxytropis falcata*）、矮火绒草（*Leontopodium nanum*）等，植被较为稀疏，覆盖度小，层次简单，植被低矮，生物量较低，牧草生长期 100 ～ 120 天（王立亚和康海军，2011；青海省农业农村厅和三江源国家公园管理局，2018；三江源国家公园管理局，2018a）。

2.2.3 水资源和湿地资源

　　三江源国家公园三大园区是长江、黄河、澜沧江的发源地，三江源被誉为"中华水塔"。全域河流纵横、湖泊密布、沼泽众多，雪山冰川广布，多年平均地表水资源量为 84.35 亿 m³，其中，长江源园区地表水资源量为 39.31 亿 m³，黄河源园区地表水资源量为 13.54 亿 m³，澜沧江源园区地表水资源量为 31.50 亿 m³。长江源、黄河源和澜沧江源径流量分别为 184 亿 m³、208 亿 m³ 和 107 亿 m³，水质优良，水能资源理论蕴藏量为 1603.71MW。雨水和冰雪融水是该区域径流的主要来源。园区内地下水

储量亦较为丰富，根据 2006 年青海省水文水资源勘测局公布的青海省水资源评价报告，三江源地区地下水资源总量为 193.3 亿 m³，其中，长江源区 71.2 亿 m³，黄河源区 66.1 亿 m³，澜沧江源区 45.8 亿 m³。独特的地质构造及冻土层构成良好的储水空间，以基岩裂隙水、松散岩类孔隙水、断裂带融区地下水等类型存在的地下水资源丰富，地下水勘测资料显示，三江源地区涌出地下水矿化度普遍小于 0.5g/L，出涌量稳定，锶、锂、偏硅酸等含量达到国家标准的界限指标，为感官性状优良的矿泉水资源（吴丹等，2016；李琳等，2016）。

　　园区由于滩地宽广，盆地流水不畅，形成了大片沼泽和星罗棋布的大小湖泊，主要分布在内陆河流域和长江、黄河的源头段，面积大于 1km² 的湖泊有 167 个，以淡水湖和微咸水湖居多，其中扎陵湖、鄂陵湖是黄河干流上最大的两个淡水湖，具有巨大的调节水量功能。园区自然沼泽类型独特，在黄河源、长江的沱沱河、楚玛尔河、当曲河三源头、澜沧江河源都有大片沼泽发育，是中国最大的天然沼泽分布区，沼泽主要类型是藏北嵩草沼泽，大多数属于泥炭沼泽，仅有小部分为无泥炭沼泽，代表性沼泽湿地有星星海沼泽区、果宗木查沼泽区等。园区内雪山冰川主要分布于唐古拉山北坡、昆仑山以及巴颜喀拉山等，总面积 833.4km²（彭启芳，2010；曹巍等，2019）。

2.2.4　森林资源

　　三江源国家公园林地资源总面积为 2999km²，面积相对较小，仅占园区总面积的 0.4%，林地主要有高寒灌丛和亚高山森林。由于园区属于高原高寒气候，主要以寒温性的针叶林为主，物种种类较少，结构简单。森林植被大多是高原隆起后遗留的古老物种，它们随季风侵入，或在特殊的自然生境中发生变异而来，构成了高山植被。在山地阳坡的森林带中，由细枝圆柏（*Sabina convallium*）和大果圆柏组成。在寒温性针叶林中，玛可河林区主要分布紫果云杉（*Picea purpurea*），玉树林区则以川西云杉（*Picea likiangensis*）为优势种。亚高山森林较少，主要为大果圆柏原始林，集中分布在澜沧江源园区的高山峡谷区。高寒灌丛主要是常绿针叶灌丛和高寒落叶阔叶灌丛，由圆柏属植物构成，圆柏灌丛喜阳，具较强耐寒性和适应干旱条件的能力。分布在森林区及其外缘地带的亚高山带上部和高山带阳坡，海拔 3600 ～ 4900m，草本层以嵩草和杂类草为主（彭启芳，2010；许茜等，2017）。

2.2.5　野生动植物资源

　　三江源国家公园地处青藏高原高寒草甸区向高寒荒漠区的过渡区，环境严酷，景观类型多样，构成了独特的生命繁衍区，分布着独特的高原生物群落，被誉为高寒生物自然种质资源库，是珍贵的种质资源和高原基因库，所孕育的特有高寒生物品种，是全人类动植物及自然种质资源库的瑰宝，具有重要的生物多样性价值。园区植被类型有针叶林、阔叶林、针阔混交林、灌丛、草甸、草原、沼泽及水生植被、垫状植被和稀疏植被等 9 种，共有维管束植物 760 种，分属 50 科 241 属，野生植物形态以矮小的草本和垫状灌丛为主，高大乔木仅有大果圆柏、青海云杉等，并孕育了特殊的汉藏药材植物，属《中华人民共和国药典》（2000年版）收载的188种。三江源国家公园内的特殊生物资源不仅具有科研及参观价值，也具有很好的产品开发价值（彭启芳，2010；李芬等，2016）。公园内共有野生动物125种，多为青藏高原特有种，且种群数量大。其中兽类47种，鸟类59种，爬行类1目3科5种，两栖类2目5科7种，鱼类15种，很多为国家重点保护动物。玉树藏族自治州是如今世界雪豹分布最集中的地区，可可西里是藏羚的主要繁殖地和栖息地（蔡振媛等，2019；彭启芳，2010）。

2.2.6 生态文化体验资源

三江源国家公园是三江源地区的核心区域，有着"千湖之地，江河之源"美誉的三江源区以其高大山脉、冰蚀地貌、江河源区、雪山冰川、辫状水系、高海拔湖泊湿地、高寒草原、林丛峡谷等大量自然景观吸引了全世界的目光。神秘的藏传佛教文化、多姿多彩的民族风情，孕育造就了丰富多彩、得天独厚、神秘多姿的人文生态资源。园区内许多资源仍处于"养在深闺人未知"的状态，自然景观保持了较好的原始性和完整性，人文景观较好地保留了独特的高原文化和民族风情。黄河源、阿尼玛卿、年保玉则、勒巴沟、格萨尔史诗文化体验廊道、唐蕃古道、嘉那嘛呢等景区成为知名生态文化体验胜地，国家级格萨尔文化（果洛）生态保护实验区和藏族文化（玉树）生态保护实验区先后在三江源地区获批成立；蕴含藏娘唐卡、玉树藏族服饰、囊谦黑陶制作技艺、安冲藏刀锻制技艺、牛羊毛编织技艺、藏文书法等非物质文化遗产；长篇英雄史诗《格萨尔王传》流传具有代表性，在当地形成了独具特色的"嘎嘉洛文化"；璀璨夺目的古遗址、古墓葬、古建筑、石窟寺及石刻等文物遗产，神秘浓郁的藏传佛教宗教文化，多姿多彩的藏民族风俗，坚持人与自然和谐共生的生态文化，构成了神秘特殊的高原人文体验资源。国家公园所在的四县，有1处进入国家级非物质文化遗产名录，2人为国家级代表性传承人；7处进入省级非物质文化遗产名录，9人为省级代表性传承人。分布于四县的历史文化遗迹和文物点有69处，其中有4处国家级文物保护单位、39处省级文物保护单位。苍茫壮阔的高原生态自然景观、遥远神秘的三大江河源头、可可西里世界自然遗产地和独特的民族文化构成了极具特色的探险体验资源，是生态观光、科学考察、探险体验、宗教朝觐和风情体验为一体的江河源型国际级生态体验目的地（郭振，2017；杨皓然，2019）。

2.3 动植物区系及生态系统

2.3.1 植物区系

长江源园区内在植物地理区划中属于羌塘亚区，共有植物40科149属348种

（变种）。在门一级阶元上，本地区无蕨类植物门分布，裸子植物门仅分布麻黄属一属，被子植物门分布有 28 科 88 属 210 种和种下阶元（亚种和变种），现代植物区系贫乏。草场植物总种数有 150 多种，其中优良牧草 70 余种，以矮嵩草、线叶嵩草（*Kobresia capillifolia*）、高山嵩草、西藏嵩草、珠芽蓼（*Polygonum viviparum*）等为主。著名的汉藏药材有红景天（*Rhodiola rosea*）、冬虫夏草（*Cordyceps sinensis*）、雪莲花（*Saussurea involucrata*）、羌活（*Notopterygium incisum*）等。此外，淀粉植物蕨麻（*Potentilla anserina*）、香料植物瑞香（*Daphne odora*）、蜜源植物岩生忍冬（*Lonicera rupicola*）也较为丰富。

黄河源园区共有植物 40 科 153 属 431 种（变种），区内植被主要为高山嵩草、矮嵩草、西藏嵩草、蒿属为主的高寒草原和高寒草甸植被，其他常见的植物类型有沙生蒿、紫花针茅、披针叶黄华（*Thermopsis lanceolata*）、梭罗草（*Roegneria thoroldiana*）、薹草（*Carex* spp.）、火绒草（*Leontopodium leontopodioides*）、委陵菜（*Potentilla chinensis*）、风毛菊（*Saussurea japonica*）等。在植物区系方面，本区植物所含种以上的科有禾本科、菊科。含种的中型科有豆科、毛茛科、十字花科、虎耳草科、玄参科和龙胆科。其余的全为种以下的小科。禾本科、菊科和豆科由于是种子植物中的大科，并且分布于本区的大多是植体矮小、根系发达又多数被有绒毛，能够防止强光灼伤和严寒冻害的多年生草本和高原、高山特化种类。比重较大的植物种类还有多数属于中生或湿中生的多年生草本毛茛科，以及主要分布于北温带，尤以地中海区为多，并且以高原高山分布类型为主的十字花科植物。

澜沧江源园区共有植物 47 科 199 属 555 种（变种），有牧草植物、食用植物、观赏植物、药用植物；有天然灌木林和乔木生长，灌木林主要分布于海拔 4300～4500m 的阴坡；组成灌木林的优势种有高山柳（*Salix cupularis*）、金露梅（*Potentilla fruticosa*）、沙棘（*Hippophae rhamnoides*），伴生种有高山绣线菊（*Spiraea alpina*）、鬼箭锦鸡儿（*Caragana jubata*）等，灌木平均高 30～70cm，盖度 30%～45%；乔木以大果圆柏为主，主要分布于昂赛保护分区；区内还有药用植物 250 余种，其中分布的名贵药用植物有雪山贝（*Fritillaria delavayi*）、知母（*Anemarrhena asphodeloides*）、雪莲花、红景天、秦艽（*Gentiana macrophylla*）等，本区是冬虫夏草最富饶产地。

2.3.2 动物区系

长江源园区位于世界生物地理省古北界大陆性荒漠–半荒漠区，以寒温带动物区系和高原高寒动物区系青藏类为主，其中国家重点保护动物有 69 种，国家一级保护动物有雪豹、白唇鹿、藏野驴、野牦牛、黑颈鹤（*Grus nigricollis*）、金雕（*Aquila chrysaetos*）、胡兀鹫（*Gypaetus barbatus*）等 16 种，国家二级重点保护动物有阿尔泰盘羊（*Ovis ammon*）、岩羊、藏原羚、藏棕熊（*Ursus arctos pruinosus*）、猞猁（*Lynx lynx*）、荒漠猫（*Felis bieti*）、大天鹅（*Cygnus cygnus*）、藏雪鸡（*Tetraogallus tibetanus*）等 53 种，省级保护动物有艾虎（*Mustela eversmanni*）、沙狐（*Vulpes corsac*）、斑头雁（*Anser indicus*）等 32 种。国家二级濒危鱼类 1 种，列入《中国物种红色名录》的有 5 种。爬行类优势物种青海蜥蜴（*Phrynocephalus vlangalii*）已被列入国家林业和草原局 2000 年 8 月 1 日发布的《国家保护的有益的或者有重要经济、科学研究价值的陆生野生动物名录》。

黄河源园区有野生脊椎动物 80 余种，其中兽类 29 种、鸟类 39 种、鱼类 10 种，另有青海沙蜥（*Phrynocephalus vlangalii*）等爬行类物种分布。国家一级保护动物有雪豹、白唇鹿、藏野驴、野牦牛、黑鹳（*Ciconia nigra*）、黑颈鹤等，国家二级重点保护动物有阿尔泰盘羊、岩羊、藏原羚、藏棕熊、藏雪鸡等，省级保护动物有斑头雁等，在扎陵湖、鄂陵湖及黄河流域有花斑裸鲤（*Gymnocypris eckloni*）、极边扁咽齿鱼（*Platypharodon extremus*）、骨唇黄河鱼（*Chuanchia labiosa*）、黄河裸裂尻鱼（*Schizopygopsis pylzovi*）、厚唇裸重唇鱼（*Gymnodiptychus pachycheilus*）、似鲶高原鳅（*Triplophysa siluroides*）、硬刺高原鳅（*Triplophysa scleroptera*）和斯氏高原鳅（*Triplophysa stoliczkai*）等重点保护鱼类。黄河源园区不同类群的野生动物分布在不同区域。中部的扎陵湖和鄂陵湖是黄河流域最大的两个淡水湖泊，是黄河源区的典型湖泊群和沼泽的分布区域，珍稀鸟类多、数量大，水生生物资源丰富，是鸟类和鱼类的主要分布区域。玛多县南部主要为藏羚、野牦牛、雪豹、藏野驴、棕熊（*Ursus arctos*）及黑颈鹤等野生动物，种类多、种群大。

澜沧江源园区共有野生脊椎动物 78 种，其中兽类 40 种、鸟类 22 种、鱼类 10 种、两栖爬行类 6 种。国家一级保护动物有雪豹、藏羚、白唇鹿、藏野驴、野牦牛、黑颈鹤、金雕等，国家二级保护动物有阿尔泰盘羊、岩羊、藏原羚、藏棕熊、猞猁、藏狐（*Vulpes ferrilata*）、狼（*Canis lupus*）等。鱼类有 10 种，主要鱼类有澜沧裂腹鱼（*Schizothorax lantsangensis*）、裸腹叶须鱼（*Ptychobarbus kaznakovi*）、光唇弓鱼（*Racoma lissolabiatus*）、前腹裸裂尻鱼（*Schizopygopsis anteroventris*）等。杂多县是重要亚洲旗舰物种雪豹最大的连片栖息地，已经引起国际雪豹保护组织的高度关注。园区内的两栖动物主要包括西藏齿突蟾（*Scutiger boulengeri*）、高原林蛙（*Rana kukunoris*）、倭蛙（*Nanorana pleskei*）等。

2.3.3 生态系统

三江源国家公园主要的生态系统类型有草地生态系统、湿地生态系统、林地生态系统。草地生态系统是园区最主要的自然资源和生态环境载体，草地生态系统的结构、功能及物质循环是区域生态环境演变的核心（Shi et al.，2014）。园区内高寒草甸和高寒草原生态系统种类组成和层次较简单，但面积大、分布广，在维护三江源水源涵养和生物多样性主导服务功能中具有基础性地位（陈春阳等，2012）。园区共有各类草地 8.68 万 km²，其中可利用草地 7.43 万 km²。未退化和轻度退化草地 3.39 万 km²，中度退化草地 1.61 万 km²，重度退化草地 2.43 万 km²（三江源国家公园管理局，2018a）。分布于可可西里的高寒荒漠草原生态系统，植被稀疏，结构单一，十分脆弱，对气候变化响应敏感，由于未受到人类活动干扰，仍保留着原始风貌，是最珍贵的自然遗产。高寒湿地、湖泊、河流、雪山冰川共 3.07 万 km²，是水源涵养、净化、调蓄、供水的重要单元。林地生态系统在公园内分布较少且单一，仅为 0.4%，主要分布在三江源自然保护区的昂赛保护分区，在一些河谷地带分布有稀疏水柏枝和毛枝山居柳等高寒灌丛，以及在河源东南端有由林地（青海云杉）、疏林地（祁连圆柏）和少量灌木林地构成的林地生态系统分布（Li et al.，2014）。

2.3.4　土地利用现状

土地利用一直是全球关注的重要领域，是指人类根据土地的自然特点，按一定的经济、社会目的，采取一系列生物、技术手段，对土地进行长期性或周期性的经营管理和治理改造（Badia et al.，2019；Du et al.，2017）。土地利用对气候、自然植被覆盖、生物多样性、社会经济稳定和食品安全有一定的影响。土地利用变化是生物物理因素和人为因素（包括森林砍伐、城市化、农田扩张、放牧等）在时间和空间上相互作用的结果。

三江源国家公园以草地生态系统为主，水体与湿地生态系统次之，林地及聚落等生态系统分布面积较小。其中，三大园区均以草地生态系统为主。长江源园区草地主要分布在该园区东南部，另外，园区内还分布着大量的湖泊与湿地。黄河源园区除草地外，同样分布着以扎陵湖与鄂陵湖为代表的众多高原湖泊以及湿地生态系统。澜沧江源园区的草地生态系统面积占比最高，其次是水体与湿地生态系统，该园区南部分布着一定面积的林地生态系统（许茜等，2018；曹巍等，2019）。

遥感监测显示，三江源国家公园土地利用类型变化以草地与其他类型的转化为主。自然因素和人文因素共同影响土地利用的变化，但在短时间内，人类活动对土地利用变化的影响最大。与全国其他地区相比，三江源国家公园以畜牧业的发展为主影响土地利用的变化。人口增长是土地利用变化的根本。1980 ～ 2000 年，农业人口急剧增长，同时人口受教育程度普遍较低，环境保护意识淡薄，过度放牧，使得草地覆盖度降低，草地退化明显。2010 年后，非农业人口增加，对土地的需求也增加，建设用地不断扩张。经济结构变化及政策的实施是土地利用变化的驱动力。经济因素不仅是土地利用变化的动力，而且决定土地转化的能力，经济越发达，人们转化土地类型的潜力就越大。2000 年后，第二、第三产业发展迅速，与此对应的是建设用地不断增加，未利用土地减少。2010 年后，在坚持可持续发展原则的基础上，保证经济与环境协调发展，开展退耕还林还草、培植人工草地等均取得良好成效。监测研究显示，三江源国家公园的林地、水域、草地面积都有所增加，未利用土地面积显著减少（许茜等，2017；Zhang et al.，2017）。

长江源园区是青海省经济社会发展最为落后的地区之一，社会发育程度低，经济结构单一，基础设施建设滞后，公共服务能力低。传统草地畜牧业为主体产业，无工业生产，商贸旅游和服务业规模弱小。园区主要为无人区和纯畜牧业区，无耕地（表 2.3）。

黄河源园区经济结构简单，属于纯畜牧业区，草地多为中低覆盖度草地，草地资源是黄河源园区国民经济持续发展的物质基础（表 2.4）。过去因过度放牧等导致草地退化严重。玛多县扎陵湖地区是黄河源头高寒草原退化的集中地区之一，退化区的植被无论是盖度还是高度明显低于未退化区。玛多县扎陵湖、鄂陵湖以南海拔 3800m 以

表 2.3　长江源园区功能区划

分区	类型	草地	林地	河流	湖泊	湿地	雪山冰川	居民区	道路	其他	总和
核心保育区	面积/km²	47418.37	153.24	2838.14	3500.79	19194.01	661.34	0.28	0.06	1898.98	75665.21
	比例/%	62.67	0.20	3.75	4.63	25.37	0.87	0.00	0.00	2.51	100
	生态特征	自西向东由高寒荒漠草原向高寒草甸、高寒草原、高寒草甸过渡，多高原湖泊、沼泽和雪山冰川分布；河流多鲜状水系，多高原始状水系，生物多样性丰富，大型野生哺乳动物种群数量大，分布广									
	管理目标	保护原始的高寒沼泽、高寒草甸、高寒草原生态系统，高寒草原原始原貌的自然真性；保护河湖沼泽湖泊网原始原貌的自然真性；保护珍稀野生动物种和种群恢复，提高水源涵养功能；保护其关键栖息地的完整性；保护冰川雪山及其独特的侵蚀景观，保护区域固态水源									
	管控措施	实施河湖湿地保护和封禁工程，按照世界自然遗产的管控标准、有效的野生动物保护补偿制度；加强科研和环境教育活动，除必要巡护道路，不规划新建道路；全面禁止生产性畜牧活动，禁止新建与生态保护无关的所有人工设施；不设生态体验点，可依托生态监测点开展科研和环境教育活动；加强沙化土地封禁保护									
生态保育修复区域	面积/km²	1471.01	0.72	8.50	0.01	27.55	0.00	0.00	0.13	0.49	1508.41
	比例/%	97.52	0.05	0.56	0.00	1.83	0.00	0.00	0.01	0.03	100
	生态特征	青藏交通、能源走廊沿线及退化高寒荒漠草原、高寒草原区									
	管理目标	维持高寒草原生态系统稳定，提高水源涵养功能，开展必要的人工干预；自然修复为主，开展必要的人工干预成保护缓冲作用；保护珍稀野生动物种，保持野生动物迁徙通道的完整性，在自然生态系统与交通能源通道之间形成保护缓冲									
	管控措施	实施河湖湿地封禁保护，野生动物保护补偿制度；执行严格的草畜平衡，适度开展生态体验和环境教育活动；实行季节性休牧和轮牧，开展重度退化草地治理，不得修建人工设施；加强野生动物监测，实行退化草地综合治理，加强草原鼠虫害防治；除必要巡护道路，不规划新建道路；开展沙化土地综合治理									
一般管控区 传统利用区域	面积/km²	9005.54	81.33	443.73	98.48	2860.95	51.57	0.52	9.92	738.25	13290.29
	比例/%	67.76	0.61	3.34	0.74	21.53	0.39	0.00	0.07	5.55	100
	生态特征	以高寒草甸、高寒草原、河湖和湿地自然生态系统为主，生态系统总体稳定，人口与自然环境承载力相协调，有一定经济社会发展基础									
	管理目标	维护高寒草甸、人口与自然环境承载力相协调；适度开发利用水资源和河湖水域岸线，是生态文化展示和环境教育的重点区域；适度发展生态产业，社区和谐发展									
	管控措施	实施湿地封禁保护，未经批准，不得开发利用；严禁人类活动对野生动物造成影响，加强生态监测和定期评价，限定生态体验和科区域，控制访客规模，严控建项目用地，指定区域开展相关活动；执行严格的草畜平衡，实行季节性休牧和轮牧，特许开办家庭牧家乐及文化餐饮娱乐服务等，严格控制访客流量，访客按规划路线，交通道路严格按施工，留足动物通道，及时生态恢复									

数据来源：《三江源国家公园总体规划》，2018

表 2.4　黄河源园区功能区划

分区	类型	草地	林地	河流	湖泊	雪山冰川	湿地	居民区	道路	其他	总和
核心保育区	面积/km²	5700.00	0.78	69.48	1462.01	0.00	1290.66	0.00	2.45	57.36	8582.74
	比例/%	66.41	0.01	0.81	17.03	0.00	15.04	0.00	0.03	0.67	100
	生态特征	以扎陵湖、鄂陵湖和星星海大面积高原湖泊湿地为主的高寒湿地生态系统，野生动物的重要栖息地									
	管理目标	维育高寒湿地生态系统的健康稳定；保持高原干湖自然景观的原真性和完整性；加强野生动物及其栖息地监测，开展定期评价，探索长效保护补偿制度									
	管控措施	实施河湖和湿地封禁保育；执行最严格的草原保护措施和野生动物保护补偿制度；施行长期全面禁渔；禁止开展商业性、经营性生产活动；加强区域野生动物保护（含鱼类）种群监测和生态系统定期评价，可依托生态监测点开展科研和环境教育活动；不设生态体验点；除必要巡护道路，不规划新建道路									
生态保育修复区	面积/km²	2357.64	0.00	10.39	0.49	0.00	11.49	0.00	0.07	4.66	2384.74
	比例/%	98.86	0.00	0.44	0.02	0.00	0.48	0.00	0.00	0.20	100
	生态特征	中重度退化的高寒草原和高寒草甸									
	管理目标	自然修复为主，开展必要的人工干预，加快退化草地修复；提高水源涵养生态服务功能									
	管控措施	实施河湖和湿地封禁保育；执行严格的草畜平衡，实行季节性休牧和轮牧，不得强建人工设施；加强草原鼠虫害防治，加强野生动物监测，实行重度退化草地治理，开展生物多样性保护；除必要巡护道路，不规划新建道路									
一般管控区（传统利用区）	面积/km²	6388.86	1.63	188.04	46.61	0.00	1180.59	0.18	8.66	236.66	8051.23
	比例/%	79.35	0.02	2.34	0.58	0.00	14.66	0.00	0.11	2.94	100
	生态特征	以高寒草甸、高寒草原和湖泊、沼泽湿地生态系统为主，生态系统总体稳定，生态系统生态体系为主，有一定经济社会发展基础									
	管理目标	维持草畜平衡，高寒草甸和湖泊，人口与自然环境承载力协调，适度开发生态旅游，是生态文化展示和环境教育的重点区域；适度发展生态产业，社区和谐发展									
	管控措施	实施湿地封禁保护，不得开发利用水资源和河湖和野生动物水域岸线，严禁人类活动对水资源和野生动物造成影响；执行严格的草畜平衡，实行严格的休牧和轮牧，实行季节性休牧和轮牧，加强生态监测和定期评估，特许开办牧家乐及文化和餐饮娱乐服务等，严格控制访客流量，限定生态体验路线和区域，加强生态监测和定期评估，留足动物迁徙通道；交通道路按规划和施工，指定区域开展相关活动；及时进行生态恢复									

数据来源：《三江源国家公园总体规划》，2018

23

上的山地、高平原河谷阶地和谷地，是高寒草甸退化的地区之一，退化区的植被盖度和生物学产量明显低于未退化区。由于气候暖干化，再加上鼠害泛滥等，部分草地形成"黑土滩"型退化草地，主要表现为嵩草属植物在草群中的比例显著下降，可食牧草比例随之下降，而毒草比例显著增加。针对严重的草地退化现象，政府积极采取了退牧还草、补播、灭鼠等措施进行治理，并且取得一定成效。

澜沧江源园区草地类型主要为高寒草甸，分布广、面积大、区系成分简单，占草地面积的99%，间有部分高寒草原、沼泽湿地草场、山地灌丛、山地疏林草地。牧草生长低矮、稀疏，平均高度在5cm左右。澜沧江源园区属于纯牧区，无耕地（表2.5）。

2.4　生态体验发展状态

2.4.1　黄河源园区

三江源国家公园黄河源园区所在区域被定位为加强生态环境保护和建设，大力发展黄河源生态体验业，开展以自然风光、人文景观、民族风情、探险、考察、狩猎等为一体的生态体验活动。

生态体验产品方面，特殊的区位因素造就了玛多县独特的自然、文化旅游资源，孕育了玛多"两湖一河一碑"（扎陵湖、鄂陵湖、黄河源及黄河源牛头纪念碑）和"三张名片"（"黄河之源""千湖之县""格萨尔赛马称王地"）的景观资源优势。民族文化产品方面，以藏族歌舞、服饰为代表的民族风情，以绘画、雕刻、建筑为代表的藏族佛教文化，为民族服饰、民族手工艺品的发展奠定了良好基础；以格萨尔赛马称王、柏海迎亲为代表的历史文化，以莫格德哇遗址、传说中的珠姆王妃宫殿为代表的史前文化，为民俗文化体验提供了良好的平台。这些独特的生态文化产品构成了玛多县生态体验发展的基石。

生态体验定位方面，黄河源园区定位在于开展黄河探源和自然生态体验方面，基于高原千湖景观，可近距离观览野生动物，体验藏族传统生活和民族风情。玛多县通过实施"大文化、大旅游"发展战略，打造以追溯历史、源头风光、科学考察为主要功能的西部源头风光体验区。同时，建设以花石峡为中心的东部自然风光体验区，逐步将玛多县打造成集生态体验、科学考察、民俗文化为一体的多重模式目的地。

生态体验服务保障方面，近几年来，黄河源园区按照国家4A级景区标准，玛多县筹措资金1.5亿元，在景区环境、设施建设、配套服务上加大投入，景区主要功能性服务有了改善，表现在景区停车场、旅游公厕、标识系统、安全设施、游服中心及旅游网站等方面。玛多县先后建设完成黄河源景区一批生态体验重大基础设施建设项目：基础设施建设（包括景区大门改扩建、迎亲滩游客服务中心）、县城游客服务中心、黄河源文化广场、县旅游商业购物区、岭·格萨尔主题公园等。鼓励发展牧家旅馆和商务酒店，规范出租车运营管理，提高客运服务意识。

表 2.5　澜沧江源园区功能区划

分区	类型	草地	林地	河流	湖泊	湿地	雪山冰川	居民区	道路	其他	总和
核心保育区	面积 /km²	3590.43	114.31	95.59	3.57	794.27	5.50	3.70	1.08	724.79	5333.24
	比例 /%	67.32	2.14	1.79	0.07	14.89	0.10	0.07	0.02	13.59	100
	生态特征	以高山峡谷地貌为主，多冰川雪山，冰蚀地貌，镶嵌分布有高寒草原、高寒草甸、高寒灌丛和天然乔木林，生物多样性丰富，大型野生哺乳动物广泛分布									
	管理目标	维系高寒生态系统健康稳定，提高区域水源涵养和生态服务功能，加强雪豹等野生动物旗舰种的监测，进一步减少人类活动干扰，保护野生动物栖息地的完整									
	管控措施	实施冰川雪山区和高寒沼泽区封禁保护，严禁非科考以外的一切人为活动，全面禁止生产性畜牧活动，施行长期全面禁渔，禁止开展商业性、经营性生产活动，加强野生动物及其栖息地监测，探索长效野生动物保护补偿制度，可依托生态监测点开展科研和环境教育活动，除必要巡护道路，不规划新建道路									
核心保育区 生态保育修复区域	面积 /km²	1911.65	4.41	5.10	0.00	26.98	0.00	0.00	0.00	88.82	2036.96
	比例 /%	93.85	0.22	0.25	0.00	1.32	0.00	0.00	0.00	4.36	100
	生态特征	草地退化，水土流失较重									
	管理目标	维护高寒生态系统健康稳定，提高水源涵养功能，保持野生动物栖息地的完整性，草地恢复，水土流失强度减轻									
	管控措施	实施重点河湖和湿地封禁保护，执行严格的草畜平衡，实行季节性休牧和轮牧，开展重度退化草地治理，加强草原鼠虫害防治，自然修复为主，开展必要的人工干预，加快退化草地恢复，加强野生动物监测，除必要巡护道路，不得修建人工设施，指定区域修建巡护道路									
一般管控区 传统利用区域	面积 /km²	3456.31	96.34	126.79	1.57	1094.59	34.38	0.37	0.00	522.90	5333.25
	比例 /%	64.81	1.81	2.38	0.03	20.52	0.64	0.01	0.00	9.80	100
	生态特征	以高寒草甸、高寒草原和森林生态系统为主，人口与自然环境承载力相协调，生态系统总体稳定，有一定经济社会发展基础									
	管理目标	维持草畜平衡，适度开展生态体验，是生态文化展示和环境教育的重点区域，创新高原生态畜牧业发展模式，社区和谐发展									
	管控措施	实施重点湿地封禁保护，未经批准，不得开发利用水资源和河湖水域岸线，严禁人类活动对野生动物造成影响，执行严格的草畜平衡，执行季节性休牧和轮牧，加强生态监测和定期评估，限定生态体验线路和区域，将许开办水文化和餐饮娱乐服务等，严格控制访客规模，严控建设用地，控制访客流量，访客按规划路线，指定区域开展相关活动，交通道路严格按照施工，留足动物通道，及时进行生态恢复									

数据来源：《三江源国家公园总体规划》，2018

整体来看，黄河源园区生态体验资源具备以下几方面特点：一是资源种类丰富，产品品牌化思路清晰，围绕"两湖一河一碑"和"三张名片"逐步实现生态体验资源"串珠式"发展；二是经营方式趋于产业化和标准化，购物区、文化公园、旅游服务中心等一批重大基础项目取得了较快发展，带动了生态体验资源的进一步开发；三是民族特色文化资源丰富，具备科考发展潜力[①]。三江源国家公园黄河源园区生态体验资源现状分布如图 2.1 所示。

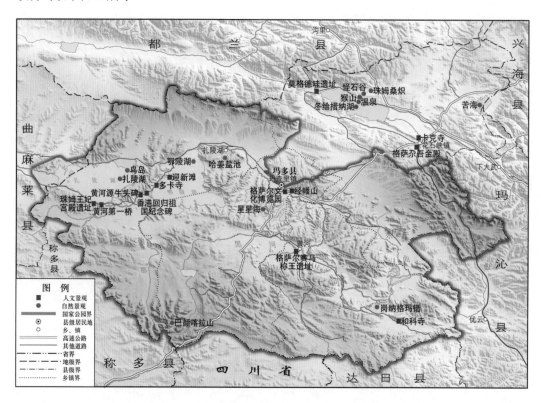

图 2.1　三江源国家公园黄河源园区生态体验资源现状分布图

2.4.2　长江源园区

生态体验产品方面，风景有别于风光秀美的平川，境内重峦叠嶂，河流纵横，湖泊密布，冰川、雪峰、沼泽等自然景观奇特壮观。玉珠峰是群众性的大众登山活动基地，也是国家级登山集训基地。以昆仑之巅主峰的玉珠峰及姊妹峰"玉虚峰"为代表的探险登山道，以珍稀野生动物王国基因库为代表的野牦牛群观赏区，以古岩画为代表的史前文化，以七渡古道为代表的丝绸之路，这些呈多样性、独特性的民族文化构筑了曲麻河发展生态文化体验的基石[②]。

---

① 青海省生态文明制度建设办公室. 2016.三江源国家公园体制试点长江源园区实施方案
② 青海省生态文明制度建设办公室. 2016.三江源国家公园体制试点澜沧江源园区实施方案

曲麻河乡独具特色的自然、人文体验资源，孕育了"两河一山一峡"和"古道岩画七渡口"的景观。原始、古朴、纯真、自然美的曲麻河乡已成为青海省探险体验、考古研究、生态观光的理想之地。

叶格乡的悠久历史，展现其千湖神山人文景观优势资源和生态体验线路的文化圈。其独特的山水文化造就了叶格"千湖神山"和"古墓缘"的特色。生活在叶格草原的人民，每年在这里举行"扎拉达泽文化旅游艺术节"欢庆活动；莱格白乃日扎神山有关格萨尔王英雄的民间故事流传至今。

索加乡、扎河乡两乡位于治多县西北部，被称为野生动物王国，具有丰富的山水文化资源、潜在的生态体验开发资源以及最原始的自然风貌和自然景观，境内有千年雪山西恰、卓玛义则、尕哇拉则等，千年冰川西恰和格西措智滩、乐日措加等天然湿地，更有闻名遐迩的烟章挂大峡谷，也能随处观赏到雪豹、藏野驴、黑颈鹤等珍奇野生动物，是长江源地区生物多样性最集中、最典型的地区，具有浓郁的游牧文化和丰富的地域文化，当地有许多继承和发扬格萨尔史诗的民间说唱艺人以及传统文化。国家级文物保护单位"古墓群"及省级文物保护单位"楚玛尔七渡口"在国内具有很高的知名度。

生态体验定位及功能区划方面，可可西里自然保护区发展定位是科考、教育为主，生态观光、探险为支撑的发展模式（郭振，2017）。《可可西里旅游规划》指出，可可西里生态体验教育基地功能结构划分为"两大板块，四大节点"。两大板块即教育板块和野外板块，四大节点即以可可西里不冻泉、索南达杰、沱沱河和五道梁四个自然保护站为中心的生态科普教育区。野外板块的范围，基本都位于青藏公路、铁路沿线两千米范围内，游客可以在这个区域体会到可可西里自然环境的部分特征。野外也是可可西里教育基地对游客吸引力最大的部分，是开发生态观光、生态科普、探险等体验活动的主要依托。站点板块是未来可可西里生态教育基地开发生态科普的主要基础和载体，是可可西里生态教育基地的核心部分和生态体验开发的支点。

生态体验管理和服务方面，青海可可西里国家级自然保护区管理局内设办公室、保护管理科、计划财务科和森林公安分局，外设五道梁保护站、不冻泉保护站、沱沱河保护站和库南科研站（生态监测站）（郭振，2017）。长江源园区的服务内容主要集中在"食""住""行"三方面。"食"主要包括阿卡包子、治多县特色小吃、吐巴、肉肠、蒸牛舌、藏餐、牦牛酸奶以及糌粑等具有地方特色的产品；"住"主要包括藏族民居、黑帐篷（特别是"龙宫蓝羽九扇天窗"牛毛黑帐篷）、藏式宾馆等，其中藏式宾馆是一所集餐饮、住宿、娱乐、保健、商务、会议等多项服务为一体的准四星级标准的现代化定点豪华宾馆；"行"主要体现在航空、公路基础设施建设和自驾游服务方面，是在以玉树机场为核心的航空服务体系的基础上，增强园区内自驾线路引导、道路养护和交通安全宣传教育功能，以及增加曲麻莱县至不冻泉公路（S308）建设，以增强中心城镇到景区的通达性。综合来看，长江源园区生态体验发展现状主要包含以下两方面特点：一是发展形成了以科考、教育为主，生态观光、探险为支撑的发展模式；二是管制严格，功能区划明显，形成保护区生态体验开发模式，在保障生态体验活动连贯性的同时，对于高原生态体验的发展具有积极的借鉴意义。

2.4.3　澜沧江源园区

杂多县文化资源丰富多样，境内的五彩梯泉池、唐蕃古道、喇嘛诺拉神山、岭珠姆王妃沐浴瀑布、米拉日巴岩画、巴艾寺古塔壁画等自然人文遗迹和非物质文化遗产，具有独特的朝圣、观光等价值。

生态体验产品方面，昂赛大峡谷、原始森林、奇特的丹霞风光，不仅风景迷人，而且气候宜人，一些知名环保民间人士称之为"中国的科罗拉多大峡谷""中国黄石公园"；还有格萨尔王大食王国的历史遗迹、佐青寺、斯日寺、曲林寺、洛龙嘎寺等举办的具有浓厚宗教色彩的法会、跳神、生死轮回法舞剧等宗教舞蹈，吸引着大量的游客前来参观膜拜；传统的藏历新年、具有民族特色的赛马节、格仲藏饰服装表演，更是地域风情最有力的展示。格萨尔王神授艺人的说唱传承着当时的繁荣文明，悠扬动听的"格吉萨松扎"（本土民歌的代表）、欢快奔放的格仲锅庄，书写着大美杂多的辉煌[①]。世代居住的藏族人民用勤劳智慧的双手创造了灿烂悠久的游牧文化、格吉部落文化及婚丧嫁娶文化。这些独特性的民族文化构筑了杂多发展文化体验的基石。

生态体验定位方面，作为重要亚洲旗舰物种雪豹最大的连片栖息地，杂多县生态经济发展模式在于打造澜沧江森林峡谷览胜走廊，塑造国际河流源区探秘圣地。依托"澜沧江第一县""冬虫夏草之乡""雪豹之乡"三大名片，特别是果宗木查保护区域分布的藏野驴、藏原羚、野牦牛等大型特有物种，以及昂赛保护区内的旗舰种雪豹、白唇鹿、岩羊、白马鸡等珍稀野生动物种群数量呈现明显恢复增多的态势，澜沧江源园区逐步演化为生态观光体验、民族文化（千年古塔、部落文化）体验、漂流、探险、竞技和高原健身等多种功能于一体的具有示范意义的生态体验观光目的地。

特色生态体验商品方面，利用澜沧江源园区独特的生态资源及宗教文化资源，开发特色商品。着力打造"藏家乐""牧家乐""藏族民俗风情园"等生态文化体验产品；推出酥油、糌粑、曲拉、牦牛肉、蕨麻等绿色食品；藏刀、牦牛角、金银器、藏族服饰等民族工艺品；藏药、玛尼石刻等特色商品。为保障生态体验产品质量，杂多县持续实施"三江源清洁工程"项目，主要是采取环境卫生整治、垃圾分类清理、水源地保护等，努力提升牧民环保理念，促使牧民自发环保行为的常态化。

整体来看，澜沧江源园区生态体验资源具备以下几方面特点：一是文化资源丰富多样，产品具民族特色，围绕"两湖一河一碑"和"三张名片"逐步实现生态体验资源"串珠式"发展；二是生态体验定位逐步演化为多种功能生态体验观光目的地；三是开发特色商品，产品质量有保障。

---

① 中国环境科学研究院. 2016. 三江源国家公园黄河源园区建设和县域可持续发展规划(2015—2025年)

2.5　体制机制试点目标及进展

2.5.1　体制机制试点目标

　　青海千山堆绣、百川织锦，是"三江之源""中华水塔"，在国家可持续发展大局中具有突出战略地位，保护好青海的生态环境，事关国家生态安全大局，事关中华民族长远利益。党中央、国务院历来高度重视三江源生态保护工作，先后实施了三江源生态保护建设一期和二期工程，建立了三江源国家级自然保护区、生态保护综合试验区等，经过不懈努力，区域生态环境明显好转，生态保护体制机制日益健全，农牧民生产生活水平稳步提高，国家生态安全屏障持续筑牢。

　　党的十八大以来，在习近平生态文明思想的引领下，青海省委省政府坚定肩负起保护生态环境的历史责任，2015 年 11 月向中央上报了《三江源国家公园体制试点方案》。2015 年 12 月 9 日，习近平总书记主持召开中央全面深化改革领导小组会议审议通过《中国三江源国家公园体制试点方案》（以下简称《试点方案》）。2016 年 3 月 5 日，中共中央办公厅、国务院办公厅正式印发《试点方案》，三江源成为党中央、国务院批复的我国第一个国家公园体制试点，也是一种全新体制的探索（青海省人民政府，2019）。

　　《试点方案》确定的三江源国家公园体制试点的目标定位是把三江源国家公园建成青藏高原生态保护修复示范区，三江源共建共享、人与自然和谐共生的先行区，青藏高原大自然保护展示和生态文化传承区。通过艰苦实践、开拓创新，努力使三江源国家公园打造成中国生态文明建设的一张名片，国家重要生态安全屏障的保护典范，给子孙后代留下一方"净土"。与此同时，《试点方案》提出了突出并有效保护修复生态、探索人与自然和谐发展模式、创新生态保护管理体制机制、建立资金保障长效机制、有序扩大社会参与五项主要试点任务。

2.5.2　体制机制试点进展

　　试点以来，青海省发挥先行先试政策优势，把体制机制创新作为体制试点的"根"与"魂"，先后实施了一系列原创性改革，确立了依法建园、绿色建园、全民建园、科技建园、智慧建园、和谐建园、科学建园、开放建园、文化建园、质量建园的理念，逐步形成了三江源国家公园规划体系、政策体系、制度体系、标准体系、生态保护体系、机构运行体系、人力资源体系、多元投入体系、科技支撑体系、监测评估考核体系、项目建设体系、宣传教育体系、公众参与体系、合作交流体系、社区共建体系，改变了"九龙治水"局面，解决了执法监管"碎片化"问题，理顺了自然资源所有权和行政管理权的关系，取得了实实在在的成效和突破性进展，走出了一条富有三江源特点、青海特色的国家公园体制探索之路（青海省人民政府，2019）。具体如下。

1. 加强组织领导，强化顶层设计

为落实好习近平总书记的重大要求，青海省把加强组织领导、顶层谋划设计作为体制试点的首要任务，成立由省委书记、省长任双组长的三江源国家公园体制试点领导小组，确定省委和省政府各一名分管领导具体牵头，落实相关部门主体责任，调动省州县各级积极性，打造纵向贯通、横向融合的领导体制。强化统筹谋划，先后组织召开了三十多次领导小组会议和专题会，对机构组建、规划、条例、管理办法、项目经费、年度工作任务进行深入研究。强化顶层设计，印发《试点方案》部署意见，确定了 8 个方面 31 项重点工作任务。强化督促落实，分年度制定重点工作责任分工和工作要点，建立台账、跟进评估、督查督导，对各牵头部门的任务推进情况实行一月一汇总、一季一对账、年中盘点梳理、年底对账销号，确保了体制试点工作的顺利推进。

2. 构建大部门管理体制，优化重组各类保护地

深入实施山水林田湖草一体化生态保护和修复，着力破解体制机制"九龙治水"局面和监管执法"碎片化"问题，处理好自然资源所有权和行政管理权的关系，协调自然保护与经济发展的关系，理顺不同政府部门之间、管理者与利用者之间的关系，制定统一的规范和标准，保育自然生态系统的完整性、原真性、多样性和典型性，筑牢国家生态安全屏障，确保源头活水源源不断，生命之水长流不竭，为子孙后代留一方"净土"。

（1）构建大部门管理体制，实现资产统一管理

组建了三江源国家公园管理局（正厅级），内设 7 个处室，并设立了 3 个正县级局属事业单位。同时，设立长江源（可可西里）、黄河源、澜沧江源三个园区国家公园管理委员会（正县级），其中长江源（可可西里）园区国家公园管理委员会挂青海可可西里世界自然遗产地管理局牌子，并派出治多管理处、曲麻莱管理处、可可西里管理处 3 个正县级机构。对 3 个园区所涉 4 县进行大部门制改革，整合林业、国土／自然资源、环保、水利、农牧等部门的生态保护管理职责，设立生态环境和自然资源管理局（副县级）、资源环境执法局（副县级），全面实现集中统一高效的保护管理和执法。整合林业站、草原工作站、水土保持站、湿地保护站等，设立生态保护站（正科级）。国家公园范围内的 12 个乡镇政府挂保护管理站牌子，增加国家公园相关管理职责。同时，根据《三江源国家公园健全国家自然资源资产管理体制试点实施方案》，组建成立了三江源国有自然资源资产管理局和管理分局，积极探索实现自然资源资产集中统一管理的有效途径，为实现国家公园范围内自然资源资产管理、国土／自然资源空间用途管制"两个统一行使"和三江源国家公园自然资源资产国家所有、全民共享、世代传承奠定了体制基础。

（2）优化重组各类保护地，增强园区一体化管理

坚持保护优先、自然恢复为主，遵循生态保护内在规律，尊重三江源生态系统特点，按照山水林田湖草一体化管理保护的原则，对三江源国家公园范围内的自然保护区、国际和国家重要湿地、重要饮用水源地保护区、水产种质资源保护区、风景名胜

区、自然遗产地等各类保护地进行功能重组、优化组合，实行集中统一管理，增强园区各功能分区之间的整体性、连通性、协调性，对各类保护地进行整体保护、系统修复、一体化管理。开展三江源草地、林地、湿地、地表水和陆生野生动物资源的本底调查，建立三江源自然资源本底数据平台，发布三江源国家公园地表水、草地、林地、野生动物等自然资源本底报告。编制自然资源资产负债表以及资源资产管理权力清单、责任清单，积极探索制定自然资源资产形成的收益纳入财政预算的管理办法。可可西里获准列入《世界遗产名录》，成为我国第 51 处且面积最大的世界自然遗产地。

3. 加强制度和法治建设，形成国家公园建设长效机制

（1）深入实地考察调研，委托编制总体规划

中国国际工程咨询有限公司组织具有国内顶尖水平的专家团队，多次深入三江源实地考察调研，广泛深入研究并借鉴国际经验，编制了《三江源国家公园总体规划》，并通过召开研讨会、座谈会、领导小组会、征求意见会、挂网公示等多种形式广泛征求各方意见建议，广纳贤言、广谋良策，形成共识。2018 年，经国务院同意，国家发展和改革委员会公布了《三江源国家公园总体规划》（简称《总体规划》），这是我国第一个国家公园规划，体现国家形象、国家意志、国家战略、国家目标、国家标准、国家行动，为我国国家公园规划的编制提供了有效示范。

（2）明确工作任务，编制各类规划

根据《总体规划》明确的工作任务，编制了《三江源国家公园生态保护专项规划》《三江源国家公园管理规划》《三江源国家公园社区发展和基础设施建设专项规划》《三江源国家公园产业发展和特许经营专项规划》《三江源国家公园生态体验和环境教育专项规划》（图 2.2）。

（3）制定实施方案，印发管理办法

制定印发了三江源国家公园科研科普、生态管护公益岗位、特许经营、预算管理、项目投资、社会捐赠、志愿者管理、访客管理、国际合作交流、草原生态保护补助奖励政策实施方案、功能分区管控办法、环境教育等 13 个管理办法。

（4）编制管理规范，明确管理工作

依托现有相关国家标准、行业和地方标准，编制发布了《三江源国家公园管理规范和技术标准指南》，明确了当前国家公园建设管理工作的名词定义、执行标准和参照标准。

（5）制定通过试行条例，依法迈入建园步伐

组成专家组集中研究制定《三江源国家公园条例（试行）》。2017 年 6 月 2 日，青海省第十二届人民代表大会常务委员会第三十四次会议审议通过了《三江源国家公园条例（试行）》，标志着三江源国家公园建设迈上依法建园的步伐。

4. 建立牧民参与共建机制，夯实生态保护群众基础

注重在生态保护的同时促进人与自然和谐共生，准确把握牧民群众脱贫致富与国

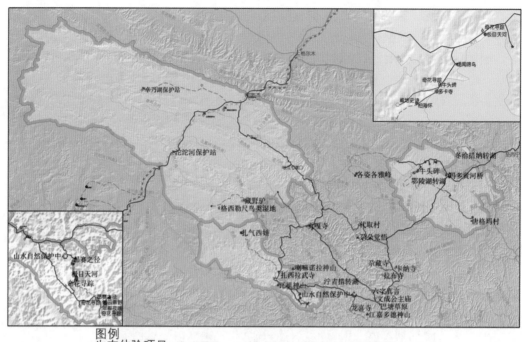

图例
生态体验项目

	·流云垂野	：长江探源	·巅之湿地	·荒野间谍
·黄河探源	·酥油下午茶	·奇花寻踪	·朝圣神山	·溯源冰川
·堤闻啼鸟	·我在三江源	·柏海怀古	·守望江源	·勇攀高峰
◎藏地史诗	·赛马荒原	·纯牧探略	·高山谷曲	访客体验线路分类
·高原苦行	·嘛呢心香	·年都夜暖	·荒野之息	—— 一类体验线路
·极目天河	·昂赛心径	·吟游星辉	·野境追踪	—— 二类体验线路
				⋯⋯ 三类体验线路
				—— 三江源国家公园

图 2.2 《三江源国家公园生态体验和环境教育专项规划》布局图（三江源国家公园管理局，2018b）

家公园生态保护的关系，在试点政策制定上将生态保护与精准脱贫相结合，与牧民群众充分参与、增收致富、转岗就业、改善生产生活条件相结合，充分调动牧民群众保护生态的积极性，积极参与国家公园建设。

（1）创新建立管护机制，制定岗位实施方案

创新建立生态管护公益岗位机制，制定了生态管护公益岗位设置实施方案，全面实现了园区"一户一岗"，共有 17211 名生态管护员持证上岗，三年来省财政共投入 4.8 亿资金，户均增加年收入 21600 元，并为其统筹购买了意外伤害保险，对牧民脱贫解困、巩固减贫成果发挥了保底作用。

（2）构建管护体系，提升巡护能力

推进山水林草湖组织化管护、网格化巡查，组建了乡镇管护站、村级管护队和管护小分队，构建远距离"点成线、网成面"的管护体系，使牧民逐步由草原利用者转变为生态管护者，促进人的发展与生态环境和谐共生。为保护管理站配发了 24 辆皮卡车和 600 辆摩托车作为巡护交通工具，进一步提升了保护管理站和生态管护员的巡护能力。

（3）多方设立保险基金，强化人兽冲突管理

地方和民间组织多方参与野生动物伤害和保护补偿。杂多县政府和北京大学山水自然保护中心及牧户共同出资设立"人兽冲突保险基金"，强化人兽冲突管理，提高了牧民保护野生动物的自觉性和主动性。

5. 树立生态保护第一的理念，全面推动绿色发展

（1）整合项目资金，形成支撑合力

依据"一件事情由一个部门主管"的原则，分类分批安排落实资金和项目。对各类基建项目和财政资金进行整合，形成项目支持和资金保障合力。体制试点工作启动以来，先后累计投入 22.5 亿元资金，重点实施了生态保护建设工程、保护监测设施、科普教育服务设施、大数据中心建设等基础设施建设项目。扎实推进了三江源二期、湿地、生物多样性等生态保护建设工程。探索研究了三江源国家公园绿色金融创新，出台了《建立推进三江源国家公园绿色金融工作协作机制》，构建了多元的资金投入体系。

（2）稳定经营制度，发展生态畜牧业合作社

在体制试点中稳定草原承包经营基本经济制度，在充分尊重牧民意愿的基础上，通过发展生态畜牧业合作社，尝试将草场承包经营逐步转向特许经营。鼓励引导并扶持牧民从事公园生态体验、环境教育服务以及生态保护工程劳务、生态监测等工作，使他们在参与生态保护、公园管理中获得稳定长效收益；鼓励支持牧民以投资入股、合作劳务等多种形式开展家庭宾馆、旅行社、牧家乐、民族文化演艺、交通保障、餐饮服务等第三产业经营项目，促进其增收致富。

（3）开展体制机制创新探索，逐步实现减人减畜目标

选择园区 4 个村和可可西里索南达杰保护站开展三江源国家公园生态保护与发展体制机制示范村建设试点工作，围绕关键性问题开展体制机制创新探索。通过公共服务能力的提升，吸引老人和小孩向城镇集中，减轻草场压力，逐步达到转岗、转业、转产和实现减人减畜的目标。

6. 多措并举，满足人民生态环境需要

深刻领会习近平总书记"环境就是民生，青山就是美丽，蓝天也是幸福"的生态观，加快改善三江源地区生态环境质量，加强执法力度，坚决遏制破坏生态环境问题。

（1）加大执法监督力度，充分发挥司法作用

加大生态环境执法监督力度，三江源国家公园管理局与青海省人民检察院、青海省高级人民法院建立了生态保护司法合作机制，组建了玉树市人民法院三江源生态法庭，成立了三江源国家公园法治研究会，建立了三江源国家公园法律顾问制度，充分发挥司法保护生态环境的作用。

（2）开展专项行动，增强建园水平

先后开展了代号为"三江源碧水行动""绿剑 3 号""绿剑 4 号"等专项行动和

常规巡护执法行动，发挥了强大的震慑作用，增强了依法管园和建园的水平。

（3）开展专项行动，推进管理工作

扎实开展中央环保督察反馈问题整改和"绿盾"自然保护区监督检查专项行动，全面核查三江源国家公园和国家级自然保护区及可可西里世界自然遗产地人类活动遗迹，核查生态环境部遥感监测人为活动点位，整改中央环保督察反馈问题。全面落实园区河长制，积极推进园区河流保护管理工作。

7. 统筹各类资源优势，夯实国家公园建设基础

在国家公园建设中，立足青海、面向全国、放眼世界，始终坚持开放建园。

（1）强化科技支撑，开展全域生态监测

与中国航天科技集团有限公司、中国科学院、中国国际工程咨询有限公司等科研院所、咨询机构及中国电信、中国移动、中国联通等建立战略合作关系，实施三江源国家公园生态大数据中心和卫星通信系统建设项目，推动中国航天五院"天地一体化"信息技术国家重点实验室三江源基地建设，充分应用最新卫星遥感技术开展全域生态监测。青海省人民政府与中国科学院组建成立了中国科学院三江源国家公园研究院，设立三江源国家公园院士工作站，强化三江源国家公园的科研和技术水平。

（2）加强人才队伍建设，开展系统业务培训

针对省州县乡村干部、生态管护员、技术人员组织开展全面系统的业务培训110场次、三万六千多人次，提高了业务水平和管理能力。同时，在青海大学生态环境工程学院开设国家公园方向相关课程，首批具有藏汉双语水平的80名学生已入班学习。

（3）建立多方交流合作机制，协同保护三江源生态环境

组织有关人员到美国黄石国家公园和加拿大班夫国家公园进行专项考察，与厄瓜多尔国家公园、智利国家公园正式签署了合作交流协议。与来自南非、古巴、斯里兰卡、印度尼西亚、柬埔寨、德国等国家的驻华使节及专家召开国家公园建设座谈会。与中国人民对外友好协会文化交流部、青海省人民政府外事办公室签署《三方合作框架备忘录》，共同推进三江源国家公园国际合作。受邀参加由德国莱法州文化遗产研究与保护总局举办的文化交流系列活动。与世界自然基金会、中国生物多样性保护与绿色发展基金会、北京巧女公益基金会、广州汽车集团股份有限公司等社会组织和企业开展战略合作。中国绿化基金会为三江源国家公园管理局捐赠了价值47.12万元的生态环境监测设备，广汽传祺向三江源国家公园管理局捐赠了25辆巡护越野车。与新疆、西藏建立了国家公园生态系统保护区间合作机制，并召开青藏新自然保护区第六届联席工作会议，正在加紧协调建立长江、黄河、澜沧江流域省份协同保护三江源生态环境共建共享机制。

（4）广泛开展宣传推介，建设生态展览陈列中心

组织中央主流媒体和青海省垣媒体分批赴三江源进行实地采访，推出系列报道三千多篇，并被广泛转载转播。与全国54家媒体联合开展"三江源国家公园全国媒体行"大型采访活动，协助中央电视台《直播长江》特别节目，视频播放次数达35万次，

150 万名网友参与活动，引发社会广泛关注。完成了《中华水塔》《绿色江源》两部纪录片以及 19 部国家公园广告片的拍摄、制作和播出，其中《中华水塔》兼获全国十佳纪录片奖和最佳摄影奖。征集确定并发布了三江源国家公园形象标志和识别系统，官方网站全面改版升级运行。参加中国"人与生物圈计划"保护区展览，加入中国"人与生物圈计划"国家委员会。与澎湃新闻建立战略合作关系，三江源国家公园入驻澎湃政务平台。创新开展生态展览陈列中心建设工作，形成科技水平高、内容丰富、覆盖度广的立体展陈。

　　整体来看，三江源国家公园建设工作进展顺利，在有效实现保护环境的同时，实现了生态经济的发展，促成了人与自然的和谐相处。

参考文献

蔡振媛, 覃雯, 高红梅, 等. 2019. 三江源国家公园兽类物种多样性及区系分析. 兽类学报, (4): 410-420.

曹巍, 刘璐璐, 吴丹, 等. 2019. 三江源国家公园生态功能时空分异特征及其重要性辨识. 生态学报, 39(4): 1361-1374.

陈春阳, 陶泽兴, 王焕炯, 等. 2012. 三江源地区草地生态系统服务价值评估. 地理科学进展, 31(7): 978-984.

郭振. 2017. 三江源国家公园生态旅游业发展路径分析. 西宁: 青海师范大学硕士学位论文.

李芬, 张林波, 李岱青. 2016. 国家公园: 三江源地区生态环境保护新模式. 生态经济, 32(1): 191-193.

李琳, 林慧龙, 高雅. 2016. 三江源草原生态系统生态服务价值的能值评价. 草业学报, 25(6): 34-41.

彭启芳. 2010. 西部地区野生动植物资源与保护开发——以三江源自然保护区为例. 草业与畜牧, (6): 29-31.

青海省农业农村厅和三江源国家公园管理局. 2018. 三江源草地资源本底白皮书. 北京: 中国林业出版社.

青海省人民政府. 2019. 三江源国家公园公报. http://sjy. qinghai. gov. cn/government/detail/871[2020-03-04].

三江源国家公园管理局. 2018a. 三江源国家公园总体规划. https://www. ndrc. gov. cn. z47b6zwgk. qh. gov. cn. onewocloud. cn/xwdt/dt/sjdt/201801/W020190910546461802852. pdf [2018-01-12].

三江源国家公园管理局. 2018b. 三江源国家公园生态体验与环境教育规划. http://sjy. qinghai. gov. cn. zc66czwgk. qh. gov. cn. onewocloud. cn/article/detail/5857 [2018-11-05].

石凡涛, 马仁萍. 2012. 三江源地区草地生态系统功能分析. 草业与畜牧, (8): 33-35, 57.

王立亚, 康海军. 2011. 三江源区草地资源及主要植物图谱. 西宁: 青海人民出版社.

吴丹, 邵全琴, 刘纪远, 等. 2016. 三江源地区林草生态系统水源涵养服务评估. 水土保持通报, 36(3): 206-210.

许茜, 李奇, 陈懂懂, 等. 2017. 三江源土地利用变化特征及因素分析. 生态环境学报, 26(11): 1836-1843.

许茜, 李奇, 陈懂懂, 等. 2018. 近40 a三江源地区土地利用变化动态分析及预测. 干旱区研究, 35(3): 695-704.

杨皓然. 2019. 三江源地区生态经济系统协调性分析. 青海社会科学, (1): 45-51.

张颖, 章超斌, 王钊齐, 等. 2017. 气候变化与人为活动对三江源草地生产力影响的定量研究. 草业学报, 26(5): 1-14.

张忠孝. 2009. 青海地理. 北京: 科学出版社.

Badia A, Pallares-Barbera M, Valldeperas N, et al. 2019. Wildfires in the wildland-urban interface in Catalonia: Vulnerability analysis based on land use and land cover change. Science of the Total Environment, 673: 184-196.

Chen L T, Jing X, Flynn D, et al. 2017. Changes of carbon stocks in alpine grassland soils from 2002 to 2011 on the Tibetan Plateau and their climatic causes. Geoderma, 288: 166-174.

Du Y G, Guo X W, Zhou G, et al. 2017. Effect of grazing intensity on soil and plant delta N-15 of an alpine meadow. Polish Journal of Environmental Studies, 26(3): 1071-1075.

Li H Q, Zhang F W, Li Y N, et al. 2014. Seasonal and interannual variations of ecosystem photosynthetic features in an alpine dwarf shrubland on the Qinghai-Tibetan Plateau, China. Photosynthetica, 52(3): 321-331.

Shi Y, Wang Y, Ma Y, et al. 2014. Field-based observations of regional-scale, temporal variation in net primary production in Tibetan alpine grasslands. Biogeosciences, 11(7): 2003-2016.

Xu T W, Zhao N, Hu L Y, et al. 2017. Characterizing CH_4, CO_2 and N_2O emission from barn feeding Tibetan sheep in Tibetan alpine pastoral area in cold season. Atmospheric Environment, 157: 84-90.

Zhang Z H, Zhu X X, Wang S P, et al. 2017. Nitrous oxide emissions from different land uses affected by managements on the Qinghai-Tibetan Plateau. Agricultural and Forest Meteorology, 246: 133-141.

Zhou H K, Yao B Q, Xu W X, et al. 2014. Field evidence for earlier leaf-out dates in alpine grassland on the eastern Tibetan Plateau from 1990 to 2006. Biology Letters, 10(8): 20140291.

第3章

科学考察及评价方法

　　基于三江源国家公园的区域特征,对科学考察中涉及的传统植被调查与监测方法、动物调查与监测方法进行了改进;探索了基于无人机数据的典型区家畜遥感监测和基于卫星遥感像元的野生动物监测方法,建立了基于野外调查的野生动物种群数量计算模型。对草地质量指标遥感监测方法[包括基于光谱变异系数的草地物种多样性遥感监测方法,"天-地"一体化草地地上生物量遥感监测方法和草地植被营养(含氮量)成分遥感监测方法]和植被特征生态参数标准化数据遥感监测方法(包括基于SG滤波的归一化植被指数算法优化和基于像元二分模型的植被覆盖度监测算法)进行了完善和创新。对生态承载力与生态安全综合评价方法、核算方法、生态资产评估方法,以及生态系统服务评估及重要性分级、分区方法进行了探索和规范。

3.1　植被调查与监测方法

　　植被调查与监测时选取典型样地,进行集中重点调查。调查样地选择注意代表性、随机性及可行性结合。重点调查典型样地的植物种类及生境信息。样地信息使用GPS确定样地所在的经纬度和海拔,保存GPS设备中的样地和途经路线定位数据。样地位置按样地所在行政区行政名称填写,尽量细化到乡(苏木)、村(嘎查)。对于物种丰富、分布范围相对集中、分布面积较大的地段采用样方法,对于物种不十分丰富、分布范围相对分散的区域采用样线(带)法。灌木类型的样方面积设为5m×5m;草本样方的面积设为50cm×50cm。

　　主要调查内容包括植物和生境因子调查。其中,植物群落调查于每年8月中下旬在各样方样地的3个50cm×50cm长期观测样方中进行。调查各样方物种数、总盖度、高度和分种多度、盖度、高度等。长期观测样方分种齐地面剪取地上生物量,并按种分类。并于样方布置图上标明样条位置,避免连续年份在同一位置采样。在植物生长季利用相机进行物候调查。生境因子调查包括记录样地的经纬度、海拔、坡向、坡度、人为干扰等地形特征、土壤特征。土壤样品采集与群落调查同期进行。各长期观测样方在其周边的样条内用8cm直径根钻分层(0~5cm、5~15cm、15~30cm)采集两钻土壤样品混合。中间的长期观测样方同样在其周边采用上述方法采样。土壤样品在采集后盛于编号自封袋中保存,带回实验室后测定相关指标。同时,用环刀分层采集容重样品并测定。

3.2　动物调查与监测方法

3.2.1　关键鸟类和兽类的调查

1. 样线调查

　　为了在短时间内实现大范围的调查需求,以准确描述该野生动物种群分布状况,兽类调查选取了藏原羚、藏羚、藏野驴等具有代表性的有蹄类动物作为关键种进行调查;

同理，鸟类则选取了猎隼以及部分水鸟作为主要的调查目标。

调查采用的方法为距离抽样法，主要是调查人员乘坐越野车沿着样线以 10 ～ 30km/h 的速度匀速行进，在该过程中，调查人员分别记录车辆两侧的调查对象及样线行进情况，即通过望远镜观察样线两侧，在观察到目标物种后，停车记录该物种名称、数量、垂直距离、遇见时间以及 GPS 经纬度等信息，同时使用带长焦镜头相机进行相关的影像记录。

具体器材及型号如下：佳能 7D 无反相机 +100 ～ 400mm 长焦镜头 ×1；双筒望远镜 ×2（奥林巴斯 10×42；冷锋 10×42）；激光测距仪 ×1（Bushnell，有效距离为 5 ～ 410m）；单筒望远镜 ×1（蔡司）等。调查中遇到较近的野生动物主要通过双筒望远镜进行观察，统一从左往右对集群的野生动物进行"扫描"，从而避免单人重复进行计算；条件允许的情况下，两位调查员对同一群物种进行数算并核对，以保障数据的准确性。而超过一定距离（2km 以上）以及对水域内的集群鸟类进行点算时，需要使用单筒望远镜及脚架，对于大规模集群的鸟类，则使用"集团法"进行计数。所有动物的监测记录和植被样方调查记录均有照片，另外典型生境及各种干扰因素等也通过照片进行了记录。

2. 无人机调查

在应用距离抽样法监测的同时，应用旋翼无人机（大疆精灵 Phantom 4）进行辅助监测（无人机适合发现距离样线较远的个体），以便加强对局部关键生境内动物的计数。调查中发现藏野驴经常分布在距离样线几百米至几千米的区域。人为接近会惊走它们，而通过无人机调查可以在基本不惊动藏野驴的情况下完成对其个体的计数。在藏野驴的核心生境，遥控无人机进行"之"字形飞行，镜头垂直向下，监测区域覆盖整个区域（一般是藏野驴密集分布的山谷或者有藏野驴分布的山坡两侧）。经过若干次尝试，以不惊动藏野驴而又能清晰识别动物为原则，无人机的飞行高度确定为 40m。

通过无人机记录到的藏野驴数据不能混入距离抽样所获得的数据进行密度估计，因为无人机显著增加了监测距离，与其他区域的监测距离不一致。用物种生境模型（而不是距离抽样）估计藏野驴的数量。

3.2.2　两栖类和爬行类的调查

通过访谈调查了解调查区的一般情况，然后设置样线，采用全体计数法、卵群计数法 / 窝巢法进行了野外考察，并记录观察到的两栖爬行动物名称、数量、生境参数等信息。针对影响两栖动物与爬行动物种群的关键生境变量，在不同海拔、植被类型、水分条件等地区设置样线并完成调查，记录物种、数量、地点、坐标、海拔、生境类型、温湿度、pH 等信息；同时，对于野外难以鉴定的物种个体，适量采集动物个体或组织样品（指 / 趾）保存遗传信息，从形态和遗传学两方面进行鉴定。实施样线法调查时，保证每条样线至少 3 名经验丰富的调查人员，1 人负责记录，其余 2 人负责搜索、捕捉、拍照和鉴别等工作。物种分类系统和鉴定标准依据《中国动物志两栖纲（上卷）总论蚓螈目有尾目》（费梁等，2006）、《中国动物志两栖纲（中卷）无尾目》（费梁等，2009a）、《中国动物志两栖纲（下卷）无尾目蛙科》（费梁等，2009b）、《中国动物志爬行纲（第二卷）有鳞目蜥蜴亚目》（赵尔宓等，1999）和《中国动物志爬行纲（第三卷）有鳞目蛇亚目》（赵尔宓等，1998）等。

3.2.3　基于无人机数据的典型区家畜遥感监测方法

基于 2017 年与 2018 年夏季在三江源范围内使用无人机搭载的高空间分辨率多光谱相机观测的牧草生长旺季多光谱影像，开展影像的精确几何校正，并消除地形的影响；基于影像中获得主要家畜品种的位置与数量样本信息，首先，将影像灰度化，灰度化之后矩阵维数下降，运算速度大幅度提高，并且梯度信息仍然保留。接着，对影像开展高斯滤波，高斯滤波将数据进行能量转化，能量低的就排除掉，噪声就属于低能量部分。然后，开展阈值处理得到二值化图像，利用已观测的畜牧物种的位置与数量样本信息开展样本深度学习（对象大小、方差、长宽比、形状指数、朝向、邻近关系、包容关系、方向关系、距离关系等）；采用样本中家畜形态学特征，开展形态运算，先用开运算消除小物体，尽可能排除干扰，同时不误删牲畜，再用闭运算排除小型黑洞将同一对象连通不重复计数。最后，自动计数从二值图像中检索轮廓，并返回检测到的轮廓的个数，从而获得主要家畜物种数量与空间分布。

基于无人机数据的家畜监测方法可高精度地识别出不同家畜的种类与数量，且可完成典型区的家畜产品监测。但是受三个园区核心保育区范围较大，地形复杂的影响，考虑无人机续航能力，航飞航线覆盖能力，以及高昂的成本问题，较难在整个核心保育区内采用无人机以及无人机数据开展家畜监测。

3.2.4　基于卫星遥感像元的野生动物监测方法

目前，三个园区核心保育区已被三江源国家公园管理局进行有效管理，三个园区核心保育区内人类居住较少，目前主要是野生动物的栖息地（图 3.1）。

获取整个三江源国家公园核心保育区（约 2.33 万 km²）内的野生动物数据信息，通过采用收集与购买的 ZY-3 卫星数据、GF-2 数据、WordView-3/4 数据、Google Earth 更新影像数据等对比发现，当影像分辨率高于等于 0.25m 或 0.12m 时，地面主要野生动物在影像上的特征可满足一定的识别信息需求。

但当获得的遥感影像分辨率高于等于 0.25m 或 0.12m 时，地面野生动物的监测主要是确定数量分布，再结合地理特征信息，以及不同野生动物空间分布知识，采用深度学习的方法，完成基于遥感像元的典型区主要野生动物监测方法的研究，并开展三江源国家公园三个园区核心保育区的典型区野生动物监测。

为满足分辨率高于等于 0.25m 或 0.12m 的需求，结合 Google Earth 上收集的已更新的 2017 ～ 2018 年数据信息，以及部分 WordView 数据信息，在长江源园区核心保育

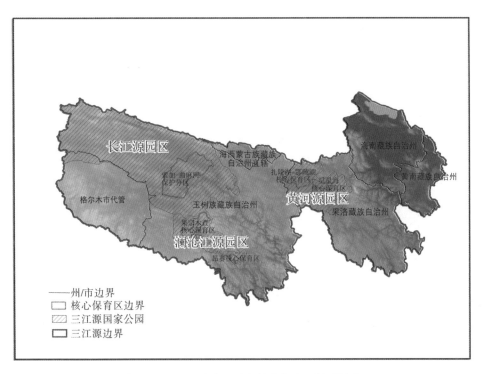

图 3.1　三江源国家公园及核心保育区地理信息

区内、黄河源园区核心保育区内、澜沧江源园区核心保育区内，选择已覆盖的相关典型区，采用研究的方法开展基于高分辨率遥感影像的主要野生动物监测，分别获得三江源国家公园三个园区核心保育区典型区的主要野生动物空间分布数据密度信息。

3.2.5　基于野外调查的野生动物种群数量计算模型

实际种群大小根据样线调查的结果校正物种分布模型预测值的方法进行估计（李欣海，2019）。用随机森林模型量化物种分布与环境变量的关系，预测三大有蹄类动物在整个区域的分布和数量，并通过样线调查的数据进行校正，得到野生动物在三江源研究区域的总数。应用样线调查的探测函数、随机森林模型中环境变量对物种数量的解释程度以及调查结果和模型结果的匹配程度进行不确定性分析，计算动物估计数量的置信区间，并用每年的调查结果进行验证。这种新的动物数量估计方法，适合于动物分布与环境变量关系密切并有样线调查结果的情况。

1. 调查方法

为了准确估计野生动物的数量，建立了研究地点的环境因子地理信息系统数据库。目前的数据库包括 WORLDCLIM 数据中关于温湿度的 19 个变量、美国地质调查局的高程数据、人类足迹指数和生态区类型。所有变量的空间精度都是 1km^2。数据格式是支持 R 语言的多层栅格文件（.grd 文件）。

2. 预测物种分布

用物种生境模型量化目标物种与环境因素的关系。物种生境模型的类型很多，有经典的逻辑斯蒂回归、广义可加模型等，还有最大熵模型 MaxEnt、随机森林（random forest）等机器学习模型。比较不同模型的准确度，选择适合该区域目标物种的最优模型。其中，泊松回归（Poisson regression）和随机森林适合进行调查数据处理。泊松回归是简单的模型，可以清楚地解释环境变量与物种分布的关系，是非常成熟的模型。随机森林是基于分类与回归树（classification and regression tree）的算法。这个算法需要模拟和迭代，所以被归类为机器学习模型，其精确度一般比泊松回归算法高。

物种分布模型可预测研究区域内每个 $1km^2$ 的栅格内动物的数量。根据模型的确定性系数 R^2，即物种分布点的环境变量对动物数量变异解释的百分率，选择最好的模型。

3. 校正物种分布模型

为了比较物种分布模型预测结果和实际调查结果的差距，提取了调查样线对应的所有栅格内动物的预测数量，与实际调查数量进行对比，计算出校正系数，然后校正整个区域动物的总数。为了更清晰地显示校正过程，选择一个区域（308省道多秀村路段）进行了详细的比较。R 语言操作如下：通过 raster 包的 raster 函数，提取了物种分布模型预测的在整个研究区域内每个栅格的动物数量。应用 cell Stats 函数计算研究区域的动物总数，得到模型预测值。应用 maptools 包的 read-Shape Spatial 函数，读取包含调查样线信息的 shape 文件（GIS 通用格式文件），然后应用 sp 包的 coordinates 函数提取样线的经纬度信息，最后应用 extract 函数根据经纬度提取样线对应栅格的动物数量估计值。

4. 评估动物数量估计的不确定性

应用上述方法对一个区域动物种群大小进行估计，其主要误差来自样线调查的误差、物种分布模型的误差，以及调查结果和模型结果匹配关系的空间异质性。把 3 种不确定性累加在一起，计算了种群大小估计值的置信区间。

3.3 草地质量指标遥感监测方法

围绕三江源国家公园草地物种多样性、草地地上生物量、草地植被营养（氮含量）等核心草地质量指标，利用地面草地样方观测数据、地面无人机多光谱遥感观测和多源卫星遥感数据，开展三江源国家公园草地质量时空监测方法研究，形成"天–地"一体化的草地质量关键指标遥感监测技术体系。

3.3.1 基于光谱变异系数的草地物种多样性遥感监测方法

根据光谱多样性假说，生态系统中不同的叶片特性、冠层结构和物候会在其光信号的相关波长上产生变异，光学特性作为植被基础属性，其多样性在一定程度上也反映了物种的多样性。本次科考采用"天－地"一体化的遥感与地面调查相结合的方法，通过将遥感数据产品中波段的光谱变异系数与实测的草地植被物种丰富度建立估算关系，构建最优经验模型。

　　图 3.2 所示是 2018 年 4 个样地 7 个采样点的植被群落地物光谱曲线，可以看出，随着地表水分减少，可见光波段反射率由沼泽化草甸向高寒荒漠不断增加。同时利用除沼泽化草甸之外的光谱变异系数与物种丰富度建立了很好的线性关系，可见光谱变异系数越高，物种丰富度越高（图 3.3），拟合时排除沼泽化草甸的原因是其地物光谱中包含了水体表面，严重影响了建模效果。

　　基于上述关系，模型建立的地面实测草地物种丰富度数据是 2015 年 7 月底至 8 月初三江源地区野外样带调查获得的，总计 15 个点，主要在高寒草甸区获得（图 3.4）。遥感数据采用同期对应位置的欧洲航天局哨兵 2 号（Sentinel-2）10m 空间分辨率多光谱数据，连同周围 9 个像元经过数据预处理后的地表反射率（图 3.5），通过计算其可见

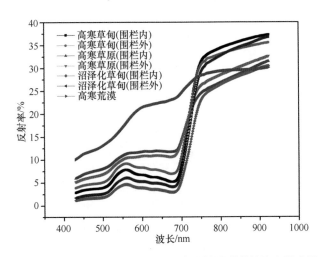

图 3.2　2018 年 4 个样地 7 个采样点的植被群落地物光谱曲线

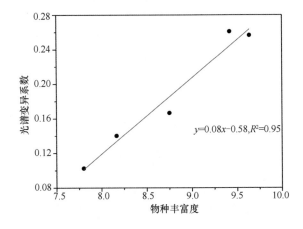

图 3.3　2018 年除沼泽化草甸之外的光谱变异系数与物种丰富度拟合曲线

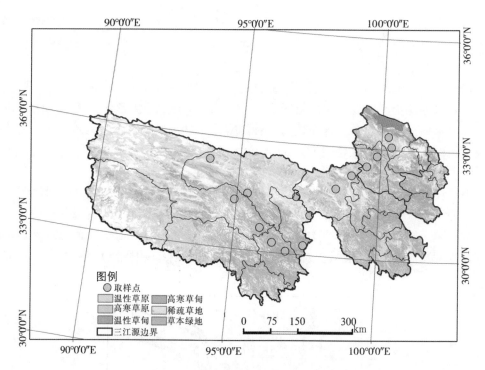

图 3.4　草地多样性取样点分布示意图

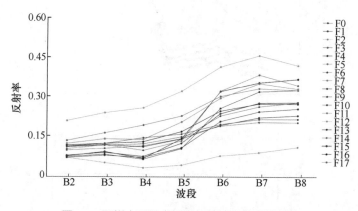

图 3.5　取样点可见光至近红外波段地表反射率

光至近红外波段（443～842nm）光谱变异系数 CV（图 3.6），建立与草地丰富度关系模型的数据库。公式如下：

$$CV = \frac{\sum\limits_{i=443}^{842} \dfrac{\sigma_{424}}{\mu_{424}}}{n} \qquad (3.1)$$

式中，CV 为样点的光谱变异系数；n 为波段数；σ 为 i 波段的均值；μ 为 i 波段的标准差。

通过分析光谱变异系数与草地物种丰富度的散点图，建立回归模型，经过 F 显著性检验，决定系数 R^2 达到了 0.4。光谱变异系数与草地物种丰富度呈正相关关系，说

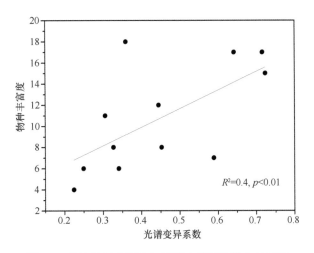

图 3.6　草地物种多样性与光谱变异系数散点关系图

明光谱变异程度越高，草地的物种越丰富。

　　利用建立的光谱变异系数 – 物种丰富度关系模型，在 Google Earth Engine 云平台对三江源 2015 年物种多样性分布进行估算发现，三江源地区植被物种多样性（取整平均值为 9，最小值为 3，最大值为 30）从西到东逐渐增加，与高寒草原至高寒草甸分布规律基本保持一致（图 3.7）。

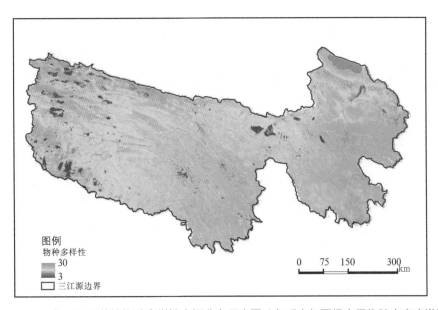

图 3.7　2015 年三江源草地物种多样性空间分布示意图（色系由红至绿表示物种丰富度增加）

3.3.2　"天 – 地"一体化草地地上生物量遥感监测方法

　　基于 2017 ～ 2018 年的地面样方观测数据、无人机地面观测数据、历史地面观测数据，以及遥感数据，构建"天－地"一体化草地地上生物量遥感监测模型［多时相植被指数模型（multi-temporal vegetation index model，MVIM）］；通过采用地面观测数据对模型参数进行标定，基于标定后的模型可开展区域尺度草地地上生物量数据产品的监测。

基于已估算归一化植被指数与植被覆盖度数据，对稀疏草地植被区，有效地增强植被信号，减弱背景信息如土壤等的影响，这对于草地植被的探测很有意义。根据光谱混合分析方法（SMA），对植被信息进行分解：

$$VR=MR-(1-FVC)\times SR \tag{3.2}$$

式中，VR 为分解后的植被反射信号；MR 为像元的原始状态，通常理解为一种混合信息；FVC 为植被覆盖度；SR 为土壤的反射信号。

由于对背景信号或者说无植被信号进行了过滤，因此可利用常用的线性模型或者指数模型对草地地上生物量进行估算：

$$AGB = a\times VR \tag{3.3}$$

为了进一步对以上模型进行优化，用植被指数来替换像元的反射率。另外，根据草地植被生长的特点，在生长季早期，地表完全由土壤与干枯植被覆盖，而这些背景信息即使在生长季的旺季也依然存在，因此，可以选择生长季早期的数据作为土壤背景的信息 SR 以简化模型参数的估算：

$$AGB = a\times VI(t,\ FVC) \tag{3.4}$$

式中，a 为转换系数，单位为 g/m^2。

以上为草地地上生物量遥感监测方法，称为多时相植被指数模型（MVIM）。

通过对三江源已有观测的草地样地调查数据与植被指数的分析发现，草地生物量在空间变化上具有明显的区域差异性。在高寒草甸区，草地地上生物量普遍偏低，以影响水热条件的地形为依据，对 MVIM 中的转换系数 a 分区进行标定。

依据 MVIM，采用 MODIS 的 97 天产品数据与样地调查同期的遥感数据计算植被指数的变化量。研究过程发现，NDVI 对高密度植被容易出现饱和现象，通过对比发现 RVI 的变化与样地调查的生物量拟合关系较好，因此选择 RVI 进行 MVIM 中参数的估算，然后对转换系数 a 分别进行标定，如图 3.8 所示，可以看出，对于高寒草甸区，不管是使用正比关系（只有一个系数 a），还是采用线性关系（两个系数 a 与 b），R^2 普遍较高。相比线性关系，正比关系引起的估算误差主要是样地数据误差引起。另外，从模型之间的可比较性来说，使用正比关系对问题的解释于区域对比更具有意义。因此，采用正比关系进行不同分区下草地地上生物量的估算。基于 2017 ~ 2018 年的地面样方观测数据、无人机地面观测数据对三江源草地生物量模型参数开展的标定结果显示，MVIM 的转换系数 a 为 82.76。

从验证的结果来看，MVIM 能够有效减弱土壤背景信息对植被指数的影响。基于 MVIM 的正比估算虽然比线性关系的 RMSE 要高，R^2 要低，但是考虑模型的可比较性等，基于 MVIM 的正比模型仍然是力推的生物量估算模型。

同时采用收集到的另外一些独立验证样点对估算的草地生物量开展验证，验证结果如图 3.9 所示。

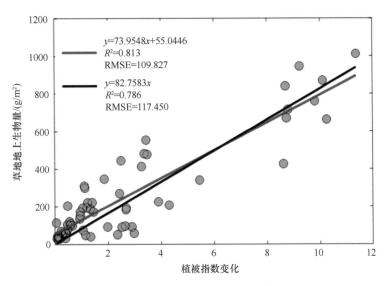

图 3.8　MVIM 转换系数 a 标定

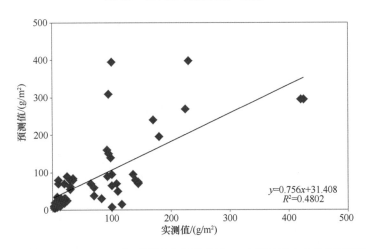

图 3.9　基于 2017 ～ 2018 年观测及收集的共计 50 个草地样点生物量验证结果

3.3.3　草地植被营养（含氮量）成分遥感监测方法

目前反映草地植被营养成分的指标众多，其中含氮量（粗蛋白质含量）最为重要，本次科考以草地含氮（N）量作为反映草地质量的指标。

利用草地植被含氮量对红边与近红外波段比较敏感特征（Ramoelo et al.，2012），本次科考基于 2017 ～ 2018 年地面样方部分观测数据，以及中国科学院战略性先导科技专项"应对气候变化的碳收支认证及相关问题"项目"生态系统固碳现状、速率、机制和潜力"课题"陆地生态系统固碳参量遥感监测及估算技术研究"（简称碳专项）期间相关地面样方观测数据集，基于 Sentinel-2 的第 4 波段（中心波长为 665nm）、第5 波段（中心波长为 705nm）与第 6 波段（中心波长为 740nm）的红边与近红外波段信息，构建了草地植被氮含量指数（MSI terrestrial nitrogen index，MTNI），可直接表征草地植被的含氮量，具体的表达式为

$$\text{MTNI}=(R_{740}-R_{705})/(R_{705}-R_{665}) \tag{3.5}$$

式中，MTNI 为草地植被含氮量指数；R 表示波段反射率。

Sentinel-2 影像各波段信息如表 3.1 所示，其中，第 4 波段中心波长为 665nm，第 5 波段中心波长为 705nm，第 6 波段中心波长为 740nm，均为草地含氮量敏感波段。

基于下载后的 Sentinel-2 影像，首先开展影像几何纠正，然后分别开展辐射定标与大气校正，获得每个波段的地表反射率数据集（表 3.1）。采用上述公式，计算获得三江源范围内草地区域的含氮量指数 MTNI 数据。

表 3.1　Sentinel-2 影像各波段信息

波段	中心波长 /nm	波长宽度 /nm	分辨率 /m
Band1	443	20	60
Band2	490	65	10
Band3	560	35	10
Band4	665	30	10
Band5	705	15	20
Band6	740	15	20
Band7	783	20	20
Band8	842	115	10
Band8a	865	20	20
Band9	945	20	60
Band10	1380	30	60
Band11	1610	90	20
Band12	2190	180	20

3.4　植被特征生态参数标准化数据遥感监测方法

根据三江源区域特定的地貌与植被分布特征，构建了基于 Savitzky-Golay 滤波（简称 SG 滤波）的归一化植被指数算法优化与基于像元二分模型的植被覆盖度监测算法。

3.4.1　基于 SG 滤波的归一化植被指数算法优化

归一化植被指数（NDVI）是应用最为广泛的植被指数，它是植物生长状态和植被空间分布的指示因子，与地表植被的覆盖率成正比，对于同一种植被，NDVI 越大，表明植被覆盖率越高。它是用于监测植被变化的经典植被指数，适用于大区域的植被监测。NDVI 的计算公式为

$$NDVI = \frac{NIR - R}{NIR + R} \tag{3.6}$$

式中，NIR 为近红外波段反射率；R 为红波段反射率。NDVI 曲线理论上应是一条连续平滑的曲线，然而，由于云层干扰、数据传输误差、二向性反射或地面冰雪的影响，在 NDVI 曲线中总是会有明显的突升或突降，尽管采用 16 天最大合成法，但数据产品中仍存在较大残差，阻碍了对数据的进一步分析利用，并可能导致错误的结论。在此，利用时间域上的滤波处理——SG 滤波对数据集进行重构，以降低噪声水平。

SG 滤波的基本原理是通过取点 x_i 附近固定个数的点拟合一个多项式，多项式在 x_i 处的值就是它滤波后的值。基于该原理首先对数据集进行一次大窗口滤波，获取每个像元的长期变化趋势，保留高于总体趋势的像元，将低于总体趋势的像元用滤波值代替；然后每次计算一个平滑指数，循环 SG 滤波，直到平滑指数满足要求，拟合效果最接近总体趋势的上包络线，得到较为合理的 NDVI 时间序列曲线（图 3.10）。

获得新的时间序列数据后，还要对时间序列数据进行插值，获得逐旬数据。具体方法是判断缺失数据的时间位置，用邻近的点以多相式拟合的方法予以填充。具体流程如图 3.10 所示，部分点的滤波后曲线与原始 NDVI 曲线对比如图 3.11 所示。通过处理后得到的 NDVI 数据将更加真实地反映植被的生长趋势。

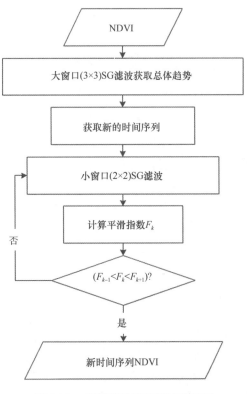

图 3.10　植被指数优化算法流程图

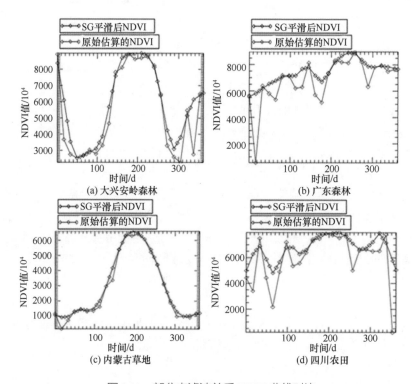

图 3.11　部分点滤波前后 NDVI 曲线对比

3.4.2　基于像元二分模型的植被覆盖度监测算法

植被覆盖度（fractional vegetation cover，FVC）是指植被在地面的垂直投影面积占统计区总面积的百分比，针对三江源国家公园研究主要是灌草植被的覆盖度。利用遥感估算植被覆盖度，常用的方法是在像元二分模型的基础上，用植被指数表征地物遥感信息，提取目标区域的植被覆盖度。该方法适用于监测区域尺度的植被覆盖度及其变化。

影像中的一个像元实际上可由多个组分构成，每个组分对遥感传感器所观测到的信息都有贡献，因此可以将遥感信息分解建立像元分解模型，并利用此模型估算植被覆盖度。像元二分模型假设像元是由两部分构成的，即植被覆盖地表和无植被覆盖地表，所得到的光谱信息也是由这两个组分因子线性合成，它们各自的面积在像元中所占比例即各因子的权重，其中植被覆盖地表占像元的百分比即该像元的植被覆盖度。

植被指数（vegetation index），是指由遥感传感器获取的多光谱数据，经线性和非线性组合而构成的对植被有一定指示意义的各种数值。它是根据植被反射波段的特性计算出来的反映地表植被生长状况、覆盖情况、生物量和植被种植特征的间接指标。经过验证，植被指数与植被覆盖度有较好的相关性，用它来计算植被覆盖度是合适的。

根据像元二分模型，一个像元的 NDVI 值可以表达为绿色植被部分所贡献的信息 $NDVI_{veg}$ 与裸土部分所贡献的信息 $NDVI_{soil}$ 两部分，因此，植被覆盖度可表示为

$$FVC = \frac{NDVI - NCVI_{soil}}{NDVI_{veg} - NDVI_{soil}} \tag{3.7}$$

式中，FVC 为植被覆盖度；NDVI 为像元的 NDVI 值；$NDVI_{soil}$ 为完全裸土或无植被覆盖区域的 NDVI 值；$NDVI_{veg}$ 为植被完全覆盖像元的 NDVI 值。$NDVI_{soil}$ 对于大多数类型的裸地表面理论上应该接近于 0，并且是不易变化的，但受众多因素的影响，其变化范围一般在 −0.1 ～ 0.2。本书通过分析三江源地区 NDVI 的分布频率确定 $NDVI_{veg}$ 和 $NDVI_{soil}$，首先对每年各期 NDVI 进行最大值合成，得到每年一期 NDVI 最大值影像，然后选取 NDVI 最大值图像中累积频率 5% 所对应的值作为 $NDVI_{soil}$，累积频率 95% 所对应的值作为 $NDVI_{veg}$。对于 FC 小于 0 或大于 1 的个别像元，分别设为 0 和 1。

3.5　生态承载力与生态安全综合评价方法

草地畜牧业地区的可持续性需要在生态、经济和社会可持续性三者平衡中求得，而评价指标等量化工作也始终是草原地区可持续发展研究的难点和热点。该评价方法试图从生态环境、社会经济、畜牧业以及旅游业四个方面对三江源国家公园的生态承载力与生态安全进行综合评价。

3.5.1　基于指标体系法的生态承载力与生态安全的综合评价

经过反复的内部讨论和与多名相关专家的研讨，最终明确生态承载力与生态安全的定义与关系。本书认为生态承载力应该是生态系统的结构、过程及空间格局决定的最大承受能力。而生态安全则应该是生态系统在维持自身环境不受破坏和威胁的前提下，满足人类和生物群落生存发展，使生态系统与经济社会均处于可持续发展的良好状态。

指标体系评估法因其考虑因素较全面、计算较为灵活、适用于结构功能较为复杂的区域等优势，是目前生态承载力和生态安全评估的主要方法之一。生态承载力评价要以可持续发展和生态系统理论为依据，指标选取要能客观真实地反映生态系统的当前状态，指标应具有一定的稳定性，可科学地阐述复杂的生态系统内各个子系统间的相互关系。对于生态安全评价，除了要考虑生态承载力在内的目前生态系统的状态外，还要考虑人类活动对生态环境施加了一定的压力，使生态环境状态产生了一定的变化，而人类应当对环境的变化做出响应，以恢复生态环境质量或防止环境退化。故采用 P-S-R 模型，即压力（pressure）- 状态（state）- 响应（response）模型，评估考虑生态承载力的三江源国家公园生态安全，该模型框架具有非常清晰的因果关系，在环境、生态、地球科学等领域中被广泛认可和使用。

1. 构建生态承载力与生态安全评价指标体系

依据生态承载力和生态安全的定义，以及独立性、可获取性、易操作性，所选指标应尽量避免指标间信息的重叠等指标选取原则，尽可能选择能反映关键问题、信息易于获取的指标。综合考虑三江源地区生态系统的结构、过程及其空间格局的关键问题，最终建立气候、土、地形、生物和水五个指标层，共 18 个指标项的三江源生态承载力评价指标体系（表 3.2）。

表 3.2　三江源地区生态承载力评价指标体系

指标层	指标项	权重	计算年份	相关性
气候	年降水量	0.0675	2006～2017 年（均值）	正
	年均温	0.0675	2006～2017 年（均值）	正
	>0℃积温	0.03375	2006～2017 年（均值）	正
	太阳辐射总量	0.01125	2006～2017 年（均值）	正
	无霜期	0.03375	2006～2017 年（均值）	正
	大风天数	0.01125	2006～2017 年（均值）	负
土	水蚀模数	0.05	2006～2017 年（均值）	负
	风蚀模数	0.025	2006～2017 年（均值）	负
	土壤类型	0.05	1990 年	正
地形	海拔	0.0875		负
	坡度	0.0875		负
生物	受威胁植物种类	0.0225		负
	受威胁动物种类	0.0225		负
	NPP	0.07875	2006～2017 年（均值）	正
	植被覆盖度	0.05625	2006～2017 年（均值）	正
	植被类型	0.045	2000 年	正
水	水源涵养量	0.175	2006～2017 年均值	正
	地表水水质	0.075	2005 年、2006 年、2012 年（均值）	负

在考虑了人类活动对生态环境的压力，如经济发展、牲畜饲养、环境污染、草地退化等因素，以及人类社会应当对环境的变化做出响应，如工业发展、提高教育水平等因素后，最终选择了包括生态承载力在内的 12 个指标，构建了考虑生态承载力的生态安全评价指标体系（表 3.3）。

2. 评价指标标准化

由于各个指标在计量单位上存在显著差异，数值之间没有可比性，故需要对评价指标数据进行标准化处理，把各指标的数值统一映射到相同的取值区域内，使不同量纲的数据具有可比性。对于定量和定性的指标分别采取极差归一化和分级赋值法，将其数值标准为 0～1。

表 3.3　三江源地区生态安全评价指标体系

准则层	指标项	权重	相关性
P（压力）	国内生产总值	0.06	负
	现实载畜量	0.075	负
	恩格尔系数	0.045	负
	黑土滩面积占比	0.06	负
	农药使用量	0.03	负
	化肥使用量	0.03	负
S（状态）	生态承载力	0.5	正
R（响应）	第三产业比重	0.06	负
	人口密度	0.06	负
	人均居民地面积	0.02	正
	受九年义务教育人口比例	0.03	正
	教育支出	0.03	正

（1）极差归一化法

由于各个指标与生态承载力的相关性存在正负两种方向，正向关系是评价指标数值越大，生态承载力越大；负向关系是评价指标数值越小，生态承载力越小。故当评价指标的数值和生态承载力呈正相关时，采用式（3.8）进行标准化；负相关时，则采用式（3.9）进行标准化。

$$X_i' = \frac{X_i - X_{i,\min}}{x_{i,\max} - x_{i,\min}} \tag{3.8}$$

$$X_i' = 1 - \frac{X_i - X_{i,\min}}{X_{i,\max} - X_{i,\min}} \tag{3.9}$$

式中，X_i' 为第 i 个评价指标的标准化值；X_i 为第 i 个评价指标的值；$X_{i,\max}$ 和 $X_{i,\min}$ 分别为第 i 个评价指标的最大值和最小值。通过无量纲标准化处理后，X_i' 值越大，表明对生态承载力的正作用越大。

（2）分级赋值法

定性指标包括土壤类型和植被类型，其中，土壤类型按照土壤有机质含量、有效土壤厚度、土壤肥力等土壤性质对土壤类型赋值分级进行标准化处理，植被类型按照植被所在生态系统稳定性、自我调节能力等方面对植被类型赋值分级进行标准化处理，具体分级赋值标准如表 3.4 所示。

表 3.4　分级赋值标准

项目	赋值				
	0.2	0.4	0.6	0.8	1.0
土壤类型	11～14	9, 10	7, 8	5, 6	1～4
植被类型	11	9, 10	6～8	5	1～4

注：土壤类型中，1. 黑毡土，2. 黑钙土，3. 栗钙土，4. 灰褐土，5. 水成土，6. 草毡土，7. 半水成土，8. 寒钙土，9. 灌淤土，10. 干旱土，11. 冷钙土，12. 寒钙土，13. 初育土，14. 寒原盐土；植被类型中，1. 森林，2. 高寒草原，3. 原生灌丛，4. 温带丛生禾草草原，5. 高寒草甸，6. 次生灌丛，7. 栽培植物，8. 温带丛生荒漠草原，9. 盐生草甸，10. 高山植被，11. 荒漠

（3）指标整合方法

目前大多数生态承载力研究采用综合评价法，在确定指标体系的权重时依靠专家打分的层次分析法，但由于研究调查专家数量的限制，往往造成权重结果主观性较强，使得生态承载力的计算结果存在较大不确定性。因此，本书在进行生态承载力指标整合时，为了减少不确定性，采用了基于层次分析法确定指标权重、综合均衡整合、最小值整合三种方法。

层次分析法确定指标权重，能够依据专家经验，更凸显出研究区生态系统关键问题，使基础问题与关键问题相辅相成。层次分析法可以将复杂问题分为若干层次和因子，在各因子之间进行简单比较和计算，确定不同因子的权重。首先，构建层次分析建构模型，根据实际问题将相关因素自上而下分层（目标层、准则层、指标层），且上层受下层影响，而层内各因素基本相对独立。然后，构造成对比较矩阵，用成对对比法和1～9尺度，构造各层对上一层每个因素的成对比较矩阵；计算权向量并做一致性检验。对每一成对比较矩阵计算最大特征根和特征向量，并做一致性检验，若通过，则特征向量为权向量。最后，计算组合权向量并做组合一致性检验。

综合均衡整合法是将指标层中所有指标项的重要性看作一致，可以了解研究生态承载力的平均状况，适合整体上把握。

最小值整合法是以短板效应为理论基础，取每个指标层中所有指标项的最小值。该方法能够清楚地展示出生态承载力的限制指标，反映生态系统问题症结所在，为地区可持续发展政策的制定提供明确的理论依据。

生态承载力评估模型：

根据指标标准化值和指标整合方法，计算得到生态承载力指数（ecological carrying capacity，ECC），计算公式如下：

$$ECC = \sum_{i=1}^{18} X_i' \times W_i \tag{3.10}$$

式中，X_i'为指标标准化值；W_i为指标权重；ECC 为生态承载力指数，值域为 [0, 1]，值越大，生态承载力越大。

3.5.2　基于草地畜牧业生产的生态承载力与生态安全评价方法

草地生态系统是三江源自然保护区最主要的生态系统类型，畜牧业是当地牧民赖以生存的基础产业。草地自然生态系统与畜牧业发展息息相关，显著影响着当地的生态承载力与生态安全。本次科考基于草地畜牧业生产，通过现实产草量和潜在产草量，对当地的经济和人口承载力进行了评估，并与现实经济和人口承载状况进行了比较，以判断生态安全状况。具体方法如下。

1. 草畜平衡评估

理论载畜量是在一定的草地面积和一定的利用时间内，在适度放牧（或割草）利用并维持草地可持续生产的条件下，满足承养家畜正常生长、繁殖、生产畜产品的需要，所能承养的家畜羊单位数量。

按照国家农业行业标准《天然草地合理载畜量的计算》（NY/T 635—2015）的规定，年际理论载畜量由以下公式计算：

$$Cl = \frac{Y \times K \times U}{R \times T} \tag{3.11}$$

式中，Cl 为草地理论载畜量，即单位面积草地可承载的羊单位（标准羊单位 /hm²）；Y 为单位面积草地的可利用量（kg/hm²）；K 为草地可食牧草比例（%）；U 为草地可利用率（%）；R 为一个标准羊单位家畜的日食量（kg/d），按 1.8kg 干草计算；T 为草地放牧天数（d）。根据三江源草地的实际情况，通过咨询当地专家，并结合有关文献，确定三江源地区的草地可食牧草比例 K 按 80% 计算。按相关规定，草地可利用率按 50% 计算。

需要说明的是，根据目前我国采用的美国相关标准，每个羊单位日需粗蛋白量为 0.0539kg/d，代谢能为 8.38MJ/d。如果按照 1 羊单位日食干草 1.8kg 计算，则牧草粗蛋白含量小于 0.04% 或牧草代谢能量小于 5MJ/kg，家畜就会蛋白营养缺乏或代谢能量营养缺乏；如果粗蛋白含量大于 0.04%，或代谢能大于 5MJ/kg，家畜不会出现蛋白营养或代谢能缺乏。根据考察队在三江源地区测定的各月天然草地牧草营养成分（表 3.5），该地区各月草地牧草粗蛋白含量和代谢能均较高，均能满足家畜生长需要，无须进行季节调整。

表 3.5　天然草地营养成分

项目	营养成分			
	4 月	6 月	8 月	10 月
粗蛋白含量 /%	5.11	15.96	12.67	6.09
代谢能量 /（MJ/kg）	11.68	12.76	12.9	10.03

另外，根据国家农业行业标准《天然草地合理载畜量的计算》（NY/T 635—2015）的规定，嵩草高寒草甸、禾草高寒草甸等草地牧草的标准干草折算系数均为 1，表明高寒草甸草地牧草达到国家规定的标准干草水平，因此，本模型不再考虑天然草地牧草

的营养成分及其季节变化。

现实载畜量是一定面积的草地和一定的利用时间段内，实际承养的家畜羊单位数量，由以下公式计算：

$$C_A = \frac{C_n \times (1 + C_h) \times (G_t - SF_t)}{A_r \times 365} \tag{3.12}$$

式中，C_n 为牲畜年末存栏数（SHU）；C_h 为家畜出栏率（%）；G_t 为季节草场放牧时间（d）；SF_t 为补饲时间（d）；A_r 为天然草场面积（hm²）。

按照国家标准计算各类家畜的羊单位。1 只成年羊（45kg）按 1 个羊单位（日食量为 1.8kg 干草 / 只），1 只幼年羊按 0.5 个羊单位计算；1 头成年牦牛按 4 个羊单位，1 头幼年牛按 1.5 个羊单位计算；1 匹成年马按 6 个羊单位，1 匹幼年马按 3 个羊单位计算。根据当地实际情况，通过咨询当地专家，确定三江源地区成年畜和幼畜的比例为 0.65 ：0.35。

为了分析和评价三江源地区草地放牧对生态系统植被生产力的影响及草畜矛盾特征，本次科考采用草地载畜压力指数的概念来评价三江源地区草畜平衡状况，所用公式为

$$Ip = \frac{CS}{Cl} \tag{3.13}$$

式中，Ip 为载畜压力指数；CS 为现实载畜量（标准羊单位 /hm²）；Cl 为理论载畜量（标准羊单位 /hm²）。如果 Ip= 1，则 CS= Cl，表明草地载畜量适宜；如果 Ip> 1，表明草地超载；如果 Ip< 1，则表明草地尚有载畜潜力。

2. 基于畜牧业的理论承载力估算

分别根据牛肉产量、羊肉产量、奶产量、山羊绒产量、山羊毛产量、绵羊毛产量等来计算三江源草地理论饲养牲畜价值量，最终核算一个标准羊单位家畜价值为 1700 元。基于三江源目前收入水平、小康收入水平和富裕收入水平三种情景分别来计算草地理论承载力（可养活人口数）。三江源目前收入水平是根据 2017 年《青海省统计年鉴》人均年收入数据计算的，为 14070.8 元；小康收入水平是按国家标准小康水平人均年收入计算的，为 12968 元；富裕收入水平是根据 2017 年按广东省人均年收入计算的，为 33003.3 元。

人口可承载压力指数计算公式如下：

$$PPI = \frac{TP}{AP} \tag{3.14}$$

式中，PPI 为人口可承载压力指数；AP 为现实人口数量；TP 为不同情境下可承载人口数量，其计算公式为

$$TP = \frac{Cl \times Va}{CI} \tag{3.15}$$

式中，Cl 为三江源地区总理论载畜量（SHU）；Va 为一个标准羊单位家畜价值量（元 / SHU）；CI 为不同收入情景下人均年收入（元 / 人）。

3.5.3　基于旅游承载力旅游区游客生态容量测算方法

1. 测算方法

所用公式如下：

三江源生态容量＝三江源理想生态容量 × 三江源生态承载力系数

三江源游客生态容量＝三江源生态容量 – 三江源居民密度

旅游区游客生态容量＝旅游区生态容量 – 旅游区居民密度

三江源瞬时游客生态容量＝旅游区游客生态容量平均值 × 旅游区面积

三江源年旅游总人数 =max{ 黄南藏族自治州年旅游总人数、海南藏族自治州年旅游

总人数、玉树藏族自治州年旅游总人数、果洛藏族自治州年旅游总人数 }

三江源瞬时游客人数＝三江源年旅游总人数 ×4÷210

利用强度＝三江源瞬时游客人数 / 三江源瞬时游客生态容量 ×100%

2. 研究方法

（1）方法一

1) 依据《风景名胜区总体规划标准》（GB/T　50298—2018）国家标准中对不同用地类型的生态容量规定，采用疏林草地的用地标准（从 500m²/ 人减至 400m²/ 人）作为三江源区理想状态下的生态容量，即 2 ～ 2.5 人 /km²；本次科考采用 2.5 人 /km² 作为三江源理想生态容量。

2) 鉴于三江源植被类型主要为高寒草甸和高寒草原，生境脆弱；且除用地类型外，年均温、年降水、水资源储量等多种环境因素也会影响生态容量，采用本次科考制定的"三江源生态承载力系数"作为权重，承载力系数取值 0 ～ 1，最优状态下的承载力系数 =1，计算出三江源生态容量空间分布。

3) 依据 2015 年的中国土地利用 / 土地覆盖遥感监测数据，选取六大类一级土地利用类型（耕地、林地、草地、水域、城乡工矿居民用地、未利用地）中的林地和草地作为旅游区，并去除禁止发展旅游的自然保护区中的核心区和缓冲区，即三江源自然保护区试验区、非保护区的林地、草地分布（图 3.12），获得旅游区生态容量；鉴于该旅游区内居民较少，故以此表示旅游区游客生态容量。

4) 计算三江源瞬时游客生态容量。三江源瞬时游客生态容量＝旅游区游客生态容量平均值 × 旅游区面积，该值为三江源整个区可承载的瞬时游客生态容量。

5) 参考《青海省统计年鉴》，获得 2013 ～ 2017 年青海省分地区旅游人数，鉴于三江源的主体以黄南藏族自治州、海南藏族自治州、玉树藏族自治州和果洛藏族自治州为主，其在三江源内部多个州间被重复统计，若采用该 4 个州的旅游人数总和作为三江源年旅游人数，将高于实际值。因此，本次科考以 4 个州中年旅游人数的最大值代表三江源的年旅游总人数。

6) 选择月均温大于 0℃的时间段作为适宜游览时间，三江源玉树、果洛、黄南、

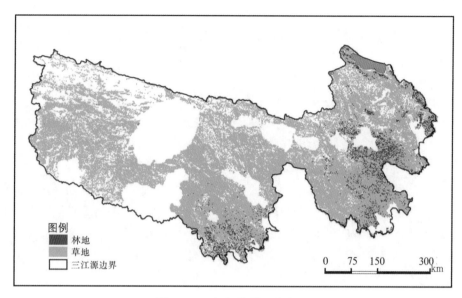

图 3.12　三江源旅游区分布图

海南四个州近年来 4 ～ 10 月月均温大于 0℃，即游客主要在此 7 个月（约 210 天）前往三江源旅游。综合考虑旅游网站（去哪儿、游侠客、携程等）推荐以及规划的三江源当地游的旅游日程，认为进入三江源的游客平均游玩 4 天后离开三江源，故

三江源内瞬时游客人数 = 三江源年旅游总人数 × 4 ÷ 210

（2）方法二

仅步骤 1）和步骤 3）不同于方法一，其他步骤与方法一一致。

1）三江源地区自然生态旅游资源的数量为 309 处，人文生态旅游资源数量为 331 处，自然资源与人文资源基本相当。综合考虑人文景观的生态容量与自然景观的生态容量，以一般景点的生态容量 100m² / 人 [参照《风景名胜区规划规范》（GB 50298—1999)》]，即 10 人 / km² 作为整个三江源理想生态容量。

2）以除了禁止发展旅游的自然保护区中的核心区和缓冲区外的区域作为旅游区，该旅游区中居住着当地居民，故旅游区游客生态容量 = 旅游区生态容量－旅游区居民密度。

3.6　N% 核算方法

N% 是指能够满足人类基本福祉所需保护的自然区域面积的最低比例（Tian et al.，2018）。通过探索三江源国家公园所在地区区域尺度上生物多样保护最小面积与民生需求最大面积相协调的自然比例，寻求可持续管理的途径与模式。通过国家公园区域内家畜（家牦牛和藏系绵羊）和主要野生有蹄类食草动物（藏羚、藏原羚、野牦牛和藏野驴）的营养生态位体积和重叠，现有家畜和主要野生有蹄类食草动物的数量，保障当地牧民基本生活需求的家畜存栏量等核算了三江源国家公园需要保护的自然区域面积最低比例（自然比例）的理论值、现实值、预期值和优化值。

3.6.1　基于家畜和野生有蹄类食草动物营养生态位的理论 N% 核算

根据三江源国家公园内主要食草动物粪样中的植物碎片比例（曹伊凡等，2009），进行主成分分析（R 语言 vegan 包的 rda），通过凸包算法计算各食草动物的生态位体积和各物种对的生态位重叠（R 语言 hypervolume 包 hypervolume_gaussian 和 hypervolume_set）。由于各食草动物样本量差异较大（样本量 10 ～ 55），首先根据所有样品数据计算生态位体积和重叠，而后采用随机抽样方法重复进行 999 次抽样，分别计算生态位空间和生态位重叠。根据上述计算的生态位空间和生态位重叠，以 [1–（家畜所占生态位体积之和占所有有蹄类食草动物生态位体积之和的比例）]×100 为理论 N%，其中计算生态位体积之和时需扣除各物种对的生态位重叠及重复计算部分。

3.6.2　基于家畜和野生动物数量的现实 N% 核算

根据三江源国家公园现有主要有蹄类食草动物数量，核算为羊单位数量，通过计算生态保护修复区和传统利用区的有蹄类食草动物羊单位密度，家畜和主要野生有蹄类食草动物占据的面积，确定三江源国家公园基于家畜和野生动物数量的 N% 现实值。

3.6.3　基于当地牧民基本生活需求的预期 N% 核算

根据三江源国家公园人口数量和牧区藏族主要食物消费水平，折合牛羊肉消费量。通过家畜净肉率和出栏率推算理论存栏量。依据三江源国家公园各县平均理论载畜量，计算三江源国家公园基于当地牧民基本生活需求的 N% 预期值。

3.6.4　区域耦合资源空间配置的优化 N% 核算

通过区域资源空间配置优化，将外围支撑区发展草产业生产的饲草资源用于"返青期休牧"和"两段式饲养模式"或用于满足当地牧民基本生活需求的家畜等，优化了三江源国家公园自然比例的现实值和预期值。

3.7　生态资产评估方法

区域生态资产状况评价指标必须包含生态资产面积和质量两个不同维度的指标，但生态资产面积和质量两个指标量纲无法统一，提出类型生态资产指数和区域生态资产指数对类型水平和区域水平的生态资产存量及变化进行评价。类型生态资产指数依据生态资产等级从优到劣分别赋予 5、4、3、2、1 不同权重，将不同权重与其等级对应生态资产面积乘积和该类生态资产总面积与最高质量权重（$i=5$）乘积的比值称为生态资产质量等级指数（无量纲），生态资产面积（km²）与区域总面积的比值称为生态资产面积指数（无量纲），质量等级指数与面积指数的乘积并乘以系数 100（对指数的大小范围进行调节，使其落在 0 ～ 100）即生态资产类型指数；生态资产综合指数是依据不同类型的生态资产按等级从优到劣分别赋予 5、4、3、2、1（无量纲），将该不同权重与其等级对应生态资产面积乘积求和，再对不同类型生态资产重复此步骤并求和，其与该区域生态资产总面积与最高质量权重（$i=5$）乘积的比值称为生态资产综合指数。计算方法如下：

$$EQ_i = \frac{\sum_{j=1}^{5}(EA_{ij} \times j)}{EA_i \times 5} \times \frac{EA_i}{S} \times 100 \qquad (3.16)$$

$$EQ = \sum_{i=1}^{k} EQ_i = \frac{\sum_{i=1}^{k}\sum_{j=1}^{5}(EA_{ij} \times j)}{\sum_{i=1}^{k} EA_i \times 5} \times \frac{\sum_{i=1}^{k} EA_i}{S} \times 100 \qquad (3.17)$$

式中，i 为生态资产类型；j 为生态资产等级权重因子；EA_i 为第 i 类生态资产的面积；EA_{ij} 为第 i 类第 j 等级生态资产的面积；EQ_i 为第 i 类生态资产质量等级指数；k 为三江源地区的生态资产类型种类；EQ 为生态资产综合指数。

3.8　生态系统服务评估及重要性分级、分区方法

3.8.1　生态服务功能评估

自然生态系统及其生态过程产生的产品和服务对于维持地球生命保障系统的正常运转至关重要，生态系统结构和功能的稳定性是保障人类社会生存和发展的必要条件。为了评估三江源地区草地资源生态系统服务功能，并进一步为生态服务功能重要性评估和生态承载力与生态安全评估提供基础，选择了水源涵养、水土保持、防风固沙等三项重要生态服务功能。

1. 水源涵养的定量计算方法

水源涵养是陆地生态系统重要的服务功能之一，是植被、水与土壤相互作用后所产生的综合功能的体现。本次科考在对三江源国家公园水源涵养进行定量评估时，选择水源涵养量和水源涵养保有率两个指标。其中，水源涵养量是指与裸地相比较，森林、草地等生态系统涵养水分的增加量；而水源涵养保有率是指被评价区域某类生态系统水源涵养量达到同类最优生态系统水源涵养量的水平。采用降水储存量法来计算水源涵养量，该方法以生态系统的水文调节效应来衡量：

$$W = 10A \times P \times R \qquad (3.18)$$

$$P = P_0 \times K \qquad (3.19)$$

$$R=R_0-R_g \tag{3.20}$$

$$R_g=-0.3187\times F_c+0.36403 \tag{3.21}$$

式中，W 为与裸地相比较，森林、草地等生态系统涵养水分的增加量（m³）；A 为生态系统面积（hm²）；P 为年产流降水量（mm）；P_0 为年均降水量（mm）；R 为与裸地相比较，生态系统减少径流的效益系数；R_0 为产流降水条件下裸地降水径流率，取值 0.36403；R_g 为产流降雨条件下生态系统降雨径流率；K 为产流降水量占降水量的比例，取值 0.68；F_c 为植被盖度（%）。

水源涵养保有率的计算为

$$WP=\frac{W}{W_g}\times100\% \tag{3.22}$$

式中，WP 为评估单元的某类生态系统水源涵养保有率（%）；W 为评估单元某类生态系统的水源涵养量（m³）；W_g 为三江源区同类最优生态系统的水源涵养量。

2. 水土保持的定量计算方法

水土保持作为人类对生态系统干预的一种有效手段，其生态系统服务功能也受到越来越多的重视。本次科考在对三江源国家公园水土保持功能进行定量化评估时，选取了土壤侵蚀模数、土壤保持量和土壤保持保有率三个指标。

土壤侵蚀模数可以利用水土流失地面监测数据、水文站径流含沙量观测数据计算。同时，也可采用修正的通用土壤流失方程（RUSLE）计算。计算公式为

$$A=R\times K\times L\times S\times C\times P \tag{3.23}$$

式中，A 为土壤侵蚀模数（t/hm²）；R 为降水侵蚀力因子 $[MJ/(mm\cdot hm^2\cdot h\cdot a)]$；$K$ 为土壤可蚀性因子 $[t/(hm^2\cdot h\cdot hm^2\cdot MJ\cdot mm)]$；$L$ 为坡长因子；S 为坡度因子；C 为植被覆盖因子，取值范围为 0～1；P 为水土保持措施因子，取值范围为 0～1（表 3.6）。

土壤保持量计算为

$$SK=SK_q-SK_r \tag{3.24}$$

$$SK_q=A_q\times M \tag{3.25}$$

$$SK_r=A_r\times M \tag{3.26}$$

式中，SK 为计算单元上的生态系统土壤保持量（t）；SK_q 为计算单元上无植被保护下的潜在土壤侵蚀量（t）；SK_r 为计算单元上现实覆被状态下的土壤侵蚀量（t）；A_q 为计算单元上无植被保护下的潜在土壤侵蚀模数（t/hm²）；A_r 为计算单元现实覆被状态下的土壤侵蚀模数（t/hm²）。

土壤保持保有率的计算为

$$SP=\frac{SK}{SK_g}\times100\% \tag{3.27}$$

式中，SP 为评估单元的某类生态系统土壤保持保有率（%）；SK 为评估单元上某类生态系统的土壤保持量（t）；SK_g 为三江源区同类最优生态系统的土壤保持量（t）。

表 3.6　土壤侵蚀模数估算方程参数设置及计算方法

序号	参数	计算公式与参数设置
1	降水侵蚀力因子（R）	$R_i = \alpha \sum\limits_{j=1}^{k} D_j^{\beta}$ $\beta = 0.8363 + \dfrac{18.144}{P_{d12}} + \dfrac{24.455}{P_{y12}}$ $\alpha = 21.586 + \beta^{-7.1891}$ 式中，R_i 为一年中第 i 个 16 天内的降水侵蚀［MJ/（mm·hm²·h·a）］；D_j 为 16 天内第 j 天的侵蚀性日降水量（要求日降水量 ≥ 12mm，否则以 0 计算，$k=16$）；α、β 为模型待定参数；P_{d12} 为日降水量 ≥ 12mm 的日平均降水量；P_{y12} 为日降水量 ≥ 12mm 的年平均降水量
2	土壤可蚀性因子（K）	$K = \dfrac{2.1 \times 10^{-4} \times (12 - \text{OM})M^{1.14} + 3.25(S-2) + 2.5(P-3)}{100} \times \text{Ratio}$ 式中，K 为土壤可蚀性因子［t/（hm²·h·hm²·MJ·mm）］；OM 为土壤有机质百分含量（%）；M 为土壤颗粒级配参数；S 为土壤结构系数；P 为渗透等级；Ratio 为美国制单位转换为国际制单位的转换系数（取值为 0.1317）
3	坡长坡度因子（L、S）	$L = \left(\dfrac{\gamma}{22.12}\right)^m \begin{cases} m = 0.5 & \theta \geqslant 90\% \\ m = 0.4 & 90\% > \theta \geqslant 30\% \\ m = 0.3 & 30\% > \theta \geqslant 1\% \\ m = 0.2 & \theta < 1\% \end{cases}$ $S = \begin{cases} 10.8\sin\theta + 0.03 & \theta < 9\% \\ 16.8\sin\theta - 0.50 & 9\% \leqslant \theta \leqslant 18\% \\ 21.91\sin\theta - 0.96 & \theta > 18\% \end{cases}$ 式中，L 为坡长因子；γ 为坡长（m）；m 为常数项（取决于坡度大小）；S 为坡度因子；θ 为坡度（%）
4	植被覆盖因子（C）	$C = \begin{cases} 1 & F_c = 0 \\ 0.6508 - 0.3436F_c & 0 < F_c \leqslant 78.3\% \\ 0 & F_c > 78.3\% \end{cases}$ 式中，C 为植被覆盖因子；F_c 为植被覆盖度（%）

3. 防风固沙的定量计算方法

植物作为一种重要的自然资源通过根系固定表层土壤，改善土壤结构，减少土壤裸露面积，提高土壤抗风蚀的能力。同时，还可以通过阻截等方式降低风速，削弱大风携带沙子的能力，减少风沙的危害。因此，对植被防风固沙功能重要性进行评价，能够识别防风固沙功能最重要的区域，评价防风固沙功能对区域审改安全的重要程度。本次科考在对三江源国家公园防风固沙功能进行定量化评估时，选取了风蚀模数和防风固沙量两个指标。

风蚀模数采用修正风蚀方程 RWEQ 计算：

$$\text{SL} = \frac{Q_x}{X} \tag{3.28}$$

$$Q_x = Q_{\max}\left(1 - e^{X^2/S^2}\right) \tag{3.29}$$

$$Q_{\max} = 109.8\,(\mathrm{WF} \times \mathrm{EF} \times \mathrm{SCF} \times K' \times \mathrm{COG}) \tag{3.30}$$

$$S = 150.71\,(\mathrm{WF} \times \mathrm{EF} \times \mathrm{SCF} \times K' \times \mathrm{COG})^{-0.3711} \tag{3.31}$$

式中，SL 为风蚀模数（kg/m²）；X 为地块长度（m），取值 100m；Q_x 为地块 x 处的沙通量（kg/m）；$Q_{\max}$ 为风力的最大输沙能力（kg/m）；S 为关键地块长度（m）；WF 为气候因子（kg/m）；EF 为风蚀性因子；SCF 为土壤结皮因子；K' 为土壤糙度因子；COG 为植被因子（表 3.7）。

表 3.7　风蚀侵蚀模数估算方程参数设置及计算方法

序号	参数	计算公式与参数设置
1	气候因子 （WF）	$$\mathrm{WF} = \dfrac{\sum_1^n \mathrm{WS}_{2i}(\mathrm{WS}_{2i} - \mathrm{WS}_t)^2 \times N_d\rho}{n \times g} \times \mathrm{SW} \times \mathrm{SD}$$ $$\mathrm{SW} = \dfrac{\mathrm{ET}_p - (R+I)\dfrac{R_d}{N_d}}{\mathrm{ET}_p}$$ $$\mathrm{ET}_p = 0.0162 \times \dfrac{\mathrm{SR}}{58.5} \times (\mathrm{DT}+17.8)$$ $$\mathrm{SD} = 1-P$$ 式中，WF 为气候因子（kg/m）；WS_{2i} 为 2m 处第 i 次观测风速（m/s）；WS_t 为 2m 处临界风速（取值为 5m/s）；n 为风速的观测次数（一般 500 次）；N_d 为试验的天数（d）；ρ 为空气密度（kg/m³）；g 为重力加速度（m/s²）；SW 为土壤湿度因子；SD 为雪覆盖因子；ET_p 为潜在相对蒸发量（mm）；R 为降水量（mm）；I 为灌溉量（mm）；R_d 为降水次数总和或灌溉天数（d）；SR 为太阳辐射总量（cal/cm²）；DT 为平均温度（℃）；P 为计算时段内积雪覆盖深度大于 25.4mm 的概率
2	土壤风蚀性因子 （EF）	$$\mathrm{EF} = \dfrac{29.09 + 0.31\mathrm{Sa} + 0.17\mathrm{Si} + \dfrac{0.33\mathrm{Sa}}{\mathrm{Cl}} - 2.59\mathrm{OM} - 0.95\mathrm{CaCO_3}}{100}$$ 式中，EF 为土壤可蚀性因子；Sa 为土壤砂粒含量（%）；Si 为土壤粉砂量（%）；Sa/Cl 为土壤砂粒和黏土含量比（%）；OM 为有机质含量（%）；$\mathrm{CaCO_3}$ 为碳酸钙含量（%）
3	土壤结皮因子 （SCF）	$$\mathrm{SCF} = \dfrac{1}{1 + 0.0066(\mathrm{Cl})^2 + 0.021(\mathrm{OM})^2}$$ 式中，SCF 为土壤结皮因子；Cl 为黏土含量（%）；OM 为有机质含量（%）
4	土壤糙度因子 （K'）	$$K' = e[R_c \times (1.86K_r - 2.41K_r^{0.934})0.124C_{rr}]$$ $$K_r = \dfrac{4(\mathrm{RH})^2}{\mathrm{RS}}$$ $$C_{rr} = \dfrac{L_1 - L_2}{L_1} \times 100$$ $$R_c = 1 - 0.00032\theta - 0.000349\theta^2 + 0.0000258\theta^3$$ 式中，K' 为土壤糙度因子；R_c 为调整系数；θ 为风向与垄平行方向的夹角（°）；K_r 为土垄糙度因子；RH 为土垄高度（cm）；RS 为土垄间距（cm）；L_1、L_2 为给定长度（m）；C_{rr} 为任意方向上的地表糙度

序号	参数	计算公式与参数设置
5	植被因子 (COG)	$COG=SLR_f \times SLR_s \times SLR_c$ $SLR_f=e^{-0.0438SC}$ $SLR_s=e^{-0.0344SA^{0.6413}}$ $SLR_c=e^{-5.614F_c^{0.7366}}$ 式中，COG 为植被因子；SLR_f 为枯萎植被的土壤流失比率；SC 为枯萎植被地表覆盖率；SLR_s 为直立残茬土壤流失比率；SA 为直立残茬当量面积（cm²，1m² 内直立秸秆的个数乘以秸秆直径的平均值再乘以秸秆高度）；SLR_c 为植被覆盖土壤流失比率；F_c 为土壤植被覆盖度（%）

生态系统防风固沙量计算为

$$FS=FS_q-FS_r \tag{3.32}$$

$$FS_q=SL_q \times M \tag{3.33}$$

$$FS_r=SL_r \times M \tag{3.34}$$

式中，FS 为计算单元上的生态系统防风固沙量 (t)；FS_q 为计算单元上无植被保护下的潜在土壤风蚀量 (t)；FS_r 为计算单元上现实覆被状态下的土壤风蚀量 (t)；SL_q 为计算单元上无植被保护下的潜在土壤风蚀模数 (t/hm²)；SL_r 为计算单元上现实覆被状态下的土壤风蚀模数 (t/hm²)；M 为计算单元面积 (hm²)。

3.8.2 生态服务功能重要性分级及分区方法

从生态系统结构和功能保护的角度出发，结合三江源国家公园生态系统特点和现状，按保证其他所有生态系统服务功能提供所必需的基础功能的支持功能、水源涵养功能、水土保持功能以及防风固沙功能等四类服务功能，构建三江源国家公园生态系统服务功能重要性评估体系。其中，支持功能是指生态系统生产和支撑其他服务功能的基础功能，本书以植被覆盖度和产草量表示。基于评估结果进行重要性分级时，首先对三江源自然保护区全区的生态系统服务功能重要性进行分级，从而从整体上把握三江源国家公园各个园区不同生态系统服务功能重要性的侧重，再逐个有针对性地对三个园区生态系统服务功能重要性进行分级。

为便于不同评价指标进行空间叠加运算，借助 GIS 技术将各指标图层统一到统一坐标系和投影系统下，并将逐个指标图层栅格大小统一为 1km×1km。再将各评价指标自身所对应的属性数据按照生态重要性的程度，依 4 个层次分级赋值（表 3.8～表 3.11）。最后结合层次分析法和专家打分法确定各功能下每个指标的权重（表 3.12），对各个指标加权叠加后得到每个功能重要性分级结果。

表 3.8　三江源自然保护区生态系统服务功能重要性分级

服务功能	指标	一般重要 1	较重要 2	重要 3	极重要 4
支持功能	植被覆盖度 /%	< 30	30 ~ 50	50 ~ 70	> 70
	产草量 /（kg/hm²）	< 400	400 ~ 800	800 ~ 1200	> 1200
水源涵养	水源涵养量 /（万 m³/km²）	< 3	3 ~ 6	6 ~ 9	> 9
	水源涵养保有率 /%	< 15	15 ~ 35	35 ~ 55	> 55
水土保持	土壤保持量 /（t/hm²）	< 5	5 ~ 20	20 ~ 40	> 40
	土壤侵蚀强度	微度侵蚀	轻度侵蚀	中度侵蚀	强烈侵蚀
	土壤保持保有率 /%	< 40	40 ~ 60	60 ~ 80	> 80
防风固沙	防风固沙量 /（t/hm²）	< 5	5 ~ 15	15 ~ 30	> 30
	风蚀强度	微度侵蚀	轻度侵蚀	中度侵蚀	强烈侵蚀

表 3.9　三江源国家公园黄河源园区生态系统服务功能重要性分级

服务功能	指标	一般重要 1	较重要 2	重要 3	极重要 4
支持功能	植被覆盖度 /%	< 30	30 ~ 45	45 ~ 60	> 60
	产草量 /（kg/hm²）	< 200	200 ~ 300	300 ~ 500	> 500
水源涵养	水源涵养量 /（万 m³/km²）	< 2	2 ~ 4	4 ~ 9	> 9
	水源涵养保有率 /%	< 15	15 ~ 35	35 ~ 55	> 55
水土保持	土壤保持量 /（t/hm²）	< 1	1 ~ 4	4 ~ 8	> 8
	土壤侵蚀强度	微度侵蚀	轻度侵蚀	中度侵蚀	强烈侵蚀
	土壤保持保有率 /%	< 50	50 ~ 60	60 ~ 75	> 75
防风固沙	防风固沙量 /（t/hm²）	< 2.5	2.5 ~ 4	4 ~ 6	> 6
	风蚀强度	微度侵蚀	轻度侵蚀	中度侵蚀	强烈侵蚀

表 3.10　三江源国家公园长江源园区生态系统服务功能重要性分级

服务功能	指标	一般重要 1	较重要 2	重要 3	极重要 4
支持功能	植被覆盖度 /%	< 20	20 ~ 30	30 ~ 50	> 50
	产草量 /（kg/hm²）	< 150	150 ~ 250	250 ~ 400	> 400
水源涵养	水源涵养量 /（万 m³/km²）	< 1	1 ~ 2	2 ~ 5	> 5
	水源涵养保有率 /%	< 10	10 ~ 20	20 ~ 40	> 40
水土保持	土壤保持量 /（t/hm²）	< 1	1 ~ 5	5 ~ 15	> 15
	土壤侵蚀强度	微度侵蚀	轻度侵蚀	中度侵蚀	强烈侵蚀
	土壤保持保有率 /%	< 20	20 ~ 40	40 ~ 60	> 60
防风固沙	防风固沙量 /（t/hm²）	< 30	30 ~ 50	50 ~ 80	> 80
	风蚀强度	微度侵蚀	轻度侵蚀	中度侵蚀	强烈侵蚀

表 3.11　三江源国家公园澜沧江源园区生态系统服务功能重要性分级

服务功能	指标	一般重要 1	较重要 2	重要 3	极重要 4
支持功能	植被覆盖度 /%	< 45	45 ～ 55	55 ～ 65	> 65
	产草量 /（kg/hm²）	< 300	300 ～ 500	500 ～ 700	> 700
水源涵养	水源涵养量 /（万 m³/ km²）	< 3	3 ～ 5	5 ～ 7	> 7
	水源涵养保有率 /%	< 35	35 ～ 45	45 ～ 65	> 65
水土保持	土壤保持量 /(t/hm²)	< 2	2 ～ 10	10 ～ 35	> 35
	土壤侵蚀强度	微度侵蚀	轻度侵蚀	中度侵蚀	强烈侵蚀
	土壤保持保有率 /%	< 50	50 ～ 65	65 ～ 75	> 75
防风固沙	防风固沙量 /（t/hm²）	< 10	10 ～ 30	30 ～ 40	> 40
	风蚀强度	微度侵蚀	轻度侵蚀	中度侵蚀	强烈侵蚀

表 3.12　三江源国家公园生态系统服务功能重要性分区指标体系

指标类	权重	指标项	权重
支持功能（S）	0.3	植被覆盖度（FC）	0.5
		产草量（Y）	0.5
水源涵养（W）	0.4	水源涵养量（wl）	0.5
		水源涵养保有率（wb）	0.5
水土保持（C）	0.2	土壤保持量（cb）	0.4
		土壤侵蚀强度（cq）	0.3
		土壤保持保有率（cl）	0.3
防风固沙（P）	0.1	防风固沙量（pl）	0.5
		风蚀强度（pq）	0.5

　　通过建立三江源国家公园功能重要性分区指标体系，对三江源整个自然保护区及国家公园三个园区的服务功能重要性进行评价。采用综合指数法对各评价指标分级赋值后进行加权叠加，具体计算公式为

$$EF=0.3 \times S+0.4 \times W \times 0.2 \times C+0.1 \times P \qquad (3.35)$$

$$S=0.5 \times FC+0.5 \times Y \qquad (3.36)$$

$$W=0.5 \times wl+0.5 \times wb \qquad (3.37)$$

$$C=0.4 \times cb+0.3 \times cq+0.3 \times cl \qquad (3.38)$$

$$P=0.5 \times pl+0.5 \times pq \qquad (3.39)$$

式中，EF 为服务功能重要性；其他字母代表意义如表 3.12 所示。

　　依据不同区域主导生态系统服务功能重要性，统筹兼顾地形地貌、行政区划等，遵循完整性、等级性、相似性与差异性、发生学原则，将三江源国家公园生态系统服务功能重要性划分成 4 个级别区，分别为一般重要区、较重要区、重要区和极重要区。

3.9　生态补偿计算方法

以各个研究单元内单位面积畜牧业收入（机会成本）为基础设置补偿标准。具体通过建立空间统计模型计算各个乡镇保护一定面积草地所需要缩减的牲畜数量，进而计算损失的经济价值，即保护的机会成本。同时，考虑该地区前期退牧后，由于牧民自身替代生计转换较为困难，传统畜牧业仍占主导位置，因此从确保生态保护效果和精准扶贫的角度出发，在补偿标准中加入生态管护员工资部分，即最终每户牧民补偿标准为保护机会成本＋生态管护员工资。

保护成本一般包括机会成本、交易成本和实施成本（刘菊等，2015），一般来说，单位面积的保护成本为

$$C_i = C_{oi} + C_{mi} \tag{3.40}$$

式中，C_i 为地块 i 的总成本；C_{oi} 为保护的机会成本；C_{mi} 为管护成本。机会成本由下列式子决定：

$$C_{oi} = \sum_{k=1}^{K} R_{ik} - \sum_{k=1}^{K} U_{ik} \tag{3.41}$$

式中，R_{ik} 为补偿前该地区土地利用类型 k 的总收入；U_{ik} 为该种土地利用类型 k 的总投入。对于不同类型的生态补偿，所含变量可能不同，对于退牧还草，补偿前的土地利用方式基本为放牧，收入来源为畜牧业，而退牧还草后牧民丧失了生计来源，对其造成了经济损失。为了保证牧民们不继续放牧，退牧还草政策的补偿起码应当弥补其机会成本（李屹峰等，2013），以羊为例说明，其机会成本为

$$C = n_p \times A \tag{3.42}$$

式中，n_p 为牧民每年宰杀（即产生经济效益）的羊单位数；A 为每个羊单位的经济效益，结合 2015 年各乡牧业总产值设定为 400 元。

$$n_p = n \times c \times p \times e \times n_1 \tag{3.43}$$

式中，n 为牲畜总数；c 为母畜比例，设为 0.6；e 为繁殖成活率，设为 0.57；n_1 为母畜每年繁殖数，设为 1。

由于该地区牲畜分布量仅存在乡级别数据，但是其分布受到土地利用方式，尤其是各类覆盖度草地的影响较大，仅以平均牲畜密度为基础计算上式中的牲畜总数可能难以真正体现保护成本的空间分布，因此本书在这一部分通过模拟基于土地利用的三江源国家公园羊（包括绵羊和山羊）的牲畜分布密度，空间化生态补偿。

在计算土地利用时需要同时考虑三江源已经建立的自然保护区对于牲畜分布的影响，如可可西里无人区内没有牲畜分布。因此，以下计算各类土地利用方式的面积时，直接将三江源国家级自然保护区的扎陵湖 – 鄂陵湖、星星海、索加 – 曲麻河、果宗木查和昂赛 5 个保护分区以及可可西里国家级自然保护区中的核心区排除在外。

具体拟以各乡/镇羊的 2015 年年末牲畜存栏量的土地平均分布密度为自变量，以各类土地利用方式利用比例为因变量进行回归模拟。根据最终模拟的方程结果，得到各栅格的牲畜分布系数 V_j：各类土地利用回归系数 × 该栅格土地利用面积。

最终牲畜密度分布方程为

$$P_{ij} = P_i \times \frac{V_j}{\sum\limits_{j=1}^{k} V_j}$$

(3.44)

式中，P_{ij} 为第 i 个乡/镇内第 j 个像元上的牲畜（羊）分布密度；P_i 为第 i 个乡的牲畜分布平均密度；V_j 为各栅格的牲畜分布系数；k 为第 i 个乡内的像元总数。

该部分使用的研究数据包括：

行政区划数据：三江源国家公园 12 乡/镇（玛多县黄河乡、扎陵湖乡、玛查理镇；治多县索加乡、扎河乡；曲麻莱县曲麻河乡、叶格乡；杂多县莫云乡、查旦乡、扎青乡、阿多乡和昂赛乡）的乡边界图，根据三家公园乡镇边界图同三江源国家公园三区划分图叠加裁剪获得，12 乡/镇范围参考《三江源国家公园总体规划》。

土地利用数据：以 2015 年三江源地区土地利用图为基础，结合 2015 年三江源地区植被覆盖图，将原二级土地利用方式分类中的草甸、草原和草丛统一按照植被覆盖度，分为劣级草地（覆盖度小于 25%）、差级草地（覆盖度介于 25%～50%）、中级草地（覆盖度介于 50%～70%）、良级草地（覆盖度介于 70%～85%）和优级草地（覆盖度大于等于 85%），5 种新的土地利用分类，编码为 21～25。同时简化统一部分二级土地分类：141/212 统一合并为"森林"，编码为 1；422/413/421/431 统一合并为"湿地"，编码为 3；611/632 统一合并为"居住地"，编码为 4；713/811/822/823/824/825 统一合并为"未利用土地"，编码为 5。最终形成相对应的 250m×250m 分辨率的三江源国家公园土地利用矢量图和栅格图，供研究使用。

社会经济数据：三江源国家公园 12 乡/镇的 2015 年羊（包括山羊和绵羊）、牛和马年末存栏量以及人口统计数据，来源为各乡所属行政县的统计年鉴。

构建牲畜总数/总分布密度同各类土地利用面积之间的多元线性方程。考虑该地区以牧业为主，草地质量对于牲畜分布有较强的影响，同时各等级草地也是该地区主要的土地利用方式：

$$Y_i = \alpha_1 \cdot X_1 + \alpha_2 \cdot X_2 + \alpha_3 \cdot X_3 + \cdots + \alpha_j \cdot X_j + \alpha_0$$

(3.45)

式中，Y_i 为第 i 个地区的畜牧分布密度；X_j 为第 j 种土地利用面积占该乡总土地面积比例，即土地利用指数；α_j 为第 j 种土地利用面积的牲畜系数。

参考文献

蔡振媛, 覃雯, 高红梅, 等. 2018. 三江源国家公园兽类物种多样性及区系分析. 兽类学报, 39(4): 410-420.

曹伊凡, 张同作, 连新明, 等. 2009. 青海省可可西里地区几种有蹄类动物的食物重叠初步分析. 四川动物, 28(1): 49-54.

费梁, 叶昌媛, 胡淑琴, 等. 2006. 中国动物志两栖纲(上卷)总论蚓螈目有尾目. 北京: 科学出版社.

费梁, 胡淑琴, 叶昌媛, 等. 2009a. 中国动物志两栖纲(中卷)无尾目. 北京: 科学出版社.

费梁, 胡淑琴, 叶昌媛, 等. 2009b. 中国动物志两栖纲(下卷)无尾目蛙科. 北京: 科学出版社.

李晓锦. 2011. 基于混合像元分解的植被覆盖度估算及动态变化分析. 西安: 西北大学硕士学位论文.

李欣海. 2019. 随机森林是特点鲜明的模型, 不是万能的模型. 应用昆虫学报, 56(1): 170-179.

李屹峰, 罗玉珠, 郑华, 等. 2013. 青海省三江源自然保护区生态移民补偿标准. 生态学报, 3: 764-770.

刘菊, 傅斌, 王玉宽, 陈慧. 2015. 关于生态补偿中保护成本的研究. 中国人口·资源与环境, 25(3): 43-49.

潘建平, 叶焕倬. 2017. 基于遥感分类的植被覆盖度提取. 测绘信息与工程, (6): 17-19.

赵尔宓, 黄美华, 宗愉, 等. 1998. 中国动物志爬行纲(第三卷)有鳞目蛇亚目. 北京: 科学出版社.

赵尔宓, 赵肯堂, 周开亚, 等. 1999. 中国动物志爬行纲(第二卷)有鳞目蜥蜴亚目. 北京: 科学出版社.

Ramoelo A, Skidmore A K, Cho M A, et al. 2012. Regional estimation of savanna grass nitrogen using the red-edge band of the spaceborne RapidEye sensor. International Journal of Applied Earth Observation and Geoinformation, 19: 151-162.

Tian D, Xie Y, Barnosky A D, et al. 2018. Defining the balance point between conservation and development. Conservation Biology, 33(2): 231-238.

Zhao X, Zhao L, Li Q, et al. 2018. Using balance of seasonal herbage supply and demand to inform sustainable grassland management on the Qinghai-Tibetan Plateau. Frontiers of Agricultural Science and Engineering, 5: 1-8.

第4章

三江源国家公园生物多样性
及分布格局

三江源国家公园作为我国重要的水源涵养地，是世界上生物多样性最富集的地区之一，这里有丰富的高寒植物物种，又是野生动物的王国，同时微生物种类也非常丰富。国家公园的建立将实行最严格的生态保护政策，其独特的物种多样性及其栖息地的保护十分重要。然而，人们对该地区的物种种类、数量、分布以及生态系统的维持机制知之甚少。本章将总结植物、动物（包括兽类、鸟类、两栖类和爬行类）及微生物的物种组成和分布特征，探讨某些特有植物的形成、维持和适应机制，阐释气候变化背景下两栖爬行类多样性的空间格局变化，解析土壤微生物氮功能基因在土壤氮循环过程中的重要作用。

基于本次科学考察的结果，三江源国家公园已经发现的物种中，植物物种共有 53 科 224 属 756 种（变种）。高寒草甸是最主要的植被类型，其次为高寒草原、高山流石坡稀疏植被、高山垫状植被和高寒灌丛，常绿针叶林有零星分布。三江源国家公园已经发现的陆生脊椎动物中，长江源园区有 29 目 70 科 238 种，黄河源园区有 21 目 50 科 127 种，澜沧江源园区有 23 目 57 科 167 种。同时本章采用不同的监测方法，估算出三江源国家公园的不同区域范围内野生有蹄类动物数量及分布。在整个三江源国家公园区域内藏羚、藏原羚、藏野驴等常见野生有蹄类动物数量分别为 6 万只、6 万只和 3.6 万头。三江源国家公园核心保育区 2.33 万 km^2 内藏羚、藏原羚和藏野驴分别为 37197 只、35499 只和 17480 头。对三江源国家公园区域尺度的野生有蹄类动物数量的监测，可以为野生动物资源的评估、生物多样性的保护、动物濒危程度的研究等方面提供重要的数据支撑。最后对三江源地区不同草地生态类型的土壤微生物多样性进行了分析，发现土壤微生物种类中细菌主要有 8 个门，其中变形菌门（Proteobacteria）和放线菌门（Actinobacteria）为优势菌门；同时检测到丛枝菌根真菌有 10 个属，优势属为球囊霉属（*Glomus*）和多孢囊霉属（*Diversispora*）。各种草地类型间微生物群落结构均存在显著差异。

4.1 植物物种多样性的现状与分布

4.1.1 三江源国家公园植物组成特征

三江源国家公园地处青藏高原高寒草甸区向高寒荒漠区的过渡地带，植物成分以中国–喜马拉雅植物区系为主。高寒草甸是最主要的植被类型，其次为高寒草原、高山流石坡稀疏植被、高山垫状植被和高寒灌丛，高寒荒漠草原分布于园区西部，常绿针叶林有零星镶嵌分布。经野外实地调查共采集植物标本（含种质）343 号、1200 余份，采集植物图片 3000 余份；结合文献检索和标本查阅，梳理出三江源国家公园的植物名录；三江源国家公园共有植物 53 科 224 属 756 种（变种），其中，长江源园区有 40 科 149 属 348 种（变种），黄河源园区有 40 科 153 属 431 种（变种），澜沧江源园区有 47 科 199 属 555 种（变种）（表 4.1）。在所有的 53 科植物中，禾本科、菊科、龙胆科、十字花科、豆科对该地区植物组成的贡献最大，共有 91 属 371 种（变种），占到三江源国家公园植物总物种数的近一半（表 4.2）。

表 4.1　三江源国家公园及各源区植物组成

区域	科数	属数	种数
长江源园区	40	149	348
澜沧江源园区	47	199	555
黄河源园区	40	153	431
三江源国家公园	53	224	756

表 4.2　几个大科对三江源国家公园植物组成的贡献

科名	属数	种数
禾本科	28	109
菊科	23	96
龙胆科	8	62
十字花科	22	53
豆科	10	51
毛茛科	14	44
玄参科	7	38
石竹科	7	33

　　青海虎耳草（*Saxifraga nana*）和青海雪灵芝（*Arenaria qinghaiensis*）为三江源特有植物物种。杂多点地梅（*Androsace alaschanica* var. *zadoensis*）和杂多雪灵芝（*Arenaria zadoiensis*）为三江源国家公园特有种（变种），分布在澜沧江源园区。甘青乌头（*Aconitum tanguticum*）、多刺绿绒蒿（*Meconopsis horridula*）、四裂红景天（*Rhodiola quadrifida*）、西藏微孔草（*Microula tibetica*）、马尿泡（*Przewalskia tangutica*）、矮火绒草、垂穗披碱草、镰叶韭和鬼箭锦鸡儿为三江源国家公园较为常见的代表植物。

　　通过摸清三江源国家公园植物种类、主要生境类型及其分布情况，初步探讨三江源国家公园物种遗传多样性分布格局和特有物种的分化机制，为三江源国家公园管理及生物多样性保护提供基础资料。

4.1.2　基于光谱变异系数的草地物种多样性遥感监测

　　以不同物候期草地群落冠层结构在不同波段上差异的光谱特征变化作为判断群落物种多样性的方法，是一种全新且快速的评估方法。以第 3 章中已构建的光谱变异系数——物种丰富度关系模型为依据，基于 Google Earth Engine 云平台，利用 Sentinel-2（哨兵 –2）10m 分辨率影像资料，结合野外采样数据，形成了三江源国家公园植被多样性遥感产品（2017 ～ 2018 年），如图 4.1 和图 4.2 所示。

　　通过对 2017 年和 2018 年三江源国家公园植被物种多样性遥感数据产品的分析和解译，进行了三江源国家公园植被物种多样性的空间变化分析。两年的数据均表明，澜沧江源园区植被物种多样性最大，黄河源园区次之，长江源园区最小。同时，利用 1998 ～ 2016 年的 Landsat 多光谱数据信息，采用同样的方法，进行了光谱变异系数及草地物种多样性的估算，结合 2017 ～ 2018 年的数据信息，开展了三江源国家公园草

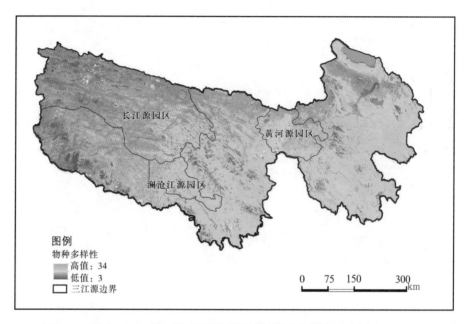

图 4.1　2017 年三江源国家公园植被物种多样性遥感监测

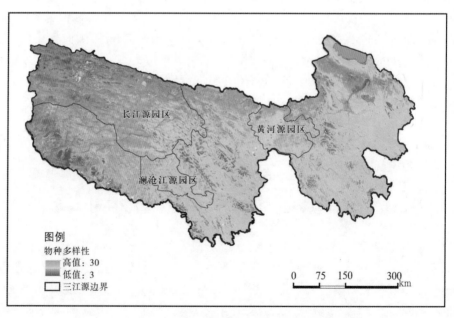

图 4.2　2018 年三江源国家公园植被物种多样性遥感监测

地多样性的时序变化分析，总体呈现微小的增长趋势。

　　然而，作为一种探索性的新方法，相关参数的筛选、最优模型的构建仍需不断改进和完善，预测值与实测数据间的验证工作仍需进一步加强。

4.1.3　特有生境下几种植物物种的形成与维持机制

快速辐射分化是青藏高原及其周边地区植物分化的主要机制之一（Wen et al.，2014）。青藏高原地区植物快速辐射分化的驱动因素包括造山运动、气候波动等外部因素（Hoorn et al.，2010），以及多倍化、杂交、生态位变化和新性状的产生等内部因素。在外部因素中，造山运动被认为是该地区属及以上分类阶元植物分化的重要驱动因素（Favre et al.，2015；Favre et al.，2016；Ebersbach et al.，2017；Xing and Ree，2017），然而，第四纪气候波动被认为是近缘物种之间及种内的遗传分化的主要影响因素。由于青藏高原复杂的地理拓扑结构、较宽的生态位、第四纪冰期没有形成统一的大冰盖以及季风系统的影响，该地区的植物分化较之北美及欧洲更为复杂（Qiu et al.，2011），形成了大量的特有属和特有种。

对青藏高原高寒灌丛主要组成成分——窄叶鲜卑花（*Sibiraea angustata*）和高山绣线菊（*Spiraea alpina*）进行谱系地理学研究发现：高山绣线菊在三江源存在多个遗传多样性较高的居群，特有单倍型在该地区均匀分布，推测高山绣线菊在三江源区存在多个微型避难所［图 4.3（a）］。窄叶鲜卑花在玉树—囊谦一带具有较高的遗传多样性

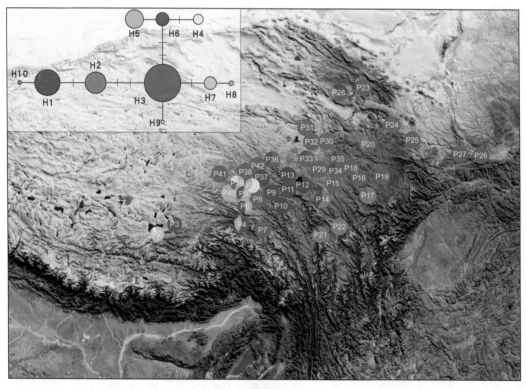

(a) 高山锈线菊

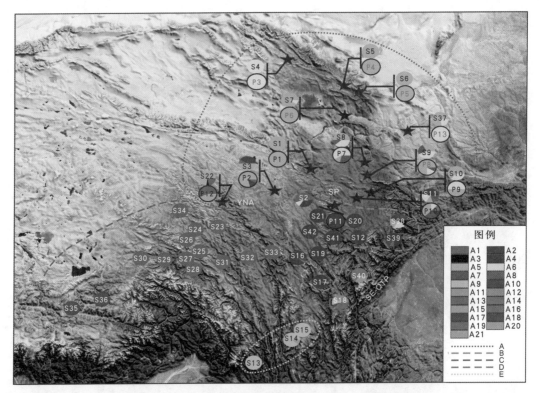

(b) 窄叶鲜卑花

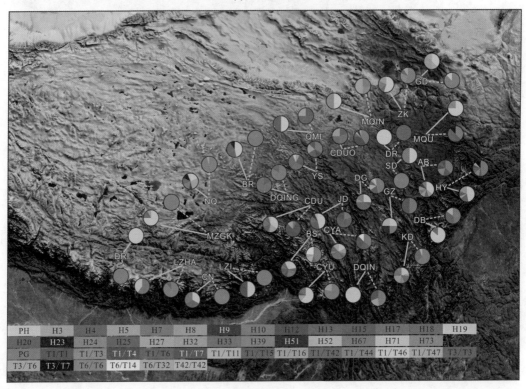

(c) 山地虎耳草

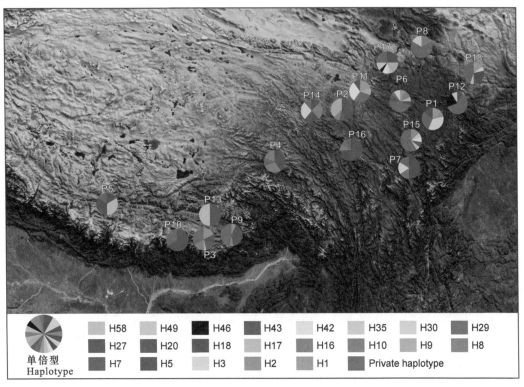

(d) 唐古特虎耳草

图 4.3　高山绣线菊、窄叶鲜卑花、山地虎耳草和唐古特虎耳草在三江源国家公园及周边地区的遗传多样性分布格局

和特有性，玉树—囊谦一带为其在第四纪冰期的重要避难所之一［图 4.3（b）］。青藏高原的快速隆升和第四纪冰期的气候波动是两物种发生地理隔离的主要原因。遗传漂变、奠基者效应和瓶颈效应等也共同塑造了此两居群遗传分化的模式。另外，对两种草本植物山地虎耳草（*Saxifraga sinomontana*）和唐古特虎耳草（*Saxifraga tangutica*）居群遗传多样性进行的研究发现：居群在整个分布范围内遗传多样性和特有单倍型比例均较高，特有单倍型在居群间均匀分布，第四纪冰期时，两物种在三江源存在多个微型避难所［图 4.3（c）和（d）］，第四纪气候波动导致了两物种种内的快速分化（Zhang et al.，2012；Fu et al.，2016；Li et al.，2018；更吉卓玛等，2018）。

4.2　动物物种多样性的现状与分布

整个三江源地区各类动物约有 360 种。三江源国家公园内共分布陆生野生脊椎动物 270 种，隶属 4 纲 29 目 72 科，其中，兽类 8 目 19 科 62 种，鸟类 18 目 45 科 196 种，两栖类 2 目 5 科 7 种，爬行类 1 目 3 科 5 种。兽类中食肉目的种类最多，为 19 种，占公园兽类总数的 30.65%，其次是啮齿目和偶蹄目，分别为 14 种和 12 种，占 22.58% 和 19.35%；再次是兔形目，9 种，占 14.52%；劳亚食虫目 5 种，占 8.06%；翼手目、灵长目、奇蹄目均 1 种。从分类系统看，翼手目、灵长目、奇蹄目种类贫乏。鸟类中雀形目鸟类最多，共 94 种，占公园鸟类总数的 47.96%；其次是鸻形目、雁形目和鹰形目，分别有 22 种、19 种和 15 种，分别占到公园鸟类总数的 11.22%、9.69% 和 7.65%；剩余 12 目，占比均小于 5%。

三江源国家公园三个园区中长江源园区有陆生脊椎动物 29 目 70 科 238 种，其中，哺乳类 8 目 19 科 54 种，鸟类 18 目 44 科 173 种，两栖类 2 目 5 科 6 种，爬行类 1 目 2 科 4 种，国家一级保护动物 14 种，国家二级保护动物 39 种，省级保护动物 26 种，三有动物 124 种。国家一级保护动物主要包括黑颈鹤、金雕、雪豹、白唇鹿、藏野驴、藏羚、野牦牛等，国家二级保护动物主要为猎隼（Falco cherrug）、大鵟（Buteo hemilasius）、藏原羚、阿尔泰盘羊、岩羊、猞猁、兔狲（Felis manul）等。

黄河源园区共有陆生脊椎动物 21 目 50 科 127 种，其中兽类 7 目 17 科 38 种，鸟类 13 目 32 科 87 种，爬行类 1 目 1 科 2 种，国家一级保护动物 9 种，国家二级保护动物 23 种，省级保护动物 18 种，三有动物 63 种。国家一级保护动物有马麝（Moschus chrysogaster）、野牦牛、白唇鹿、雪豹、黑颈鹤和胡兀鹫等；国家二级保护动物主要有棕熊、阿尔泰盘羊、岩羊、猞猁、高山兀鹫（Gyps himalayensis）等。

澜沧江源园区共有陆生脊椎动物 23 目 57 科 167 种，其中，兽类 6 目 17 科 44 种，鸟类 14 目 33 科 115 种，两栖类 2 目 4 科 5 种，爬行类 1 目 3 科 3 种，国家一级保护动物 11 种，国家二级保护动物 35 种，省级保护动物 17 种，三有动物 78 种。国家一级保护动物有雪豹、白唇鹿、野牦牛、金钱豹、黑颈鹤和胡兀鹫等；国家二级保护动物主要有岩羊、中华鬣羚（Capricornis milneedwardsii）、猞猁、高山兀鹫、雕鸮（Bubo bubo）等。

三江源地区具有丰富而独特的动物物种资源和重要的生态系统服务功能（董锁成等，2002；钱拴等，2007；邵全琴等，2010），然而，人们对关键物种的分布和数量了解得还很不充分。三江源国家公园成立后，人们迫切需要了解这些信息，以便制定国家公园的详细规划，达到长期保护的目的。藏野驴、藏原羚和藏羚是三江源国家公园的重点保护动物，又是本区域内常见的野生食草动物，对于这几种同域存在的大型有蹄类草食动物，研究其在不同栖息生境下的种群分布特征，不仅关系自身物种的生存和繁衍，更关系整个高原生态系统物种多样性的平衡与稳定（吴娱等，2014）。

作为国家二级保护动物的大鵟和猎隼，其是本区域内数量最多的猛禽，它们以高原鼠兔为食，在调节小型啮齿类草食动物的数量、维持生态系统稳定方面起着非常重要的作用。

为了达到短时间内快速调查整个三江源保护区的目的，在样线的设置上尽量涵盖不同的地理生境，开展了长江源园区、黄河源园区和澜沧江源园区关键物种（兽类、鸟类、两栖爬行类）的组成和数量分布调查，掌握关键物种的种群大小和核心生境。

4.2.1　主要大型野生有蹄类动物种群数量及分布特征

三江源保护区内国家一级重点保护动物有藏羚、藏野驴和白唇鹿等，国家二级重点保护动物有岩羊、藏原羚和阿尔泰盘羊等。为了能够准确描述该区域内的野生动物种群分布状况，选取了藏原羚、藏羚、藏野驴等具有代表性的有蹄类动物作为关键种进行调查。

1. 基于样线法估算的三江源国家公园园区内野生有蹄类动物数量及空间分布

在整个三江源国家公园园区内共布设样线 1598 条，样线总长 15360km。基于连续几年开展的对整个三江源国家公园区域内常见野生有蹄类动物数量的实地调查数据，采用样线法和直接计数法估算了整个三江源国家公园范围内的不同野生动物的种群数量。在实地调查的基础上，估算出三江源国家公园三个园区内藏原羚、藏野驴、藏羚、白唇鹿和野牦牛分别为 6 万只、3.6 万头、6 万只、1 万只和 1 万头（蔡振媛等，2018），结果见表 4.3。

表 4.3　三江源国家公园野生有蹄类动物数量

常见种	数量 / 万头（只）
藏原羚	6
藏野驴	3.6
藏羚	6
白唇鹿	1
野牦牛	1

2. 基于样线法和物种生境模型估算的三江源国家公园三个园区内 (不包括可可西里) 野生有蹄类动物数量及空间分布

首先，应用物种分布模型估算出野生动物的种群密度。然后，应用 R 语言（R Core Team 2018）设计的一套算法，来评估物种分布模型的准确性，以便验证物种分布是否能够被环境变量解释；进而利用样线调查的结果校正物种分布模型的预测，得到整个研究区域较为准确的动物总数量（李欣海等，2019）。应用该方法计算了三江源区域藏野驴、藏原羚和藏羚的种群大小，并用每年的调查结果进行验证。

调查区域为三江源地区黄河源园区、澜沧江源园区的全部区域以及长江源园区的大部分区域，经纬度范围是：92°～102°E，32°～37°N；面积为 50 余万平方千米（图 4.4）。调查区域没有包含三江源国家公园中 109 国道西部的可可西里。

应用物种生境模型估算出藏野驴、藏原羚和藏羚在三江源调查区域内的种群密度（图 4.5）。该结果较好地反映了动物分布的空间异质性，但是并不能准确给出藏野驴和藏原羚在该区域的总数。为了验证预测值和实际调查值的一致程度，考察

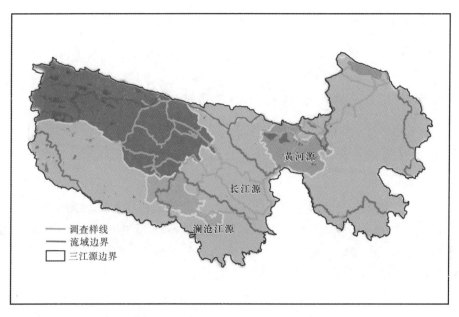

图 4.4　进行藏野驴、藏原羚和藏羚数量估计的区域

选择 308 省道多秀村路段，样线长度为 71km。该区域部分地区地势平坦，31km 的道路两侧有 1200m 的有效监测距离；东部 32km 的路段南面是山坡，监测距离为 300m 左右；南部有 8km 道路两侧都是山坡，监测距离为 300m 左右，共计监测面积为 $31×2.4+32×1.5+8×0.6=127.2km^2$（图 4.6）。2016 年调查发现这里有藏野驴 63 群共 234 头，通过物种生境模型预测了每个方格（面积 $1km^2$）的藏野驴数量，总数为 798 头，物种生境模型的估计数量是真实观测数量的 3.4 倍。通过选择其他路段重复这种比较，得到藏野驴的估计数是观测数的 2.11±0.52 倍。

表 4.4 为每年模型直接估计的种群大小、模型的精确度（用解释调查数据变异的百分率 R^2 表示）、每年调查样线的长度、沿调查样线模型估计的种群大小、沿调查样线实际记录的数量。

用随机森林模型量化了物种分布与 22 个环境变量的关系，预测了三大有蹄类在整个区域的分布和数量，并通过样线调查的数据进行校正，得到藏野驴、藏原羚和藏羚在三江源研究区域（除可可西里外）的总数分别为 44240 头、13162 只和 2390 只。同时应用上述方法估算了动物数量的置信区间（图 4.7）（李欣海等，2019）。

3. 基于无人机航拍估算的黄河源园区玛多县野生有蹄类动物数量及空间分布

邵全琴等于 2017 年冬春季两次在玛多县利用无人机遥感技术调查了县域内藏野驴、藏原羚、岩羊等野生有蹄类动物和家畜的种群数量，通过人机交互方式解译，获取了调查样带内的种群数量，在此基础上估算了玛多县野生动物和家畜的种群数量（表 4.5）（邵全琴等，2018）。玛多县藏野驴、藏原羚、岩羊、家养牦牛、家养藏羊和

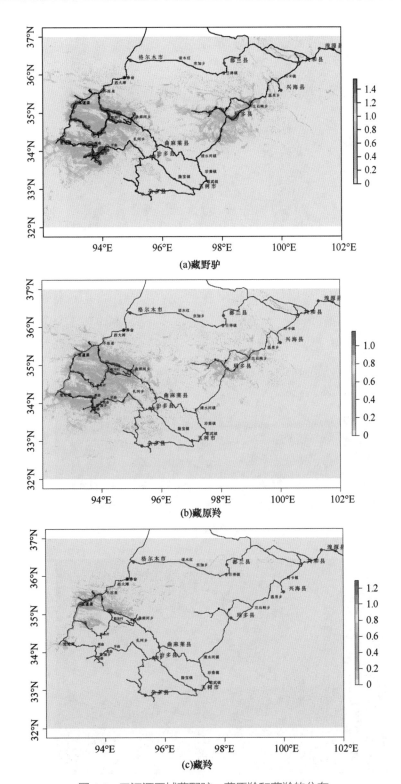

图 4.5　三江源区域藏野驴、藏原羚和藏羚的分布

紫色圆圈表示样线调查的结果，圆圈的大小表示种群的大小；黑色曲线表示调查路线；背景为物种生境模型预测的
种群大小，数值为对数对数 (loglog) 转换后的种群密度（个 /km²）

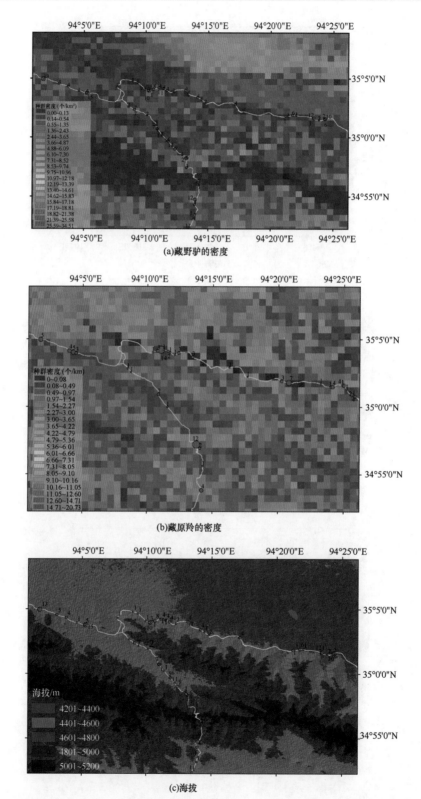

图 4.6　308 省道多秀村路段记录的藏野驴、藏原羚密度及预测的藏野驴和藏原羚的密度（方格）

（a）中红色圆圈为藏野驴数量；（b）中紫色圆圈为藏原羚数量；（c）中岔路南部的路段为多秀村到措池村间沙土路

表 4.4 藏野驴、藏原羚和藏羚在调查区域（92°～102°E，32°～37°N）历年的估算数量

物种	年份	模型估计的种群大小	环境变量对动物数量的解释程度 R^2	调查样线的长度 /km	调查样线上动物数量的估计值 / 个	观测到的个体数 / 个	校正后动物的种群大小
藏野驴	2014	40521	0.2907	4496.7	1173	963	33260
	2015	43390	0.1785	2522.6	856	982	49774
	2016	43494	0.1908	4667.2	1324	727	23885
	2017	49563	0.4361	2911.3	866	1039	59495
	2014～2017	93175	0.4562	14597.8	7816	3711	44240
藏原羚	2014	23371	0.1768	4496.7	642	393	14313
	2015	16264	0.4664	2522.6	415	364	14258
	2016	12829	0.2529	4667.2	481	230	6131
	2017	10882	0.3848	2911.3	217	200	10029
	2014～2017	42780	0.4856	14597.8	3858	1187	13162
藏羚	2014～2017	11987	0.3706	14597.8	2121	423	2390

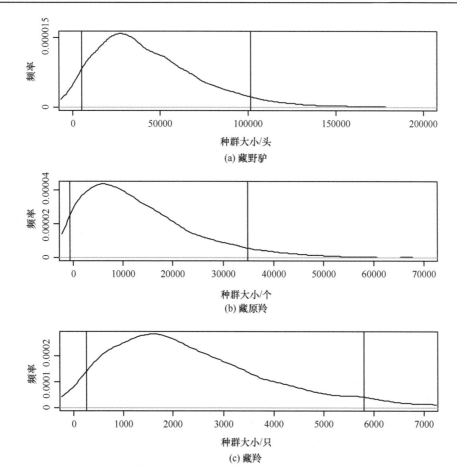

图 4.7 综合评估调查误差、模型误差和调查 – 模型匹配误差后对三江源藏野驴、藏原羚和藏羚种群大小的估计及 90% 的置信区间（图中竖线）

表 4.5　基于无人机遥感估算的玛多县野生动物和家畜的种群数量

调查物种	数量 / 头（只）
藏野驴	17109
藏原羚	15961
岩羊	9324
家养牦牛	70846
家养藏羊	102194
马	1156

马等大型食草动物共有 216590 头（只），其中，藏野驴、藏原羚和岩羊这三种野生食草动物为 42394 头（只），仅仅占大型食草动物的 19.57%。

4. 基于卫星遥感估算的三江源国家公园核心保育区调查区域内野生有蹄类动物数量及空间分布

以三江源国家公园三个园区核心保育区为研究区（图 3.1），基于先验知识，在三个核心保育区分别选择不同的典型区域，基于 2017 ～ 2018 年超高分辨率卫星遥感数据，采用深度学习的方法（吴方明等，2019），获得 2017 ～ 2018 年三江源国家公园三个园区核心保育区典型区的野生有蹄类动物空间分布密度信息；结合整个核心保育区面积，最终外推获得三江源国家公园三个园区核心保育区调查区域内的有蹄类野生动物种群数量（表 4.6）。

表 4.6　三个园区核心保育区调查区域内野生有蹄类动物数量

地区	面积 /km²	数量 / 头（只）		
		藏羚	藏原羚	藏野驴
长江源核心保育区	15042	26023	15042	6468
黄河源核心保育区	3767	0	9418	5764
澜沧江源核心保育区	4524	11174	11039	5248
三江源国家公园核心保育区	23333	37197	35499	17480

在三江源国家公园的长江源、黄河源及澜沧江源三个园区的核心保育区（约 2.33 万 km²），藏羚分别为 26023 只、0 只和 11174 只，其中黄河源核心保育区并未发现藏羚；藏原羚分别为 15042 只、9418 只和 11039 只；藏野驴分别为 6468 头、5764 头和 5248 头。整个三江源国家公园核心保育区 2.33 万 km² 内藏羚、藏原羚和藏野驴分别共有 37197 只、35499 只和 17480 头。

野生有蹄类动物数量及分布特征的监测，可以为野生动物资源的评估、生物多样性的保护、动物濒危程度的研究、保护区管理水平的评估以及草地承载力的评估等提供重要的数据支撑。本节中不同的学者采用了不同的监测方法，获得了三江源国家公园、不同园区、核心保育区及典型县域水平的野生有蹄类动物数量及分布。其中，样线法作为野生动物绝对数量的一种调查方法，属于人工直接计数法的类型，需要投入较高的人力资源，是最传统的野生动物数量调查方法，在小范围内能够达到较为精确的数据，但不适用于大区域作业。生境模型与随机森林模型相结合的野生有蹄类动物数量监测方法，适合于野生动物分布与环境变量关系较为密切、并有样线调查的区域，采用模型预测结合实地验证的这种方法，其结果具有较高的稳健性；采用无人机样带航拍的野生有蹄类动物数量监测方法，是人工根据无人机运载传感器传输回来的图像、影像、色调、阴影以及结构大小等对所拍得的航片进行分析判别，通过人机交互方式解译，获取区域尺度调查样带内的种群数量，此方法也是绝对数量调查方法中的一种。然而，最终结果受区域航飞样带的代表性及后续人机交互解译的影响较大，当航飞区域面积很大时成本增高，较难在大区域开展监测工作。采用卫星遥感与深度学习相结合的野生有蹄类动物数量监测方法，也是绝对数量调查方法中的一种，但是会受到先验知识的典型区选择、模型参数的选取及图像分辨率的影响。此种方法能够快速掌握大区域内动物种群的分布动态特征，是未来景观尺度乃至更大尺度上野生动物种群动态监测的发展趋势。

要快速监测出整个三江源国家公园的野生有蹄类动物数量及分布特征，未来只有将上述几种方法进行有机结合：一方面，用地面调查数据来更新现有野生动物生境分布的先验知识，同时，地面调查数据为卫星遥感监测典型区的选择与深度学习模型参数的标定提供数据支撑；另一方面，无人机样带航飞观测数据可为卫星遥感监测模型中典型区外推提供数据支撑，利用典型县级区域无人机观测结果与地面调查数据进行地面验证，最终构建地面 – 无人机 – 卫星遥感一体化的系统监测体系，从而实现景观尺度乃至更大尺度上野生动物种群的动态监测。

然而，受监测方法与监测区域的差异，本节中关于野生有蹄类动物数量的监测结果差异较大，特别是藏羚的种群数量，甚至出现数量级的差别。笔者认为，李欣海等（2019）提供的藏羚种群数量可能存在较大的低估，因为其调查范围不包含藏羚活动的主要栖息地——可可西里地区。据报道，目前的藏羚数量已经上升到 6 万余只。但是，20 世纪 80 年代，生态环境的恶化，特别是盗猎活动的猖獗，使得藏羚种群数量一度下降到不足两万只，这种珍贵的野生动物濒临灭绝。自 1997 年青海可可西里国家级自然保护区管理局成立后，中央和地方政府不断投入资金和人力，改善和加强了藏羚保护工作的基础条件，始终坚持严厉打击盗猎活动，经过不懈努力，藏羚种群数量正在逐步恢复。

4.2.2 主要鸟类物种种群数量及分布特征

三江源保护区内有鸟类 16 目 41 科 237 种，其中，国家二级重点保护动物有猎隼等。为了在短时间内实现大范围的调查需求，以准确描述该区域内的代表性鸟类种群分布状况，调查选取了猎隼以及部分水鸟作为主要的调查目标。在 2017 年的样线调查中（图 4.8），记录到大鵟（134 只 +32 巢）、黑颈鹤（9 只）、猎隼（32 只）、高山兀鹫（28 只）、赤麻鸭（64 只 +10 只幼鸟）。2018 年冬季记录到大鵟（355 只）、猎隼（86 只）、黑颈鹤（10 只）、高山兀鹫（82 只）、赤麻鸭（171 只）、斑头雁（767 只）、胡兀鹫（20 只）、金雕（6 只）。其他野生动物，如大天鹅、凤头䴙䴘、红隼、红嘴鸥等共 1900 余只。

根据 2014 ～ 2018 年样线调查的结果校正物种分布模型预测值的方法（李欣海等，

2019）来估计实际种群大小，通过 Bootstrap 取样，估计了猎隼在三江源调查区域种群密度的分布（图 4.9）。在 1km² 的尺度内，猎隼的平均数量为 1.35±0.59 个。

图 4.8　2017 年野外调查路线

图 4.9　猎隼在三江源的分布及存在概率

黄色圆圈和红色三角形分别表示猎隼分布点和有亚成体的猎隼巢，背景颜色由深蓝色到红色表示应用随机森林结合 21 个环境变量预测的猎隼存在的概率，为 0 ～ 1

4.2.3　主要两栖、爬行类物种种群数量及分布特征

基于两栖动物与爬行动物样线法调查，针对影响两栖动物与爬行动物种群的关键生境变量，调查样线覆盖了不同海拔、植被类型与多种生境类型，兼顾了两栖爬行动物的不同习性，布设样线 215 条，共计 74243m。实施样线法调查时，保证每条样线至少 3 名经验丰富的调查人员，1 人负责记录，其余 2 人负责搜索、捕捉、拍照和鉴别等工作。记录物种、数量、地点、坐标、海拔、生境类型、温湿度、pH 等信息。同时，对于野外难以鉴定的物种个体，适量采集动物个体或组织样品（指/趾）保存遗传信息，从形态学和遗传学两方面进行鉴定。

物种分类系统和鉴定标准依据《中国动物志两栖纲》和《中国动物志爬行纲》等。通过样线法调查到两栖动物 3 种，分别是西藏齿突蟾、高原林蛙和倭蛙；爬行动物 1 种，为青海沙蜥。两栖动物主要分布在澜沧江源园区和长江源园区，爬行动物分布在长江源园区和黄河源园区。详细调查情况如表 4.7 所示。

表 4.7　两栖类、爬行类动物调查概况

	物种	调查区域	数量
两栖类	倭蛙	尕拉尕山口、玉树市、结多乡、称多县、着晓乡、囊谦县、小苏莽乡	112
	西藏齿突蟾	治多县、扎曲河、杂多县、囊谦县、阿多乡、索加乡、昂赛乡	25
	高原林蛙	尕拉尕山口、玉树市、称多县、着晓乡、囊谦县、措桑村、果庆益荣松多、吉尼赛乡、治多县	29
爬行类	青海沙蜥	鄂陵湖、玛多县、共玉路、黄河乡、不冻泉、楚玛尔河上游、索加乡、扎河乡、治多县	126

另外，以所调查到的三江源国家公园两栖类、爬行类优势物种高原林蛙、倭蛙、西藏齿突蟾和青海沙蜥为研究对象，系统收集整理其分布点数据，并以全球生物多样性信息网络（GBIF；https://www.gbif.org/）中的分布数据作为补充，利用 ArcGIS 9.2（ESRI，Redland）空间分析工具，分析了三江源国家公园与自然保护区不同区域下（国家公园、自然保护区、重叠区域、国家公园特有区域、保护区特有区域）的两栖、爬行类物种种群数量与对应分布点的环境变量参数（海拔、年均温和年降水量）的空间关系。

基于物种分布点与环境变量关系的分析发现，高原林蛙、倭蛙和西藏齿突蟾这 3 种两栖类物种较青海沙蜥而言，具有较宽的生态位。3 种两栖动物分布的海拔均值在 3500～3800m。倭蛙的地理分布主要集中在海拔 3500～5000m 的地带；高原林蛙和西藏齿突蟾主要分布在海拔 4000m 以下的区域，其中西藏齿突蟾分布的海拔较高，约 3800m。爬行动物青海沙蜥主要分布在海拔 3000m、年均温在 5℃左右的地域[图 4.10（a）和（b）]。然而，高原林蛙、倭蛙和西藏齿突蟾对温度的变化不敏感，在零下 10℃的地方可以观察到，在 15℃以上的地方也可以观察到。从图 4.10（c）可以明显看

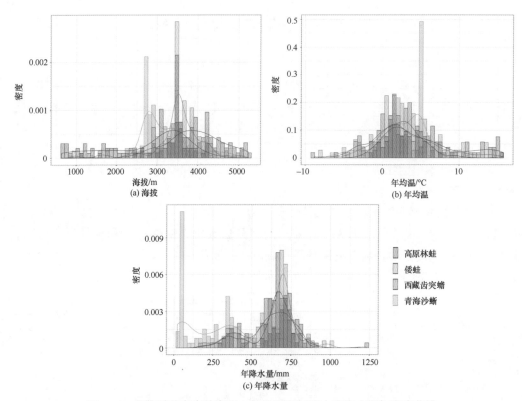

图 4.10　各物种分布点的海拔、年均温和年降水量直方图与密度曲线

到，在年降水量这个环境因子上，青海沙蜥和其他 3 种两栖类物种有较大的生态位分化，表明年降水对物种的地理分布格局能够产生较大影响。青海沙蜥主要分布在年降水量 500mm 以内的高寒荒漠、干旱草原和高寒草原等干旱地区。高原林蛙、倭蛙和西藏齿突蟾的种群分布可以从降水量 250mm 一直延伸到降水量 1000mm 的区域，而且在年降水量为 750mm 左右的高寒草甸等湿度较大的生态系统广泛存在（乔慧捷等，2018）。

　　基于三江源国家公园和自然保护区海拔、温湿度的对比发现，国家公园的海拔区间集中在 4200～5500m，而自然保护区主要位于 3300～5500m 的地区。国家公园大部分地区年均温＜–3℃，而自然保护区年均温＞–3℃的面积明显大于国家公园。国家公园内年降水量≥500mm 的地区远小于自然保护区，且国家公园鲜有年降水量＞600mm 的地区。总的来说，国家公园的海拔分布以 4200m 为临界点，年均温和年降水量分别在 –3℃ 和 500mm 上下。能够同时满足海拔＜4200m、年均温＞–3℃及年降水＞500mm 的地区（黑色）主要分布在三江源自然保护区，而非三江源国家公园内（图 4.11）。总的来说，上述研究揭示了三江源地区两栖、爬行动物的分布格局及其对环境的偏好，阐述了两栖、爬行动物保护在国家公园建设中可能面临的机遇和挑战，即国家公园建设在一定程度上提高了区域内两栖、爬行动物的保护效力，但两栖、爬行动物所偏好的部分环境条件未能包含在国家公园内。本研究可为制定两栖爬行动物，特别是两栖类动物，以及其他活动能力较弱的物种在环境变化下的保护规划提供科学依据。

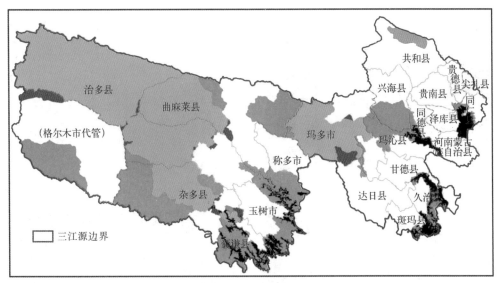

■ 非重叠区域（国家公园）；■ 非重叠区域（自然保护区）；■ 重叠区域；■ 特定环境条件区域

图 4.11　特定环境条件（海拔＜ 4200m，年均温＞ –3℃ 且年降水量＞ 500mm）的地理分布

4.2.4　气候变化下青藏高原特有两栖类动物的遗传多样性

高山生态系统作为生物多样性、特有物种和濒危物种的留存地，一直以来都是青藏高原重点保护的生物多样性热点区。越来越多的证据表明，在气候变化背景下，山地物种遭受着更高的灭绝风险，而改变的地理分布和遗传多样性被认为是物种适应气候变化的响应策略。尽管在气候变化影响下物种的种内遗传多样性（intraspecific genetic diversity）会降低物种适应能力，并且增加物种灭绝的风险，但仍然在很大程度上被忽视。因此，理解气候变化对种内遗传多样性的影响对于揭示气候变化可能给生物多样性带来的进化后果至关重要。

以青藏高原特有的两栖类高山倭蛙（*Nanorana parkeri*）作为指示物种，结合气候稳定性与遗传数据的空间分析，揭示了青藏高原两栖动物对过去与未来气候变化的响应模式。图 4.12 揭示了距离冰期避难所的远近是影响种群遗传多样性的主要因素，种群遗传多样性自末次间冰期以来的变化格局与生境破碎化程度高度相关。

高山倭蛙种群的分布在具有较高遗传多样性的第四纪冰川避难所的附近［等位基因丰富度的遗传多样性，调整的 R^2=0.089，p<0.05；核苷酸多样性，调整的 R^2=0.118，p<0.05；图 4.13（a）和（b）］。同时发现在遗传多样性（等位基因丰富度的遗传多样性和核苷酸多样性）和目前的适应性之间并没有显著性的关系［图 4.13（c）和（d）］（Hu et al.，2019）。本书强调了种群遗传多样性、历史分布动态及未来适宜生境之间的密切关系，突出了避难所隔离对遗传多样性的调节作用，为维持全球变化下青藏高原特有物种的进化潜力提供了保护规划指导。

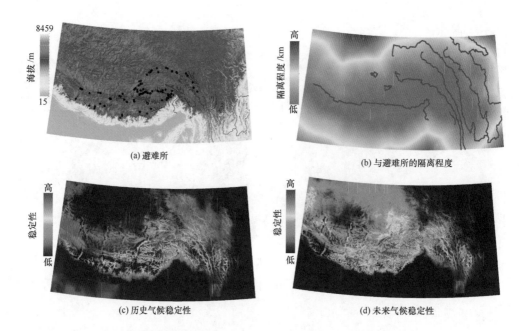

(a) 避难所

(b) 与避难所的隔离程度

(c) 历史气候稳定性

(d) 未来气候稳定性

图 4.12　第四纪冰期避难所及其隔离、历史与未来气候的稳定性

图 (a) 中红色区域代表模拟高山倭蛙的第四纪避难所；灰色点对应高山倭蛙的分布记录。图 (b) 代表第四纪高山倭蛙的避难所的标准化隔离程度。图 (c) 代表从末次间冰期（LIG，126 a BP）以来气候适应性的稳定性。图 (d) 代表基于典型浓度路径（RCP）8.5 下未来 70 年的气候稳定性

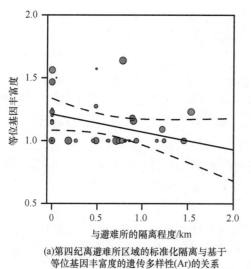

(a)第四纪离避难所区域的标准化隔离与基于
等位基因丰富度的遗传多样性(Ar)的关系

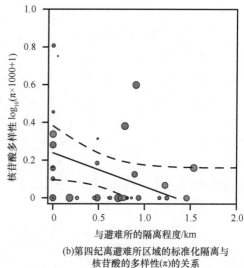

(b)第四纪离避难所区域的标准化隔离与
核苷酸的多样性(π)的关系

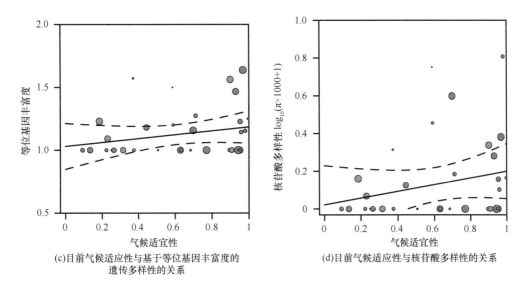

(c)目前气候适应性与基于等位基因丰富度的　　(d)目前气候适应性与核苷酸多样性的关系
遗传多样性的关系

图 4.13　冰期避难所隔离及气候适宜性与种群遗传多样性的关系

点的大小与研究中高山倭蛙种群的取样大小相称；点的颜色对应谱系生物地理学分析的两个分支；实线和虚线分别代表
回归线和预测模型 95% 的置信区间；在图 (a)、图 (b)、图 (d) 中，值代表 log10 转化后的避难所隔离程度 (km) 和 / 或
核苷酸多样性

　　此外，鉴于三江源国家公园的地理特殊性及其对气候变化的敏感性，区域内两栖爬行动物的有效保护将有助于保持物种遗传多样性和区域生态系统的完整性。为此，建议在国家公园内，开展两栖爬行动物种群动态和群落结构的长期监测，加强基础生物学研究，掌握环境变化对两栖爬行动物分布、遗传、行为、形态、种群动态及群落可能产生的影响，实现区域内两栖爬行动物在环境变化下的永续生存。

4.3　重要微生物类群及其功能特征

　　土壤微生物类群复杂多样，包括细菌、真菌、古菌及线虫等，它们作为生态系统的重要组分，在生物地球化学循环、生态系统生产力维持和气候变化反馈等方面都具有重要的作用（de Deyn and van der Putten，2005；Wagg et al.，2014）。然而，相较地上生物多样性大量且深入的研究，人们对地下生物尤其是土壤微生物多样性仍缺乏系统的认知（贺金生等，2004）。三江源国家公园成立后，为解决园内重要土壤微生物多样性现状及分布格局这一关键问题，针对该区域四种典型草地生态系统（高寒荒漠、高寒草原、高寒草甸和高寒湿地）开展了土壤细菌和菌根真菌的多样性调查。同时选择黄河源区域，开展了与土壤氮循环过程相关的土壤微生物群落特征研究。通过对三江源区域不同生境微生物种类和数量的分析，解析出关键微生物群落的分布特征，完成微生物数据库建库工作，对未归类 OTU 的代表序列进行了深入分析，发现了与数据库中已知微生物关联性比较低的新序列，为三江源国家公园分区规划图建设工作提供了数据支撑。

4.3.1 典型草地类型土壤细菌群落分布特征

细菌在全球的生物地球化学循环中具有重要的作用。由于细菌有较小的个体和较大的表面积，它对环境的变化较真菌更为迅速。针对青藏高原高寒草地土壤细菌多样性及分布格局这一关键问题，对三江源国家公园内四种典型草地生态系统（高寒荒漠、高寒草原、高寒草甸和高寒湿地）开展了土壤细菌多样性调查。

三江源地区不同草地生态型的土壤细菌种类丰富，主要有酸杆菌门（Acidobacteria）、放线菌门（Actinobacteria）、厚壁菌门（Firmicutes）、绿弯菌门（Chloroflexi）、拟杆菌门（Bacteroidetes）、芽单胞菌门（Gemmatimonadetes）、浮霉菌门（Planctomyces）、硝化螺旋菌门（Nitrospirae）、变形菌门（Proteobacteria）和蓝藻细菌（Cyanobacteria）。其中，第一和第二优势菌门分别为变形菌门和放线菌门，它们在不同草地生态型土中的相对丰度存在明显差异（图 4.14）。

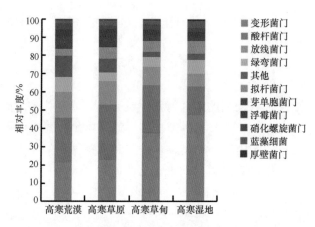

图 4.14 三江源典型草地细菌不同菌门的相对丰度

从图 4.15 发现四种草地类型的细菌 α 多样性并没有存在明显差异。对于 OTU 丰富度而言，从高到低依次为高寒草甸、高寒荒漠、高寒湿地和高寒草原。从香农 – 威纳（Shannon-Wiener）指数的多样性分析发现，高寒草甸土壤中的细菌多样性最高；其次是高寒草原和高寒荒漠；最后是高寒湿地。

消除趋势的对应分析（detrended correspondence analysis，DCA）表明，源自高寒湿地、高寒草甸和高寒干旱地区（高寒草原和高寒荒漠）样品在 DCA1 轴上可以清晰地分开，表明水分梯度可能是土壤细菌群落结构的主控因子。源自高寒草原和高寒荒漠的样品尽管在 DCA1 轴上无法分开，但在 DCA2 轴上明显不同，依旧代表着不同的土壤细菌群落结构。在每个生态系统内，源自表层 0 ～ 10cm 和 10 ～ 20cm 土壤样品的细菌群落结构明显不同，但土层对土壤细菌群落结构的影响未能突破生态系统的界限（图 4.16）。

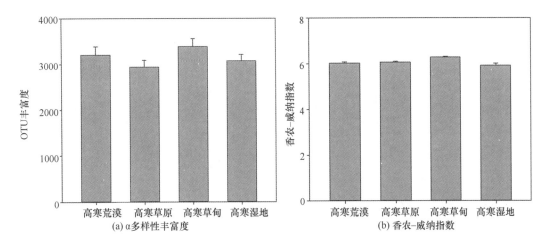

图 4.15　不同草地类型细菌的 α 多样性丰富度和香农 – 威纳指数

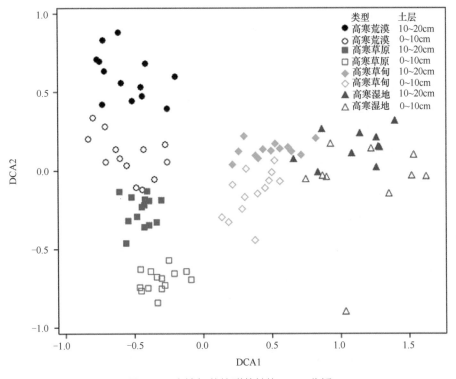

图 4.16　土壤细菌的群落结构 DCA 分析

　　在门水平上未归类（unclassified）的 OTU 代表着核糖体数据库中未收录的微生物种群，有可能是之前未发现的微生物新种，在一定程度上可能为三江源地区独有。作者对未归类 OTU 的代表序列进行 BLAST 比对，发现大多数与已发现的不能纯培养的细菌相似度水平在 90% 之下。同时，也存在着 OTU 的代表性序列不与任何已知的微生物有相关性（表 4.8）。

表 4.8　BLAST 比对未归类 OTU 后相似度最高的种属信息（选取 5 个最高相似度最小的 OTU 为例）

编号	序列	最高相似度分类	最高相似度
otu8766	Ctcaccacttcggagccattcaccgtgcatattggcgcgctcgccgtgc gcccgacgaatggggtgattttcgcgtcgagcggcatgcccggcgaca tctacacgttgtcaacccaaggggttttgacacttgttggcaacactggcg tgggtggcccgggcgacctggcattcacgcctgtgcccacgaacaagag ccagtgcaagatgggggggctggcgcaccaacttcgcgttcgcgttcaag aatcagggcgactgcattcagttcgtcaacaccggcaagtaagcgggcc ggtccgtaggccgtgcacagcacatgcctctgcagggtcgcgtcaggttcg cgccccgaagaacctgacgtgggatcctgt	未发现显著相似性	0.00%
otu9212	Cggcatctgaggagcagagcccttggccactccgcatccagggctcag caacgccgaaccacttggcccgggagagaaccttcggccagtccgtgca cgtgttgacgggctggttcgctgcaatcctttttctcagttcgtttgcgcttttg gcgcagtgagtggccacccgggtggctaagcacgatcgagggcggcg cactgttcgagcacactaaagcacaatgcaccgcctgctctggggctcat gcgagggcgcacggtcagcgttccgcgaagcgccggggcgcagctt cacctcggaaaggtccagctccagcaaggtgctgccaccgtccgctcgc acgcctgcggtgaaggcaccccaagctt	未发现显著相似性	0.00%
otu11168	Acaccgggggggctagcgttattcgacgtgattgggcgtaaagggcac gtagactgctgacgcttgatctttaaagaaaggccaattcttggaggcagtt ttaaagatatcggtcgcgcttgagtatattaggggtatattggaattttcagtg taggggtaaaatccttaaatactgataggaatgccaaacggtgaagacttt atctggagtatactgacgttgaggtgcgaaggcgtggggagcaaacgag atttgacacctcggtagtccacgcgtaaacaatgagtgttttttgtgcagaat ttacttctgttacaggagctaacgcgtaaacactccgcctggggactacga tcgcaaggttgaaact	未培养无质体克隆 PY11-05-24	77.57%
otu10785	Atacgtagggcacaagcgttatccggatttattgggcgtaaagagtcctttt taggtggtttggaaagtcatcttttaaataccaaggcttaaccttgggcatga gggtgatactcccagactttgagtcttgcagggaaaactggaacttacggt gaagcagtgaaatgcgttgatatcgtgaggaacaccaaagggcgaaggca ggtttttgggcaagcactgcacactcacggacgaaagctagggggagcgaa agggattagagacccctgtagtcctagccgtaaacgatgttcgctagtcca gtggatttattctactggacgtaagctaacgcgagaagcgaaccgcctgg ggagtacggccgcaaggcta	未培养微生物克隆 7698	81.38%
otu7395	Atacgtaagtagcgagtgttgcccttatttaggcgtaaatagtgagtaggc ggggatataagttagtagttgaatctcaagtaaaaaaaatttgaggcgttgct attaatactgtatttcttgaatataggagaggttagcggaatttcatgtgtagc ggtgaaatgctaagatatatgaaggaacaccagtggcgaaagcggctag ctggcctattattgacgctcagtcacgaaagtatggggagtaaataggatta gagaccctagtaatccatactgtaaacgatgaatactagctatgaaagttaa atttcgtggcgtagctaacgcgttaagtattcagcctggggagtaagatcg caagattgaaact	硬螺旋体分离株	82.76%

4.3.2　典型草地类型土壤菌根真菌群落分布特征

菌根共生体是自然生态系统中普遍存在的植物与微生物的共生体系，也是生态系统的重要组分，但往往被生态学家所忽视。实际上，菌根真菌无论在生物量生产、营养关系还是物质循环中，都起着非常重要的作用。在所有菌根类型中，丛枝菌根（AM）真菌分布最为广泛，能与 80% 以上的植物共生，以能够有效促进宿主植物对土壤的养分吸收（van der Heijden，2010）、提高其对逆境胁迫的耐受力（Wu et al.，2013），来影响多个生态系统的过程而闻名（Rillig，2004）。基于 AM 真菌在生态系统结构和功能稳定中的关键作用，运用分子生态学的方法研究三江源地区典型生态系统中关键土壤功能微生物丛枝菌根（AM）真菌的生物多样性，综合比较不同草地类型下 AM 真菌群落组成和多样性变化，定量解析随机过程和环境过滤效应对 AM 真菌生物多样性形成的贡献。

　　研究发现，三江源地区所采集的 48 个表层（0 ～ 10cm）土壤样品中共检测到 10 个属的 AM 真菌，包括球囊霉属（*Glomus*）、多孢囊霉属（*Diversispora*）、近明球囊霉属（*Claroideoglomus*）、双型囊霉属（*Ambispora*）、无梗囊霉属（*Acaulospora*）、类球囊霉属（*Paraglomus*）、和平囊霉属（*Pacispora*）、原囊霉属（*Archaeospora*）、内养囊霉属（*Entrophospora*）和斗管囊霉属（*Funneliformis*）［图 4.17（a）］。其中，优势属为球囊霉属（*Glomus*），平均占到 44.08%，其次是多孢囊霉属（*Diversispora*）和近明球囊霉属（*Claroideoglomus*），分别平均占 26.37% 和 25.12%［图 4.17（b）］。

　　从图 4.17（b）中发现，AM 真菌在四种草地类型的相对丰度存在明显差异，其中，高寒荒漠、高寒草甸、高寒湿地的优势属均为球囊霉属（*Glomus*），高寒草原的优势属为多孢囊霉属（*Diversispora*）。

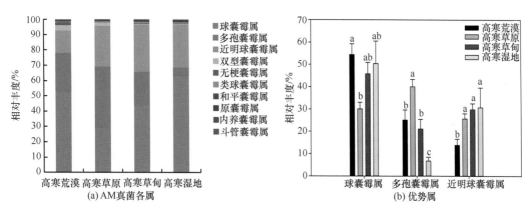

图 4.17　AM 真菌属水平上在各草地类型的相对丰度

　　图 4.18 显示高寒湿地 AM 真菌的 OTU 丰富度和谱系多样性指数均显著低于其他三种草地类型［图 4.18（a）和（c）］，香农 – 威纳指数在四种草地类型间无显著差异［图 4.18（b）］。

　　PCoA 排序分析能较好地区分来自不同草地类型的 AM 真菌群落（图 4.19）。非参数的多元方差分析（PerMANOVA）表明，高寒荒漠、高寒草原、高寒草甸和高寒湿地中任两种草地类型之间，AM 真菌群落物种组成均产生显著差异（表 4.9）。不同草地类型下 AM 真菌群落物种组成上的差异充分表明，水分梯度可能是土壤 AM 真菌群落结构组成的主控因子。

　　四种草地类型的 NTI（最近种间亲缘关系指数）均显著大于 0［图 4.20（a）］，表明在三江源地区典型高寒草地生态系统中，AM 真菌群落高度聚集。高寒荒漠的 βNTI（群落间最近种间亲缘关系指数）均在 –2 和 +2 之间，而在高寒草原、高寒草甸和高寒湿地生态系统中，尽管大部分 βNTI 仍在 –2 和 +2 之间，但是在高寒草原，βNTI > 2 的

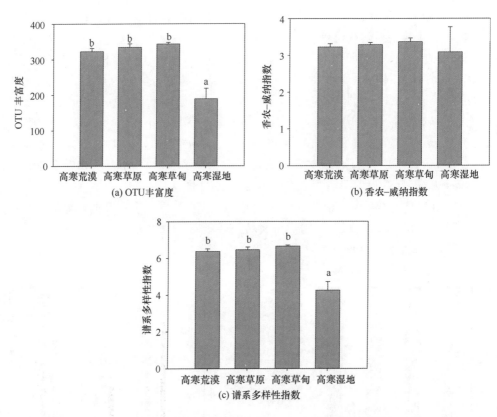

图 4.18　不同草地类型间 AM 真菌 α 多样性指数的差异

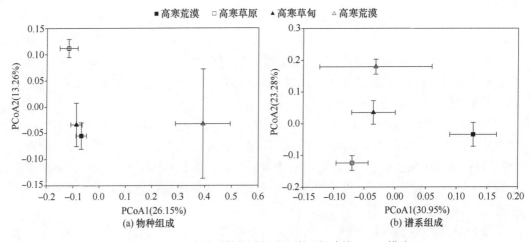

图 4.19　AM 真菌群落物种组成和谱系组成的 PCoA 排序

表 4.9　不同草地类型间 AM 真菌群落组成的 PerMANOVA 分析

类型	F	P
高寒荒漠 / 高寒草原	4.89	0.001
高寒荒漠 / 高寒草甸	3.87	0.001
高寒荒漠 / 高寒湿地	7.03	0.001
高寒草原 / 高寒草甸	3.00	0.002
高寒草原 / 高寒湿地	8.11	0.001
高寒草甸 / 高寒湿地	5.67	0.001

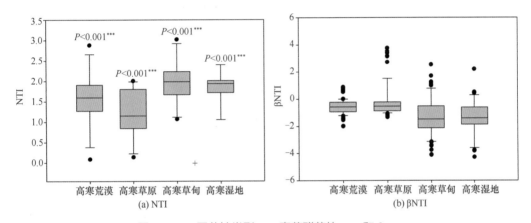

图 4.20　不同草地类型 AM 真菌群落的 NTI 和 βNTI

比例增加，而在高寒草甸和高寒湿地，βNTI <–2 的比例增加［图 4.20（b）］，说明随机过程是决定高寒荒漠生态系统 AM 真菌群落组装的主要过程，而在另外三种草地类型中，AM 真菌群落组装则是由随机过程和确定性过程（环境过滤）共同决定的。

4.3.3　参与土壤氮循环过程的土壤微生物群落特征

黄河是中华文明的摇篮，是中国北方的主要水源。虽然土壤微生物氮功能基因对整个流域的水环境质量具有重要影响，但对黄河源区土壤微生物氮功能基因的研究还较少。

以黄河源区域为研究对象，运用 qPCR 等分子生态学的方法研究土壤微生物群落特征与氮功能过程的关系，重点探究上、中、下游不同流域位置微生物群落结构与氮循环相关的功能特征。

研究发现，黄河源地区涉及氮循环（包括硝化过程和反硝化过程等）的微生物功能基因的丰度在上、中、下游间的差异显著。氮循环以及氮循环中硝化过程的基因拷贝数表现出由上游到下游逐渐增多的趋势，但反硝化基因丰度的趋势则是中游 > 下游 > 上游（图 4.21）。

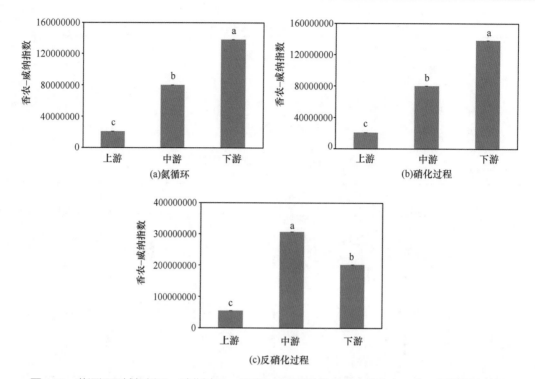

图 4.21　黄河源区域氮循环、硝化过程、反硝化过程微生物功能丰度在上、中、下游间的差异

微生物氮循环功能基因在上、中、下游间的丰度变化趋势与结构特征可能与土壤水分（厌氧、好氧环境）和 pH 等因素有关。RDA 分析表明氮循环，以及氮循环中硝化和反硝化过程的功能基因群落结构在上、中、下游不同位置间聚类明显，土壤 pH、土壤含水量（SWC）、土壤持水量（SHC）、微生物碳（MBC）、微生物氮（MBN）对相关基因群具有重要影响。其中，氮循环、硝化过程最相关的影响因子是 pH（解释度分别为 34.6%、16.0%），但是反硝化过程最相关的影响因子是 SHC（解释度为 33.6%）（图 4.22）。

研究发现，在离河 5m 远的地方除 AOA 外，所有基因拷贝数均由样点 1 到 3 呈下降趋势，如图 4.23（a）所示，AOA 基因拷贝数在第 2 点（离样点 137.45km）较第 1 点增加，但在第 3 点开始降低。在距离样点 159.84km 的样点 3 之后，所有的基因拷贝数都呈现出沿河流稳定的趋势。图 4.23（b）为离河 500m 远的氮循环基因的基因拷贝数。

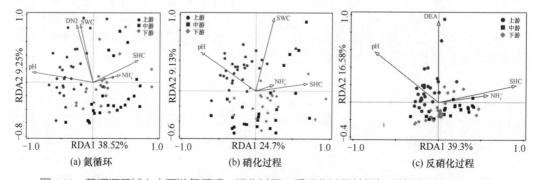

图 4.22　黄河源区域上中下游氮循环、硝化过程、反硝化过程基因与环境因子的 RDA 分析

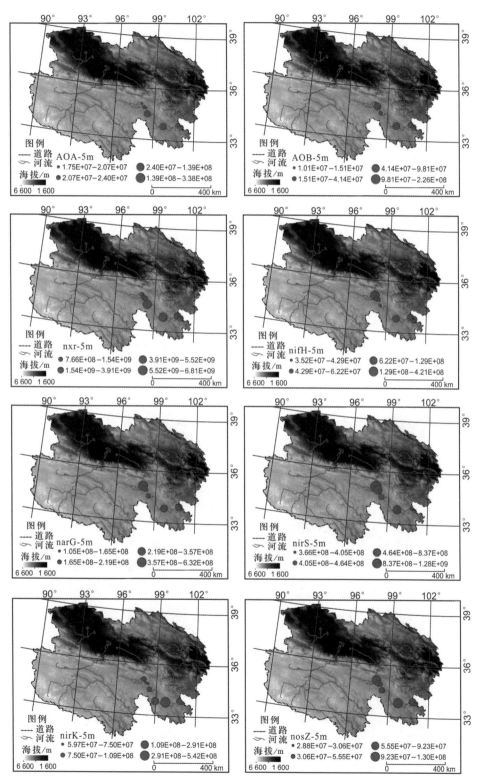

(a) 离河岸 5m

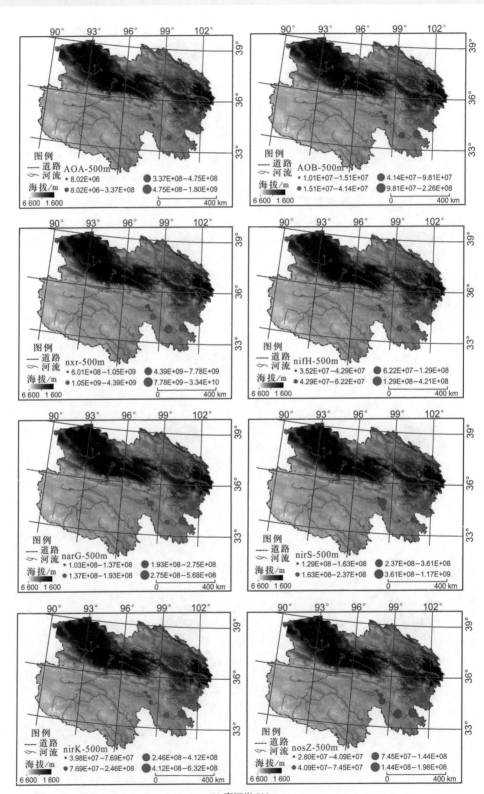

(b) 离河岸 500m

图 4.23　从离河岸 5 m 和 500 m 处采集的氮循环基因拷贝数沿河流的变化

除 AOA 外，沿河流延伸自样点 3 到样点 6 基因拷贝数均呈增大趋势。AOA 基因拷贝数在样点 5（距样点 1 377.95km）的最高。

　　基于 Euclidian 计算方法，距离河岸 5m 的氮循环微生物群落不相似性不随沿河距离增加而增加，不存在距离衰减模式，但距离河岸 500m 随沿河距离增加而增加，显示出距离衰减模式（图 4.24）；从基于 Horn 和 Morisita 计算方法的距离河 5m 和 500m 的氮循环基因之间的 β 多样性差异可以看出，距离河岸 500m 的微生物群落随着沿河距离的增加，越来越接近沿河 5m 的群落（图 4.25）。

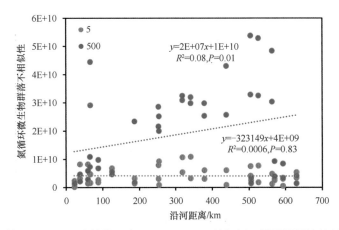

图 4.24　基于 Euclidian 计算的距离河 5m 和 500m 的氮循环基因沿河流的差异性变化

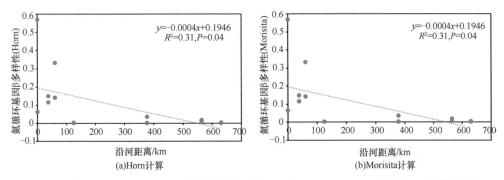

图 4.25　基于 Horn 和 Morisita 计算的氮循环基因距离河 5m 和 500m 之间的 β 多样性差异

　　RDA 分析结果显示，对于整个氮循环基因，RDA 中选择的环境变量包括 pH 和 SWC/SHC（$F = 14.3$，$P = 0.002$）［图 4.26（a）］。对于离河 5m 的氮循环基因的结构，RDA 模型中选择的环境变量包括 pH 和 NO_3^-（$F = 8.1$，$P = 0.002$）［图 4.26（b）］。在离河 500m 的氮循环基因的结构上，RDA 模型中选取的环境变量包括 pH 和 SWC/SHC（$F = 10.1$，$P = 0.002$）［图 4.26（c）］。从 RDA 的结果来看，pH 是影响氮循环基因的最重要因素，分别解释了氮循环、离河 5m 的氮循环、离河 500m 的氮循环变异的 47.5%、50.3%、31.5%。

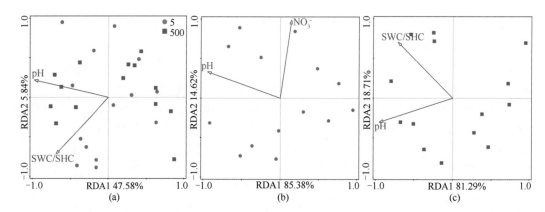

图 4.26　基于 RDA 分析得出的环境变量与所有被测氮循环基因（a）、离河 5m（b）和 500m
（c）之间的关系

SWC 表示土壤含水量；SHC 表示土壤持水量

　　Pearson 结果表明，所有被测氮基因均与硝化活性（NA）无关。反硝化活性（DA）、潜在 N_2O 生成率（D_{N_2O}）与 nifH、narG、nirS、nosZ 呈正相关关系，而 D_{N_2O} 与 nirK 呈负相关。潜在 N_2 生成率（D_{N_2}）与 AOA、nosZ 呈正相关，与 nifH、narG、nirS 呈负相关关系。NA 与 NO_3^- 正相关，与 pH、土壤含水量（SWC）、土壤有机质含量（TOM）、土壤有机碳含量（TOC）、土壤含水量 / 土壤持水量（SWC/SHC）呈负相关。D_{N_2O} 与 pH、SWC 呈正相关关系。D_{N_2} 与土壤总氮（TN）、多年平均温度（MAT）、多年平均降水（MAP）呈显著负相关关系。D_{N_2O} 与多年平均温度（MAT）、多年平均降水（MAP）负相关。D_{N_2} 与 pH、SWC、TOM、TOC、TN、SWC/SHC、MAP 负相关（表4.10）。

表 4.10　氮循环功能基因丰度与功能过程速率［硝化活性（NA）、反硝化活性（DA）、潜在 N_2O 生成率（D_{N_2O}）和潜在 N_2 生成率（D_{N_2}）］的 Pearson 检验

	NA		DA		D_{N_2O}		DN_2	
	r	p	r	p	r	p	r	p
pH	−0.03	0.83	0.42	0.00	0.32	0.01	−0.46	0.00
SWC	−0.20	0.08	0.46	0.00	0.26	0.02	−0.39	0.00
SHC	0.08	0.50	0.08	0.52	0.08	0.48	−0.23	0.64
NO_3^-	0.43	0.00	−0.01	0.90	−0.01	0.93	0.18	0.90
NH_4^+	0.07	0.57	0.01	0.91	0.09	0.45	0.54	0.58
AN	0.09	0.43	0.01	0.92	0.09	0.46	−0.33	0.58
TOM	−0.02	0.88	0.24	0.04	0.09	0.47	−0.16	0.00
TOC	−0.02	0.88	0.24	0.04	0.09	0.47	−0.13	0.00
TN	0.14	0.21	−0.23	0.05	−0.09	0.46	−0.28	0.01
AP	0.18	0.12	−0.08	0.49	0.02	0.87	0.23	0.15
TP	−0.08	0.48	0.03	0.80	0.03	0.77	0.09	0.90

续表

	NA		DA		D_{N_2O}		DN_2	
	r	p	r	p	r	p	r	p
SWC/SHC	−0.17	0.15	0.39	0.00	0.20	0.09	−0.19	0.00
MAP	−0.01	0.96	−0.34	0.00	−0.27	0.02	−0.38	0.00
MAT	−0.04	0.74	−0.41	0.00	−0.29	0.01	0.49	0.00
AOA	0.17	0.13	−0.22	0.06	−0.13	0.25	0.27	0.02
AOB	0.20	0.09	−0.16	0.16	−0.16	0.17	0.63	0.25
narG	−0.10	0.41	0.38	0.00	0.28	0.01	−0.07	0.00
nifH	−0.10	0.37	0.50	0.00	0.45	0.00	−0.17	0.00
nirK	−0.04	0.73	−0.16	0.16	−0.10	0.40	−0.20	0.09
nirS	0.00	0.97	0.62	0.00	0.49	0.00	−0.21	0.00
nosZ	−0.04	0.73	0.36	0.00	0.39	0.00	0.71	0.03
nxr	0.01	0.97	−0.19	0.11	−0.16	0.17	0.71	

参考文献

蔡振媛, 覃雯, 高红梅, 等. 2018. 三江源国家公园兽类物种多样性及区系分析. 兽类学报, 39(4): 410-420.

董锁成, 周长进, 王海英. 2002. "三江源"地区主要生态环境问题与对策. 自然资源学报, (6): 713-720.

更吉卓玛, 李彦, 贾留坤, 等. 2018. 唐古特虎耳草谱系地理学研究. 西北植物学报, 38(2): 370-380.

贺金生, 王政权, 方精云, 等. 2004. 全球变化下的地下生态学: 问题与展望. 科学通报, 49(13): 1226-1233.

李欣海, 郜二虎, 李百度, 等. 2019. 用物种分布模型和距离抽样估计三江源藏野驴、藏原羚和藏羚羊的数量. 中国科学: 生命科学, 49(1): 1-12.

钱拴, 毛留喜, 侯英雨, 等. 2007. 青藏高原载畜能力及草畜平衡状况研究. 自然资源学报, (3): 389-397, 498.

乔慧捷, 汪晓意, 王伟, 等. 2018. 从自然保护区到国家公园体制试点: 三江源国家公园环境覆盖的变化及其对两栖爬行类保护的启示. 生物多样性, 26(2): 202-209.

邵全琴, 郭兴健, 李愈哲, 等. 2018. 无人机遥感的大型野生食草动物种群数量及分布规律研究. 遥感学报, 22(3): 497-507.

邵全琴, 赵志平, 刘纪远, 等. 2010. 近30年来三江源地区土地覆被与宏观生态变化特征. 地理研究, (8): 1439-1451.

吴方明, 张淼, 吴炳方. 2019. 无人机影像的面向对象水稻种植面积快速提取. 地球信息科学学报, 21(5): 789-798.

吴娱, 董世魁, 张相锋, 等. 2014. 阿尔金山保护区藏野驴和野牦牛夏季生境选择分析. 动物学杂志, 49(3): 317-327.

de Deyn G B, van der Putten W H. 2005. Linking aboveground and belowground diversity. Trends in Ecology & Evolution, 20(11): 625-633.

Ebersbach J, Muellner-Riehl A N, Michalak I, et al. 2017. In and out of the Qinghai-Tibet Plateau: Divergence time estimation and historical biogeography of the large arctic-alpine genus Saxifraga L. Journal of Biogeography, 44(4): 900-910.

Favre A, Michalak I, Chen C H, et al. 2016. Out-of-Tibet: The spatio-temporal evolution of Gentiana (Gentianaceae). Journal of Biogeography, 43(10): 1967-1978.

Favre A, Paeckert M, Pauls S U, et al. 2015. The role of the uplift of the Qinghai-Tibetan Plateau for the evolution of Tibetan biotas. Biological Reviews, 90(1): 236-253.

Fu P C, Gao Q B, Zhang F Q, et al. 2016. Responses of plants to changes in Qinghai-Tibetan Plateau and glaciations: Evidence from phylogeography of a Sibiraea (Rosaceae) complex. Biochemical Systematics and Ecology, 65: 72-82.

Hoorn C, Wesselingh F P, ter Steege H, et al. 2010. Amazonia through time: Andean uplift, climate change, landscape evolution, and biodiversity. Science, 330(6006): 927-931.

Hu J, Huang Y, Jiang J, et al. 2019. Genetic diversity in frogs linked to past and future climate changes on the roof of the world. The Journal of Animal Ecology, 88(6): 953-963.

Li Y, Gao Q B, Gengji Z M, et al. 2018. Rapid intraspecific diversification of the alpine species *saxifraga sinomontana* (*Saxifragaceae*) in the Qinghai-Tibetan Plateau and Himalayas. Frontiers in Genetics, 9: 381.

Qiu Y X, Fu C X, Comes H P. 2011. Plant molecular phylogeography in China and adjacent regions: Tracing the genetic imprints of Quaternary climate and environmental change in the world's most diverse temperate flora. Molecular Phylogenetics and Evolution, 59(1): 225-244.

R Core Team. 2018. R: A Language and Environment for Statistical Computing. Vienna, Austria: R Foundation for Statistical Computing.

Rillig M C. 2004. Arbuscular mycorrhizae and terrestrial ecosystem processes. Ecology Letters, 7(8): 740-754.

van der Heijden M G A. 2010. Mycorrhizal fungi reduce nutrient loss from model grassland ecosystems. Ecology, 91(4): 1163-1171.

Wagg C, Bender S F, Widmer F, et al. 2014. Soil biodiversity and soil community composition determine ecosystem multifunctionality. Proceedings of the National Academy of Sciences of the United States of America, 111(14): 5266-5270.

Wen J, Zhang J Q, Nie Z L, et al. 2014. Evolutionary diversifications of plants on the Qinghai-Tibetan Plateau. Frontiers in Genetics, 5: 1-16.

Wu Q S, Srivastava A K, Zou Y N. 2013. AMF-induced tolerance to drought stress in citrus: A review.

Scientia Horticulturae, 164（17）: 77-87.

Xing Y, Ree R H. 2017. Uplift-driven diversification in the Hengduan Mountains, a temperate biodiversity hotspot. Proceedings of the National Academy of Sciences of the United States of America, 114（17）: E3444-E3451.

Zhang F Q, Gao Q B, Zhang D J, et al. 2012. Phylogeography of *Spiraea alpina*（Rosaceae）in the Qinghai-Tibetan Plateau inferred from chloroplast DNA sequence variations. Journal of Systematics and Evolution, 50（4）: 276-283.

第 5 章

植被特征的遥感监测及变化解析

遥感监测具有空间上连续和在时间上动态变化的特点，且受地面状况限制小，信息量大，探测范围广，可以节约大量的人力和物力。三江源区环境严酷，有大面积的无人区，遥感监测已成为三江源区生态环境状况评价和生态安全评估的重要手段和工具。本章围绕三江源国家公园草地地上生物量与草地植被营养（含氮量）核心质量指标，分别利用地面草地样方观测数据、地面无人机多光谱遥感观测和多源卫星遥感数据，形成"天－地"一体化的草地质量关键指标遥感监测技术体系，建立国家公园时空连续的草地质量监测数据集。结合已开展的三江源生态保护和减畜建设工程的实施，本章将分析气候变化与生态工程对草地植被生产力、减畜工程对草地载畜压力的影响，其中，年均温对草地地上生物量的贡献最大，三江源区 1988 ～ 2018 年草地地上生物量呈现增加的趋势，且自 2005 年三江源生态保护和建设工程实施以来，三江源区草地的地上生物量明显增加，工程实施后的 2005 ～ 2012 年的草地平均地上生物量比工程实施前 1988 ～ 2004 年的平均地上生物量提高了 30.31%。减畜工程实施后，三江源全区载畜压力明显减轻，2003 ～ 2012 年平均载畜压力指数比 1988 ～ 2002 年平均载畜压力指数下降了 36.1%，表明减畜工程对减轻草地载畜压力产生了积极的影响；但减畜措施后的 2003 ～ 2012 年三江源平均载畜压力指数为 1.46，即草地超载仍达 46%，表明三江源地区草地仍处于超载状态。因此，建议三江源草地恢复和治理的重点应继续放在减畜减压上。

5.1 草地质量指标遥感监测与验证

5.1.1 "天－地"一体化草地地上生物量遥感监测

利用多时相植被指数模型（multi-temporal vegetation index model，MVIM）草地地上生物量遥感监测方法（Li et al.，2016），完成了三江源 2000 ～ 2018 年的草地生物量遥感监测数据集的监测，图 5.1 展示了 2000 ～ 2018 年平均的草地地上生物量估算空间分布。

图 5.1 表明，2000 ～ 2018 年三江源区草地地上生物量空间分布格局呈现自东南向西北逐渐减少的趋势，这与从高寒草甸至高寒荒漠变化保持一致。

利用 2017 ～ 2018 年中国科学院三江源国家公园科学考察观测结果，以及中国科学院碳专项项目于 2014 年观测的青藏高原草地地上生物量地面数据集，对遥感监测的草地地上生物量数据集进行验证，验证结果如图 5.2 所示。结果表明，遥感监测的草地地上生物量与实测值的判定系数（R^2）为 0.5066，均方根误差（RMSE）为 53.1g/m^2。

基于三江源 2000 ～ 2018 年的草地生物量遥感监测数据集，开展 2000 ～ 2018 年三江源国家公园整体的最大草地生物量逐年变化趋势统计分析，以及长江源、黄河源和澜沧江源的 2000 ～ 2018 年各源区整体的最大草地地上生物量逐年变化趋势统计分析，如图 5.3 所示。

图 5.3 表明，2000 ～ 2018 年三江源国家公园草地地上生物量有微小上升趋势，且

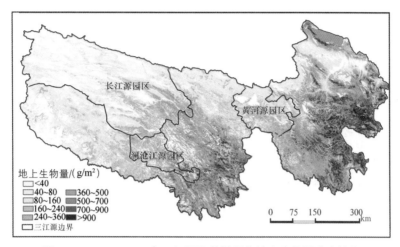

图 5.1　2000 ～ 2018 年三江源区草地平均地上生物量分布格局

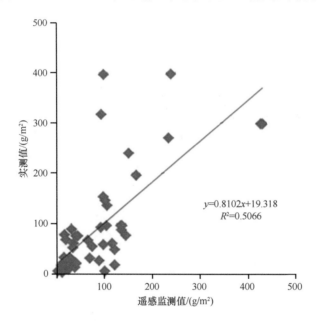

图 5.2　基于地面观测的草地样点生物量对遥感估算结果的验证

在 2000 ～ 2012 年有明显的增加趋势，而在 2012 年之后有稍微的下降趋势。

　　图 5.4 所明，长江源、黄河源以及澜沧江源每个园区 2000 ～ 2018 年草地地上生物量的变化趋势与整体三江源国家公园的草地地上生物量变化趋势类似。

　　基于遥感监测的三江源 2000 ～ 2018 年的草地生物量遥感监测数据集，开展 2000 ～ 2018 年三江源国家公园草地地上生物量逐像元变化趋势估算（斜率），如图 5.5 所示。整体来说，草地地上生物量减少趋势的区域主要发生在人类活动较为密集的区域；其中，长江源园区的生物量中西部有增加趋势，而在东部有减少趋势；澜沧江园区中西部有减少趋势，黄河源园区中部有增加趋势。

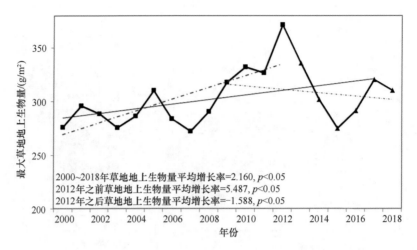

图 5.3　2000 ～ 2018 年三江源最大草地地上生物量逐年变化趋势

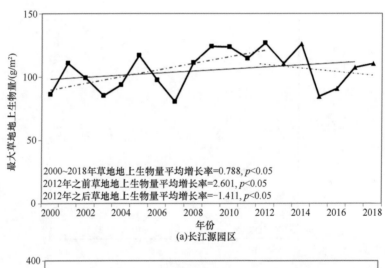

(a)长江源园区

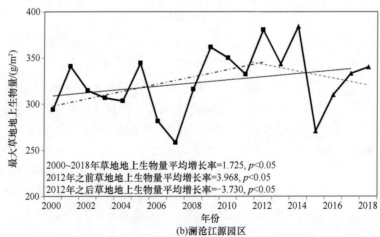

(b)澜沧江源园区

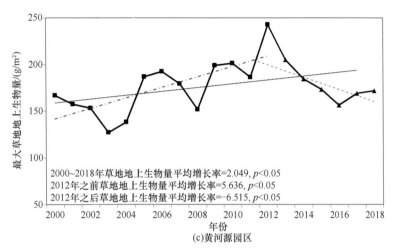

图 5.4　2000 ～ 2018 年三个源区草地地上生物量逐年变化趋势

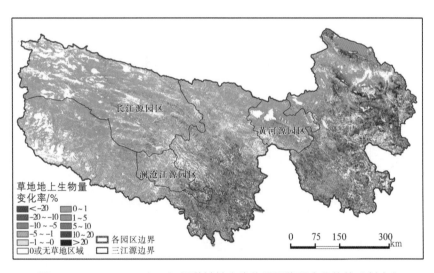

图 5.5　2000 ～ 2018 年三江源草地地上生物量逐像元变化趋势（斜率）

5.1.2　草地植被营养成分遥感监测

利用第 3 章已构建的草地植被氮含量指数模型（MSI terrestrial nitrogen index，MTNI），结合 2017 ～ 2018 年 Sentinel-2 数据，开展了整个三江源范围内的草地植被氮含量数据集遥感监测，如图 5.6 所示，从高寒草甸至高寒草原草地植被氮含量有逐渐减少的趋势。

基于 2017 ～ 2018 年部分实测的玛多县草地样方观测的草地植被氮含量数据，以及格尔木草地样方观测的草地植被氮含量数据，对计算的草地区域的草地植被氮含量指数（MTNI）数据进行验证，验证结果（图 5.7）表明，模遥感估算值与实测数据的判

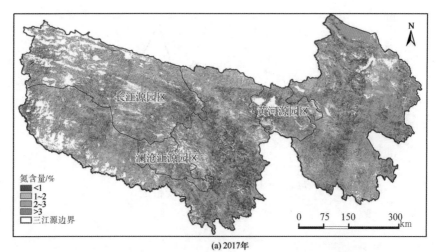

(a) 2017年

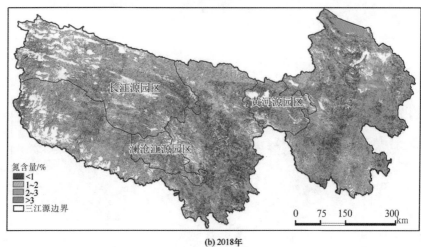

(b) 2018年

图 5.6　2017 年与 2018 年三江源草地叶片氮含量空间分布示意

定系数（R^2）分别为 0.9332（玛多站）与 0.8144（格尔木站），均方根误差（RMSE）分别为 8.2% 与 12.5%，表明该方法估算结果总体精度较高。

5.2　近 30 年三江源地区土地覆被遥感监测结果分析

利用 1990 年、2000 年、2010 年与 2015 年 30m 空间分辨率近 30 年四期土地覆被遥感监测数据集（China Cover1990、China Cover2000、China Cover2010 与 China Cover2015）（吴炳方等，2014；吴炳方，2017a，2007b），绘制了 1990～2015 年三江源地区土地覆被遥感监测图，如图 5.8 所示。图 5.8 展示了按照 6 个一级分类、40 个二级分类的土地覆被分级系统的整个三江源地区，以及长江源园区、黄河源园区、澜沧江源园区的四期土地覆被空间分布状况。

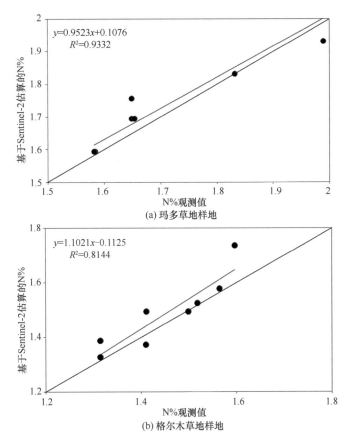

图 5.7　2017 ～ 2018 年玛多草地样地与格尔木草地样地地面验证结果

对整个三江源地区土地覆被分类面积统计结果表明，在一级类中，1990 ～ 2015 年，主要土地覆被类型面积变化最大的类型是人工表面（建筑用地与交通用地），增幅超过20%，草地和林地是面积变化最小的土地覆被类型（表 5.1）；在二级类中，采矿场面积增加了 15 倍，其次是坑塘、建设用地、交通用地，增幅均超过 8%，增幅最小的是常绿针叶林，仅增幅 0.01%；降幅最大的是人工灌木园地，然后依次是戈壁、高寒草原、冰川 / 永久积雪和河流，降幅最小的是草本湿地。

对长江源、黄河源、澜沧江源三个园区土地覆被分类面积分别统计结果表明（表 5.2 ～表 5.4)，在一级类中，1990 ～ 2015 年，长江源园区面积变化最大的类型是湿地，增幅为 9.19%，林地是面积变化最小的土地覆被类型；黄河源园区面积变化最大的类型是湿地，增幅为 1.45%，其他类型变化均小于 2%；澜沧江源园区面积变化最大的类型是草地，其他类型面积变化均不大，需要注意的是在黄河源园区和长江源园区均没有耕地的一级类类型。进一步开展土地覆被二级类动态变化分析，二级类共计 40 类，类型总体较多，因此该处只进行类型动态变化分析，不列具体表格信息，且分析结果表明，长江源园区中湖泊面积增幅最大，达到 19.62%，其次是盐碱地，面积增加了 12.60%，降幅最大的是戈壁，为 35.07%，河流面积减少超过 19.20%；黄河

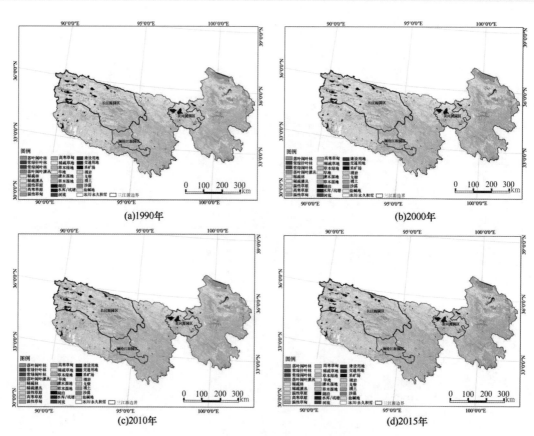

图 5.8　1990～2015 年三江源地区土地覆被遥感监测

表 5.1　三江源地区土地覆被一级分类面积　　　　（单位：km²）

一级类名称	1990 年	2000 年	2010 年	2015 年
林地	18465.08	18367.25	18469.19	18470.79
草地	266410.91	266480.46	266640.60	266419.50
耕地	2093.90	2195.13	1909.38	1922.39
湿地	34193.21	34295.81	34824.98	35095.93
人工表面	574.45	584.71	613.25	694.4976
其他	66913.88	66735.46	66285.50	66123.00

表 5.2　黄河源园区土地覆被一级分类面积　　　　（单位：km²）

一级类名称	1990 年	2000 年	2010 年	2015 年
林地	43.39	43.16	43.88	43.77
草地	13994.61	14002.57	13968.08	13962.07
湿地	4042.78	4008.66	4094.50	4101.58
人工表面	18.99	19.14	19.21	19.55
其他	1931.39	1965.59	1906.23	1905.21

表 5.3　长江源园区土地覆被一级分类面积　　　　（单位：km²）

一级类名称	1990 年	2000 年	2010 年	2015 年
林地	2.70	2.70	2.76	2.76
草地	60280.14	60304.82	55248.54	60259.73
湿地	6949.93	7061.49	7395.74	7588.60
人工表面	37.66	37.95	38.88	38.82
其他	25159.30	25023.40	24684.09	24550.02

表 5.4　澜沧江源园区土地覆被一级分类面积　　　　（单位：km²）

一级类名称	1990 年	2000 年	2010 年	2015 年
林地	134.57	131.29	133.02	133.08
草地	8952.86	8963.53	8958.61	8957.63
耕地	2.55	2.55	2.56	2.56
湿地	2346.70	2338.61	2342.10	2341.74
人工表面	3.69	3.69	3.76	3.76
其他	2908.21	2908.86	2908.62	2909.33

源园区中交通用地面积增幅最大，为 3.92%，湖泊面积增幅也达到 3.68%；而澜沧江源园区中二级分类不同类型的面积相较其他两个园区总体变化不大。

5.3　草地生产力变化及其与生态工程和气候变化的关系

5.3.1　经济社会发展及气候变化对三江源草地生产力的影响

基于收集的 1988 ~ 2018 年社会经济统计数据与气象数据等辅助数据，分析了三江源区域经济社会发展和气候变化状况。结果表明，三江源地区单位面积 GDP 呈略微上升趋势［1.3 元 /（km²·a）］，其中，三江源北部的治多县、曲麻莱县、玛多县和共和县，以及东部的同仁县和贵德县的 GDP 呈下降趋势。贵德县、尖扎县和唐古拉山镇的 GDP 上升趋势最大（图 5.9）。东部地区部分县和西南部的唐古拉山镇、囊谦县和玉树市人口呈上升趋势，其他地区人口变化趋势不大（图 5.10）。三江源地区年降水变化呈现由东部向西南部的逐渐减小的趋势（图 5.11）。三江源地区中部年均温呈现上升趋势，东部和南部部分区域年均温呈下降趋势（图 5.12）。三江源地区草地生产力降低的地区，人口呈上升趋势，主要受到人类活动的影响较大（张雅娴等，2017a；Zhang et al.，2018）。

通过对年均温、年降水量、GDP 和人口数量与三江源草地地上生物量的单因素相关性分析，开展了近 30 年三江源国家公园经济社会发展及气候变化对草地生产力的影响分析（Zhang et al.，2018a）。研究表明（图 5.13），三江源地区，气候条件与草地地上生物量的相关性要远大于经济社会对产草量的影响，相关性最高的是年均温，其次

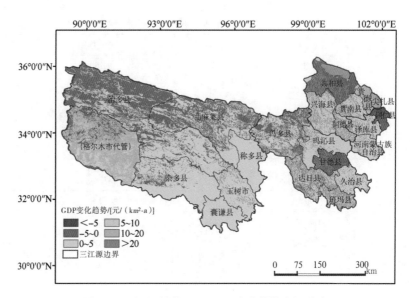

图 5.9　三江源单位面积 GDP 变化趋势空间分布

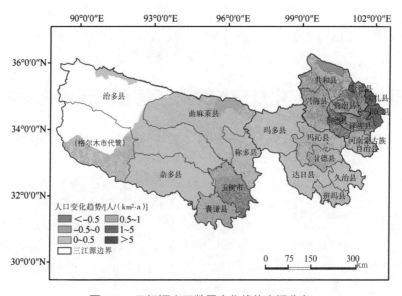

图 5.10　三江源人口数量变化趋势空间分布

是人口。当年草地地上生物量与当年年末牲畜存栏量存在明显的负相关关系，家畜饲养量越多，草地地上生物量越低。需要说明的是，降水量是影响三江源地区草地地上生物量的重要因素，但因其对草地地上生物量的影响有明显的滞后效应，虽然年降水量与草地地上生物量的相关性并不高，但其他时间段的降水累积量与草地地上生物量的相关性可能更好。另外，在高寒地区，降水量与气温呈明显的负相关关系，在降水量相对较高的情况下，温度就成为高寒地区植被生长和生产力形成的重要限制因子。

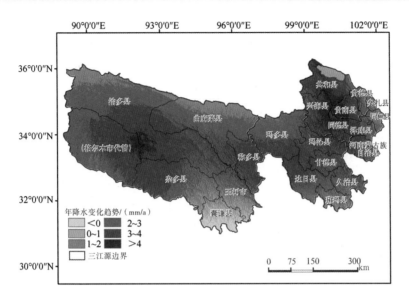

图 5.11 三江源年降水变化趋势空间分布

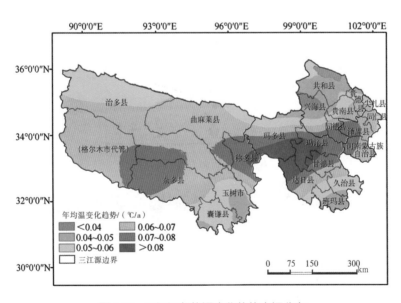

图 5.12 三江源年均温变化趋势空间分布

为了理清年均温、年降水量、GDP 和人口数量对三江源草地地上生物量的相对贡献大小，对各个指标归一化去除量纲后，进行了多元回归分析，得到结论如下：

$$Y=0.531\times T+0.078\times P-0.163\times GDP+0.317\times POP-0.24\times LS \qquad (5.1)$$

式中，T 为年均温；P 为年降水量；POP 为人口数量；LS 为年末家畜存栏量。其中，年均温对草地地上生物量的贡献是最大的，其次是人口数量，年降水量的贡献相对要小得多。而年末牲畜存栏数量和 GDP 对地上生物量有不同程度负贡献。

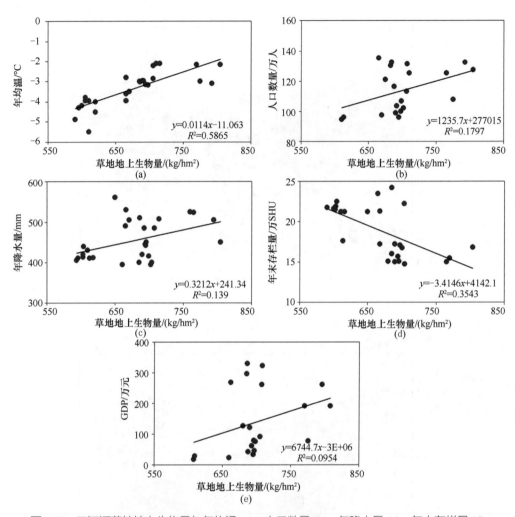

图 5.13 三江源草地地上生物量与年均温 (a)、人口数量 (b)、年降水量 (c)、年末存栏量 (d)、GDP(e) 的相关性分析

　　总体来说，虽然气候变化对三江源地区的草地地上生物量影响要远大于社会经济对草地地上生物量的影响，但人口和家畜数量对地上生物量的副作用也不可忽略，所以为了保护三江源地区草地生态系统，减畜和控制人口数量仍是不可或缺的管理措施。

5.3.2 三江源生态工程和放牧活动对草地生产力的影响

　　基于 5.1 节中草地地上生物量计算方法和第 3 章载畜压力指数计算方法，开展 1988 ~ 1999 年草地地上生物量的进一步计算，结合 2000 ~ 2012 年草地生物量数据，分析研究了三江源地区生态工程和放牧活动对草地地上生物量的影响（Zhang et al.，2017；张雅娴等，2017b）。

　　自 2005 年三江源生态保护和建设工程实施以来，该地区草地的地上生物量明显提高。工程开始前 17 年（1988～2004 年）的草地平均地上生物量为 533kg/hm²，生态工程实施后 8 年（2005～2012 年）草地平均地上生物量为 694kg/hm²，在工程和气候变化的共同影响下，地上生物量提高了 30.21%（图 5.14）。

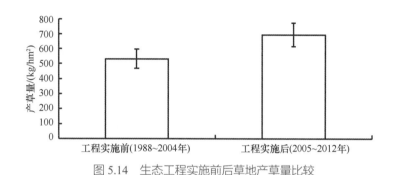

图 5.14　生态工程实施前后草地产草量比较

尽管三江源地区的草地地上生物量在工程实施后明显提高，但在区域空间上提高的程度则明显不同，表现出较明显的区域分异特点。总体来说，三江源北部和东部地区的草地地上生物量提高幅度较大（图 5.15 和图 5.16），其中兴海县提高了 52.89%，治多县提高了 38.01%，唐古拉山镇提高了 34.20%，玛多县提高了 33.57%，曲麻莱县提高了 54.03%；而南部地区草地地上生物量的提高幅度相对较小，其中玉树市提高了 9.91%，囊谦县提高了 12.81%，杂多县提高了 16.62% 左右；其余各县草地地上生物量均有中等幅度的提高（图 5.17）。

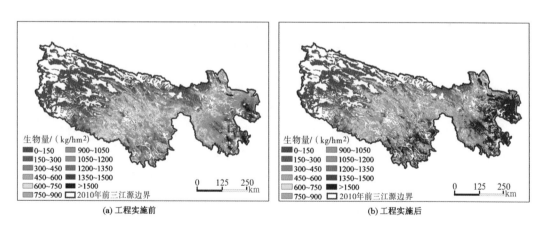

图 5.15　工程实施前 17 年（1988～2004 年）(a) 与工程实施后 8 年（2005～2012 年）
(b) 平均地上生物量的空间格局

三江源生态保护和建设工程的减畜工作始于 2003 年，自减畜工程实施以来，整个三江源地区家畜数量减少明显（图 5.18）。减畜工程实施后（2003～2012 年）家畜年平均数量已降至 1541.27 万 SHU，与工程前 15 年（1988～2002 年）平均 1958.0 万 SHU 相比，降幅达 21.3%（Zhang et al.，2017）。

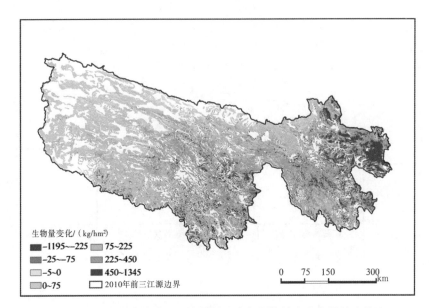

图 5.16　三江源生态工程实施前后多年平均地上生物量的变化

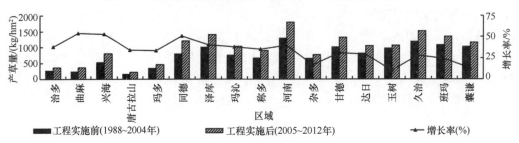

图 5.17　各区域工程实施前后平均地上生物量变化对比

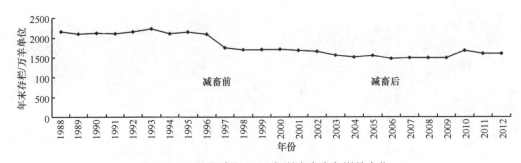

图 5.18　三江源全区 1988 年以来家畜存栏数变化

　　自 1988 年以来，草地现实载畜量持续下降，而理论载畜量有所提高（图 5.19）。在减畜工程实施前的 15 年（1988～2002 年）中，三江源地区草地的现实载畜总量平均为 2545.4 万 SHU，2003 年减畜工程实施以来（2003～2012 年）现实载畜总量平均为 2003.7 万 SHU，现实载畜量降低了 21.3%；理论载畜量则由工程实施前（1988～2002 年）的 1132.7 万 SHU 增加为减畜工程实施以来（2003～2012 年）的 1292.1 万 SHU，理论载畜量增加了 14.07%。

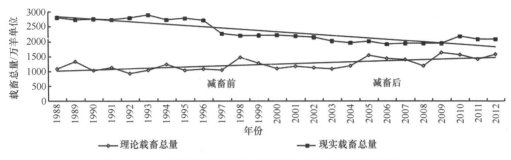

图 5.19 三江源地区草地现实载畜量和理论载畜量的年度变化

减畜工程实施后，三江源地区草地的载畜压力指数明显降低，且有逐年下降的趋势（图 5.20）。统计表明，减畜工程前 15 年（1988～2002 年）的平均载畜压力指数为 2.29，即草地超载约 129%；减畜工程实施以来（2003～2012 年）平均载畜压力指数为 1.46，即超载 46%，两者相比较降低了 36.2%。总体表明，三江源地区草地的载畜压力逐渐减小，草地减畜工程取得初步成效（Zhang et al.，2017）。

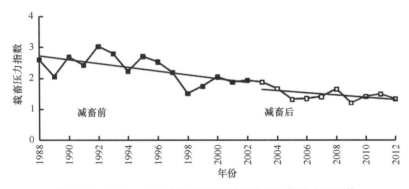

图 5.20 1988～2012 年三江源草地载畜压力指数变化趋势

总体来说，生态保护和建设工程实施后，三江源全区草地地上生物量普遍提高。工程实施后的 2005～2012 年的草地平均地上生物量比工程实施前 1988～2004 年的平均地上生物量提高了 30.21%。三江源区地上生物量的提高主要归因于生态保护和建设工程的实施以及气候暖湿化。依据青海省草原总站提供的草地监测报告，生态保护和建设工程中的草地治理与保护项目，如退牧还草、黑土滩综合治理和草地鼠害防治工程的实施，均会提高工程区内草地覆盖度与生产力，从而提高草地地上生物量。研究还表明，生态工程实施后，草地类自然保护区内草地面积处于扩张趋势，植被覆盖度呈增加趋势，同时净初级生产力（NPP）呈现波动上升趋势。另外，在生态工程中的人工增雨项目与气候波动共同作用下，2005 年后全区降水量呈增加趋势。例如，2005～2009 年全区年降水量较 1975～2004 年增加了 61mm。2006～2011 年，人工增雨使得三江源区总降水量共增加了 388.48 亿 m³（表 5.5）。降水量的变化对草地地上生物量的提高起到了积极的促进作用。同时，近几十年来三江源地区气温呈增加趋势，且年平均气温的升高主要是由最低气温升高引起的。温度的升高会导致植被返青期提前，从而提高草地地上生物量，且减畜工程实施后，三江源全区载畜压力明显减轻。2003～2012年平均载畜压力指数比1988～2002年平均载畜压力指数下降了36.1%，表明生态工程对减轻草地载畜压力产生了积极的影响。

表5.5　2006～2011年三江源地区人工增雨作业情况表　（单位：亿 m³）

年份	2006	2007	2008	2009	2010	2011	合计
增加降水量	56.93	49.44	66.19	88.10	54.98	72.84	388.48

草地载畜压力的明显减轻主要是由草地地上生物量提高引起的理论载畜量增加和减畜工程造成的现实载畜量降低所决定的。首先，草地地上生物量的提高，使草地的理论载畜量有所增加。研究结果表明，三江源全区2003～2012年的地上生物量较1988～2002年高，从而导致理论载畜量相应增加了14.07%。其次，大幅度的减畜工作使得三江源地区的家畜数量明显减少，草地现实载畜量明显下降。生态工程实施以来，三江源全区减畜工作取得了明显成效，平均减畜比例超过20%，这对遏制草地严重退化的局面十分有利。同时，冬春场过重的放牧压力在一定程度上逐渐由原来压力相对较轻的夏场所承担，即季节草场向均衡利用的方向发展，也使得草地载畜压力指数呈现下降趋势。上述两方面造成该地区的草畜矛盾趋缓，草地生态系统压力减轻。

尽管生态工程对草地生态系统恢复已取得了一定的成效，但其成效具有局限性和初步性。草地生态系统恢复所取得的成果，是由生态工程和气候变化共同作用的结果，且气候变化的贡献大于生态工程。通过将气候变化与人类活动对植被归一化植被指数（NDVI）的贡献进行分离，得出气候要素和人类活动对三江源地区植被NDVI的贡献分别为79.32%和20.68%。可见，与实施8年的生态工程相比较，气候因素对草地地上生物量的提高起了决定性作用。同时，草地退化态势好转仅表现在长势上，群落结构并未发生好转。这表明，草地恢复是一项长期艰巨的任务，尽管三江源生态工程取得了一定的成效，但应按照长期管护、巩固成果的需求，建立生态保护和建设的长期机制。另外，减畜措施后的2003～2012年三江源平均载畜压力指数为1.46，即草地超载46%，表明三江源地区草地仍处于超载状态。因此，建议三江源草地恢复和治理的重点应继续放在减畜减压上。

参考文献

吴炳方. 2017a. 中华人民共和国1∶100万土地覆被地图集. 北京: 中国地图出版社.

吴炳方. 2017b. 中国土地覆被. 北京: 科学出版社.

吴炳方, 苑全治, 颜长珍, 等. 2014. 21世纪前十年的中国土地覆盖变化. 第四纪研究, 34(34): 723-731.

张雅娴, 樊江文, 张海燕, 等. 2017a. 关于季节草场月际适宜载畜量计算方法的探讨——以青海省河南县河日恒村为例. 2017中国草学会年会论文集.

张雅娴, 樊江文, 曹巍, 等. 2017b. 2006~2013年三江源草地产草量的时空动态变化及其对降水的响应. 草业学报, 26(26): 10-19.

Clevers J G P W, Gitelson A A. 2013. Remote estimation of crop and grass chlorophyll and nitrogen content using red-edge bands on Sentinel-2 and-3. International Journal of Applied Earth Observation and Geoinformation, 23(23): 344-351.

Li F, Zeng Y, Luo J, et al. 2016. Modeling grassland aboveground biomass using a pure vegetation index. Ecological Indicators, 62(62): 279-288.

Ramoelo A, Cho M. 2018. Explaining leaf nitrogen distribution in a semi-arid environment predicted on Sentinel-2 imagery using a field spectroscopy derived model. Remote Sensing, 10(10): 269.

Ramoelo A, Cho M A, Mathieu R S A, et al. 2011. Integrating environmental and in situ hyperspectral remote sensing variables for grass nitrogen estimation in savannah ecosystems. Sydney, Australia. Proceedings of the 34th international symposium on the temote sensing of environment.

Ramoelo A, Cho M, Mathieu R, et al. 2015. Potential of Sentinel-2 spectral configuration to assess rangeland quality. Journal of Applied Remote Sensing, 9(9): 94-96.

Wang R, Gamon J, Emmerton C, et al. 2016. Integrated analysis of productivity and biodiversity in a southern Alberta prairie. Remote Sensing, 8(8): 214.

Wang R, Gamon J A, Cavender‐Bares J, et al. 2018. The spatial sensitivity of the spectral diversity–biodiversity relationship: an experimental test in a prairie grassland. Ecological Applications, 28(28): 541-556.

Zhang H Y, Fan J W, Wang J B, et al. 2018a. Spatial and temporal variability of grassland yield and its response to climate change and anthropogenic activities on the Tibetan Plateau from 1988 to 2013. Ecological Indicators, 95(95): 141-151.

Zhang H Y, Fan J W, Cao W, et al. 2018b. Changes in multiple ecosystem services between 2000 and 2013 and their driving factors in the Grazing Withdrawal Program, China. Ecological Engineering, 116(116): 67-79.

Zhang L X, Fan J W, Zhou D C, et al. 2017. Ecological protection and restoration program reduced grazing pressure in the Three-River Headwaters Region, China. Rangeland Ecology and Management, 70(70): 540-548.

第 6 章

草地资源合理利用及野生
动物栖息地恢复

　　三江源区由于区域宽广、地势高耸、地形复杂、气候条件多样化，生态系统具有先天的脆弱性极易受到破坏。该地区也是世界上生态最敏感、最具特点的地区，其生物生存与人类活动的空间局限性较大，随着该地区气候变化加剧及人类活动范围的扩展，生物多样性面临着极大的挑战。受栖息地破碎化、草地退化等多种因素影响，三江源区生物多样性保护面临严重威胁，三江源区许多物种已被列入全球濒危物种名录。因此，野生动物栖息地保护与恢复、区域草地资源的合理利用十分迫切而重要。

　　本章将针对三江源区食草野生动物生境破碎化问题，提出三江源国家公园生态廊道设计方案及野生动物栖息地保护保障措施；针对野生动物栖息地的退化现状及成因，集成不同退化程度栖息地自然、近自然生态恢复技术体系；最后针对三江源区分布面积最广的生态类型——高寒草地，提出草地合理利用和放牧草场返青期休牧技术。

　　区域适宜的栖息地保护与生态修复技术、草地资源合理利用技术将为系统解决三江源区生物多样性保护所面临的不合理放牧、栖息地破碎化及退草地等问题提供技术支撑和解决方案，从而为三江源国家公园生物多样性保护和栖息地生态修复及维持提供有效技术途径和举措。

6.1　三江源区野生动物栖息地保护

6.1.1　三江源区生物多样性保护现状

　　三江源区是世界上高海拔地区生物多样性最集中的地区之一。其所处的地理位置和独特的地貌特征决定了其具有丰富的生态系统多样性、物种多样性、基因多样性、遗传多样性和自然景观多样性。然而，三江源区部分生物及其种群数量呈现锐减状态，生物多样性已经遭到不同程度威胁，并持续面临野生动物栖息地破碎化、岛屿化和关键物种的丧失等威胁。

　　为有效保护青藏高原生物资源赖以生存的生态环境，紧紧围绕保护生态的重要历史任务，2013年1月青海省启动实施了"青海三江源生物多样性保护项目"。项目实施以来，在生物多样性保护主流化、保护区管理与能力建设及社区共管等方面开展了诸多探索与实践，取得了阶段性成果。2016年7月，青海省林业厅与联合国开发计划署驻华代表处在青海省玉树市举行了首届青藏高原生物多样性保护研讨会，探讨了三江源区生物多样性的价值与保护意义。中国科学院、高等院校、国际组织以及民间团体代表介绍了各自在青藏高原开展的生物多样性调查监测和研究成果，以及在生物多样性保护主流化、保护区管理与能力建设和社区共管等方面的探索与实践（蒋志刚，2016）。

6.1.2　野生动物生态廊道设计

　　三江源区是我国生物多样性最集中的区域，然而，野生动物面临以道路阻隔和网围栏为主要表现形式的栖息地破碎化等威胁。在青藏铁路建设初期，为了不影响野生动物的生活和迁徙，对于穿越可可西里、羌塘等自然保护区的线路，尽可能采取了绕避方案。有些实在难以避开的区域，根据沿线野生动物的生活习性、迁徙规律等，在相应地段设置了野生动物通道，以保障野生动物的正常活动、迁徙和繁衍。野生动物通道设计时不仅吸纳了野生动物专家、环保部门的建议，还征求了当地牧民的意见，最终青藏铁路唐古拉山北段和唐古拉山南段分别设置了野生动物通道 25 处和 8 处，通道形式有桥梁下方、隧道上方及缓坡平交 3 种形式。其中，桥梁下方通道 13 处、缓坡平交通道 7 处、桥梁缓坡复合通道 10 处、桥梁隧道复合通道 3 处。对于高山山地动物群，主要采取隧道上方通过的通道形式；对于高寒草原、草甸动物群，主要采取从桥梁下方和路基缓坡通过的通道形式（梁成谷，2007）。

　　然而，由于青藏公路的修建较早，未充分考虑野生动物廊道，造成野生动物迁徙和栖息地破碎化（图 6.1）。道路工程对野生动物的影响主要表现在 3 个方面：首先是车辆行驶致死或撞伤兽类。其次，道路交通对野生动物活动造成干扰，阻隔其活动路线，影响其活动范围。最后，道路网络减少和割裂野生动物栖息地，影响其种群稳定性。通过合理的野生动物生态廊道的设计和布局，连通栖息地是防止三江源区野生动物栖息地破碎化的有效途径。

图 6.1　藏羚在巴斯公卡藏羚保护区通过国道 109 线（连新明摄于国道 109 线 K3001+800m 处）

　　我国道路网络对兽类栖息地影响的研究相对较少，对路网密度与兽类种群稳定性的关系研究更是涉及不多。道路对兽类的影响域和阻隔的监测和研究，仅集中在青藏公路（裴丽和冯祚建，2004；夏霖等，2005；殷宝法等，2007）、陕西秦岭公路（麻应太等，2007）、吉林长白山公路（王云等，2010）和若尔盖湿地公路（戴强等，2006）。研究手段仅停留在现场观测和痕迹追踪，对于国际上主流的 GPS 遥测项圈还没有应用，也没有对交通量、噪声、环境等影响因素的分析（王云等，2010）；而兽类通道监测，主要包括青藏铁路的藏羚通道监测（靳铁治等，2008；李耀增等，2008；张洪峰等，2009）、思小高速公路亚洲象通道监测（Pan et al.，2009），以及长白山区桥涵通道、隧道通道监测（Wang et al.，2017）。在兽类通道影响因素及适宜其穿越的通道指标方面的研究很少（王云等，2010）。

青藏铁路在建设时设计了野生动物通道，青藏公路由于建设较早，未有野生动物通道。而藏羚等野生动物在迁徙时期大批通过青藏公路（国道 109 线）（图 6.1）。因此，建立生态廊道，连通栖息地，为野生动物迁徙提供通道势在必行。青藏公路横穿三江源藏羚种群迁徙路线，其五道梁自然保护站（K3002+500m）和索南达杰自然保护站（K2957）之间为藏羚的主要迁徙通道。拟建通道效果如图 6.2 所示，设计结构如图 6.3 所示。桥体分为长 20m，宽 20m，最高高度为 8m，引桥端高度为 7m 拱形主桥，长 20m，路基端宽 40m，主桥端宽 20m，高 7m 的引桥（图 6.3）。桥面横切面分为结构层（根据桥梁设计确定厚度）、土壤层（高 0.6～1m）和植被层（选取原生植被移植）。通道护栏为立柱和网片围栏，高度 1.5m。

图 6.2　拟建国道 109 线野生动物通道效果图

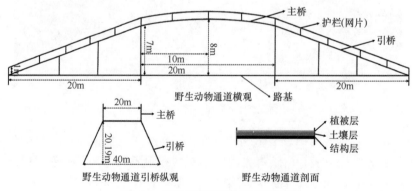

图 6.3　野生动物通道结构设计图

6.1.3　野生动物栖息地保护保障措施

三江源国家公园神秘而美丽，它拥有世界上海拔最高的森林，还有高寒灌丛、高寒草甸、高寒草原和星罗棋布的沼泽、湖泊。三江源国家公园独特的生态环境造就了独特的物种资源，有藏羚、雪豹等多种国家一级保护动物，更有一千多种青藏高原珍稀特有植物，可以说三江源区是地球"第三级"上的生态宝库、物种宝库、植物宝库，是世界上高海拔地区生物多样性最集中的地区。有效保护三江源国家公园生物多样性急需一系列强有力的保障措施。

1. 逐步拆除三江源国家公园草地围栏

天然草场围栏建设在特定历史时期、特定情况下对草地管理发挥了重要作用。但随着围栏密度越来越大，压缩了野生动物生存空间，阻断了野生动物正常迁徙和扩散；长期的草地围栏对草地生态系统生产力、物种丰富度、碳汇潜力等生态服务功能带来负面影响。

草地围栏建设使野生动物的生存空间变得狭窄，生境破碎化，给生物多样性保护带来困难。铁丝网围栏人为分割草地，致使草地形成几百到几千亩[①]大小不等的割裂区，导致野生动物栖息地破碎化。野生动物失去迁徙、交往、逃生的通道与机会，大中型野生动物活动完全受阻。据报道由于铁丝网围栏的建设，在新疆卡拉麦里自然保护区，鹅喉羚的数量下降了50%，蒙古野驴、阿尔泰盘羊、北山羊等草原野生动物也在急剧下降。在青海省，国家一级保护动物中华对角羚（普氏原羚）不断被铁丝网剿杀，使本来濒于灭绝的中华对角羚更是雪上加霜。2018 年 12 月 14 日扎青乡地青村生态管护员白玛巡山途中发现了 1 只受伤成年藏原羚，这只藏原羚是在穿越网围栏过程中后腿夹在了网围栏，导致其左后腿受伤。

三江源生态保护和建设工程实施以来，逐步拆除了核心区内、野生动物主要栖息地和迁徙通道上的围栏，野生动物栖息地破碎化的趋势减弱，栖息地完整性逐步提高，野生动物栖息地环境在逐步改善。三江源国家公园建设试点以来，地方政府逐步开始拆除海拔 4000m 以上高寒草地网围栏，这一保障措施的实施将对缓解野生动物栖息地破碎化发挥积极作用。

2. 加强技术支撑体系建设

积极探索生态环境、生物多样性保护与经济发展综合决策机制是时代发展的必然要求。三江源区生态环境研究十分薄弱，需要对三江源区开展生物多样性现状调查分析，监测其时空变化，开展系统的生态环境研究，提供强有力的科技支撑。科技支撑建设主要以生态学原理和系统科学理论为基础，紧密结合退化生态系统的恢复生态学和可持续发展理论，运用遥感技术和地理信息系统等方法研究三江源区生物多样性等方面的现状、存在的主要问题、形成机制及演化过程，在深入分析自然动力和人为因素影响的基础上，评估生物多样性现状，预测三江源区生物多样性演替趋势，探讨生物多样性保护与资源利用的相互关系，建立生物多样性保护和环境保护与经济效益兼备的

---

① 1亩≈666.67m²

可持续发展体系。应建立健全三江源区生态环境建设与生物多样性保护的公众参与制，普及生物多样性保护方面的科技成果，积极探索促进三江源区产业结构调整、生态环境建设和生物多样性保护产业的技术政策（热杰等，2008）。建设大数据平台，开展跨学科协作，实现环境要素的自动化监测和记录。客观评估保护效果，实现生物多样性整体保育目标（蒋志刚，2016）。

3. 重视传统文化的积极作用

1992 年联合国环境与发展大会通过的《里约环境与发展宣言》中的第 22 条原则提出："本地人和他们的社团及其他地方社团，由于他们的知识和传统习惯，在环境管理和发展中也起着极其重要的作用。各国应承认并适当地支持他们的特性、文化和利益，并使他们能够有效地参加实现持续发展的活动"。2016 年 3 月由中央办公厅、国务院办公厅下发的《三江源国家公园体制试点方案》在尊重传统文化原则的指导下，明确提出"三江源历史文化积淀深厚，民族民俗文化地域特色鲜明，是千百年来维育青藏高原生态健康的重要因素"。为了把发挥传统文化保护生态积极作用的要求落到实处，一方面，联合国开发计划署（UNDP）和全球环境基金（GEF）项目编制印发了藏汉双语的《社区传统生态保护知识手册》，以帮助牧民和环保人员系统地了解藏族传统文化对自然生态系统的认知，特别是在年轻人中进一步推广和弘扬传统知识，使之融入牧民的生产和生活中，构建良好的保护理念，形成自觉的保护行动。另一方面，以曲麻莱县为试点，编写形成了图文并茂的乡土环境教育教材《家住三江源》，对三江源地区中小学和当地社区开展生态环境教育培训工作，通过老师—学生—家长途径传递环境教育知识和理念，提高农牧民群众的生态保护意识，促进社区参与的深入进行。

三江源国家公园管护体系的建立使以前普通牧民变身为生态管护员（图 6.4）。牧民成为生态管护员，从草原利用者变为环境保护者，如能按要求巡护，还可以领取每月 1800 元的工资（若考核不合格只有 70% 的基础工资），切实从生态保护中受益。三江源国家公园已经实现了"一户一岗"设置生态公益岗位，聘用 17211 名生态管护员

图 6.4　准备出发巡山的三江源国家公园生态管护员（赵新全摄）

开展生态保护工作。当地干部群众的理念发生了根本转变,"靠山吃山、靠水吃水"的观念被"绿水青山就是金山银山"取代,尊重自然、顺应自然、保护自然深入人心。仅 2017 年在杂多县就有十多起牧民主动救助野生动物事件。积极引导藏民族保护野生动物传统文化,调动广大牧民参与野生动物保护的积极性,将有效推进三江源国家公园野生动物乃至生态环节保护方面的成效。

6.2　野生动物栖息地生态恢复技术

6.2.1　野生动物栖息地退化现状及成因

1. 野生动物栖息地退化现状

三江源国家公园分布最广的野生动物栖息地类型——高寒草地的原始性和脆弱性十分突出。部分地区仍保持原始景观,但由于热量不足,土层发育年轻,土壤贫瘠,抗侵蚀能力弱,植物生长缓慢,自然生产能力低下,生态系统处于年轻的发育阶段,表现出不稳定性和强烈变化的特征。

由于全球变化和人为因素干扰,20 世纪 80 年代以后,气候向偏暖、干旱或局部湿润趋势发展,造成冰川后退、湖泊萎缩、河流径流量下降,土壤侵蚀、草原退化和土地沙摸化问题日趋严重。退化草地的毒杂草大量滋生、鼠害肆虐,载畜能力大幅降低。植被减少、冰川退缩、湖泊干涸、湿地缩小导致水源涵养功能下降,使三江源区生态环境更加脆弱、敏感,加之高寒草地自然生态系统的自我调节和修复能力差,使该区野生动物栖息地生态环境面临挑战。

近年来区域气候趋于暖湿化,但由于人类活动及野生动物增加等因素的影响,该区栖息地出现了不同程度的退化,中度以上的退化面积占可利用草地面积的 50% ～ 60%。草地的退化改变了啮齿动物的栖息环境,严重影响了生物多样性维持等生态服务功能的发挥,成为当地社会经济发展和生态环境保护的"瓶颈"。生态环境的退化和人类活动范围的不断扩大,使野生动植物的栖息环境退化。遏制草地生态环境退化、恢复退化草地植被、保护野生动物栖息地,已成为三江源国家公园典型生态系统原真性、完整性维持及生物多样性保护的重要措施。

2. 超载过牧是退化的主要因素

20 世纪 50 年代以来,随着人口的快速增加,三江源区畜牧业发展迅速,区内各州县家畜数量呈同步波动快速增长模式。各县在畜牧业发展中普遍片面追求牲畜存栏数,1960 年以后数量急剧增长,在 70 年代末 80 年代初达到最高峰,玛沁县、达日县一度超过 200 万 SHU,甘德县、玛多县达到 178 万和 136 万 SHU 的历史最高纪录。由于天然草场载畜能力有限,出现严重超载过牧现象,按理论载畜水平分析,甘德县、玛沁县和达日县超载 4 ～ 5 倍,玛多接近夏秋草场载畜量,冬春草场超载率达 41.5%。

根据三江源区所涉及的草地退化严重的玛多、甘德、玛沁、达日四县 1994～1996 年统计资料，草场载畜状况如表 6.1 所示。由表 6.1 可以看出，除了玛多县冬春草场现状利用水平基本接近理论载畜水平，夏秋草场有盈余外，其他三县冬春草场全面超载，超载率高达 37.65%～279.10%，即目前放牧牲畜量是草场理论载畜量的 1.4～3.8 倍。

表 6.1 三江源区四县草场理论载畜量与实际载畜量状况

县	实际载畜量 / 万 SHU	冬春草场理论载畜量 / 万 SHU	盈亏率 /%	夏秋草场理论载畜量 / 万 SHU	盈亏率 /%
玛多	87.50	105.21	16.83	381.02	77.03
达日	152.01	110.43	−37.65	201.60	24.59
玛沁	183.04	57.09	−220.60	101.56	−80.23
甘德	79.97	21.10	−279.1	44.46	−79.86

夏秋草场以玛沁和甘德二县超载更为严重，超载率达 79.86%～80.23%。三江源区冬春草场也存在较为严重的超载过牧，草畜矛盾尖锐，尤其是当地放牧习惯于在离定居点和水源地接近的滩地、山坡中下部以及河道两侧等地的冬春草场，频繁、集中放牧，加剧了冬春草场的压力，造成草地衰退。相反，在山地中上部和离牧民定居点较远的夏秋草场，利用率相对较低，放牧压力较轻。

草场超载过牧，严重破坏了原生优良嵩草、禾草的生长发育规律，优势地位逐渐丧失，致密的草皮层逐步被破坏，导致土壤、草群结构变化，给高原鼠兔（*Ochotona curzoniae*）和高原鼢鼠（*Myospalax baileyi*）的泛滥提供了条件，进一步加剧了草地退化。同时，牲畜过度啃食和践踏草皮，加速了草地生态系统氮素循环失调，导致土壤贫瘠化而呈现严重退化态势。由于草畜矛盾尖锐，牲畜数量一直维持在草地承载能力之上，草地不断退化，牲畜数量随之不断下降，进入了"超载过牧—草地退化—草畜矛盾加剧—生态环境恶化"的恶性循环，严重影响牧民生计和三江源区的畜牧业经济的健康发展。周华坤等（2005）利用层次分析法对三江源区草地退化原因的定量分析表明，长期超载过牧的贡献率达到 39.35%，位居第一。草地退化后盖度下降，生物量减少，涵养水源和保持水土的能力下降，易导致土地沙化和湖泊干涸，可以看出，对于三江源区的草地退化、生态环境恶化，超载过牧是重要因素。

以达日县 1952～1999 年牲畜占有的草地面积数量的变化为例，1952～1999 年按每畜占有可利用草地的面积分析，可分为 6 个时段（表 6.2）。其中，1958 年牲畜大幅度减损，其后又遇 3 年自然灾害，畜牧业直到 1964 年才逐步恢复。这一时期是特殊的历史阶段，姑且不论。从其他 5 个时段的情况来看，第 4 时段最低，第 5 时段最高。第 4 时段对应的是 1968～1975 年的 8 年，这一时期牲畜数量始终保持在 59 万～66 万头（只），其中，1974 年曾达到历史最高峰，有 79.35 万头（只）。在这 8 年中，每畜占有草地面积只有 1.62hm²，仅占 1952～1957 年平均占有面积的 48%。1974 年 10 月至 1975 年春季遭遇大雪灾，牲畜大批死亡，之后 1976～1983 年每畜占有草地面积又迅速回升[4.24hm²/头（只）]。1984～1999 年，达日县的牲畜一直在 40 万～

55 万头（只）徘徊，每畜占有草地的面积为 2.42hm²，成为第 3 个低点。从以上分析可以看出，第 4 时段（1968～1975 年）的 8 年是草地严重退化的渐变期。第 6 时段（1984～1999 年）的 16 年是草地严重退化的发展期，这一时段由于草地质量和初级生产量大幅度降低，生态环境恶化，牲畜头数一直徘徊不前，草地生产力处于低水平波动（赵新全，2011）。

表 6.2　达日县历年牲畜占有草地面积

项目	第 1 时段 （1952～1957 年）	第 2 时段 （1958～1964 年）	第 3 时段 （1965～1967 年）	第 4 时段 （1968～1975 年）	第 5 时段 （1976～1983 年）	第 6 时段 （1984～1999 年）
每畜平均占有草地的面积 / [hm²/ 头（只）]	3.40	6.45	2.56	1.62	4.24	2.42
年数 /a	6	7	3	8	8	16

6.2.2　三江源区退化草地自然恢复技术

部分学者对欧亚大草原的综述研究表明，自然恢复是退化草地生态恢复的主要途径之一。许多学者在山地草原、草甸草原、典型草原及荒漠草原上开展试验研究，证实了自然恢复对退化草地土壤、植被覆盖度、植物生物量和生物多样性的作用效果。

自三江源国家公园成立以来，核心保育区和生态保护修复区的草地恢复主要采用围栏封育等自然恢复和近自然恢复为主的措施。通过对三江源国家公园建立的高寒草甸、高寒沼泽化草甸和高寒草原围栏封育 1 年后的物种丰富度、盖度和群落加权高度进行分析发现：高寒沼泽化草甸在围栏封育 1 年后，盖度、物种丰富度、群落加权高度和地上生物量差异不显著，而高寒草甸仅在盖度、群落加权高度和地上生物量差异显著。这也验证了监测区域高寒沼泽化草甸草食动物放牧压力较小，草地处于未退化状态。高寒草甸存在野生草食动物放牧活动，且处于退化状态，围栏封育有利于植被恢复（表 6.3 和表 6.4）。短期围栏封育是轻度退化的野生动物栖息近自然恢复的有效技术。

表 6.3　三江源国家公园围栏封育（1 年）对高寒草地的影响

植被类型	指标	围栏封育	自由放牧	显著性
高寒沼泽化草甸	盖度	86.08 ± 19.17	92.25 ± 9.22	ns
	物种丰富度	8.42 ± 2.23	7.83 ± 1.99	ns
	群落加权高度 /cm	9.17 ± 2.85	8.23 ± 3.5	ns
	地上生物量 /(g/m²)	232.43 ± 65.06	211.52 ± 77.56	ns
高寒草甸	盖度	67.25 ± 21.89	89.42 ± 15.05	**
	物种丰富度	9.42 ± 2.39	9.42 ± 2.02	ns
	群落加权高度 /cm	3.6 ± 0.74	4.47 ± 1.2	**
	地上生物量 /(g/m²)	148.52 ± 38.73	106.49 ± 36.18	**

表 6.4　三江源国家公园围栏封育（1 年）对高寒草原的影响

指标	围栏封育	自由放牧	退化
盖度	66.75 ± 12.71a	67.33 ± 9.23 a	33 ± 9.45b
物种丰富度	8.75 ± 0.87 a	8.42 ± 0.79 a	5.58 ± 1.44b
群落加权高度 /cm	11.48 ± 5.59 a	8.2 ± 2.74 ab	6.23 ± 3.28b
生物量 /(g/m²)	99.73 ± 14.12 a	98.43 ± 35.88 a	77.35 ± 49.43 a

注：不同英文字母表示组间差异显著（$p < 0.05$）

实践证明，短期封育可以优化高寒草地群落结构，促进优势牧草生长发育，提高草地生产力，使轻度退化草地得到恢复和重建，为野生动物提供更好的生态空间。

6.2.3　退化草地近自然恢复与重建技术

三江源区退化草地恢复及其改良，要以生态学原理和系统科学理论为基础，紧密结合恢复生态学和可持续发展理论，运用多学科交叉、理论与实践相结合的方法，采用生态调控为主的综合防治对策。同时，加强草地的优化管理，树立以保护为主、治理为辅的方针，杜绝对草地乱垦滥牧的现象。根据天然草地退化演替程度不同，采用封育、松耙补播、施肥、防除毒杂草和鼠害防治等技术措施的集成（表 6.5），以快速恢复退化草地植被和提高初级生产力，遏制退化草地的发展和蔓延（赵新全，2011）。

表 6.5　退化草地恢复技术与模式

退化程度	技术措施
轻度退化	封育、鼠害防治、封育＋施肥
中度退化	封育、封育＋补播、灭除杂草＋施肥
重度退化	封育、松耙＋补播、建植人工或半人工植被

1. 轻度退化草地恢复技术

（1）应用范围

该技术一般应用于轻度退化的原生草地植被上，草地植物群落物种丰富度较高，物种组成一般在 30 种以上。植被盖度大于 70%，优良牧草所占的比例较大，在植物群落生物量组成中不可食杂、毒草所占比例小于 30%。草地景观整齐，草皮层基本保持完好，植物群落自我修复能力较强，当放牧压力得到减轻，并在封育条件下植被会得到很快恢复。

（2）恢复措施

对轻度退化草地的恢复治理，首先开展鼠害的防治，同时减轻放牧强度，根据草地状况和草地质量进行季节性封育或 2 ～ 3 年封育禁牧、施肥等措施，使草地植被尽快得到恢复。

1）鼠害综合防治。长期以来，国内外对草地鼠害的防治多注意单向控制害鼠种群的策略和方法，未能摆脱应急防治、重复投资的被动局面，以至于难以实现持续控制。过牧退化草地为害鼠的生存、繁衍提供了有利条件，成为它们栖居和繁衍种群的适宜生境，即过牧退化的草地生境提高了害鼠种群的适合度；加之由于长期化学药物灭鼠的二次中毒和人为捕杀，害鼠的天敌大量消失，抑制害鼠的食物链断裂，这是高寒草甸、高寒草原天然草场高原兔鼠等害鼠形成的主要原因。由此，草地的物种组成、群落空间结构和天敌等因素共同影响着鼠类种群的结构、种间关系及数量动态。植物群落的变化，在很大程度上影响着鼠类赖以生存的多维资源状况，从而左右它们适合度的大小。因而，改变鼠类栖息环境，是直接促使动物群落组成种类在时、空上发生变化的重要措施之一。一旦害鼠的栖息环境发生改变或破坏，害鼠的种群数量也将发生变化。因此，控制鼠害必须从生态系统的整体结构出发，着眼于草 – 鼠 – 天敌群落的整体性与协同性原理，制定草 – 鼠 – 天敌协同调控对策，这是强化系统自控功能、实现持续控害的基本途径。天然草地是一种可再生资源的自然综合体，应合理、适度地利用草地资源，并向自然资源适当投资，保育其生物多样性，保持其可持续的生产能力和空间结构，依靠其自我调控能力完成自我修复或生态修复。草地鼠害防治的着眼点不应该是"灭"或仅挽回"损失"，而应注重扶正"草 – 畜 – 鼠 – 天敌"的生态协调关系，这样才能从整体目标上根除成灾条件。综上所述，应该采用以生态防治为主、药物控制为辅的鼠害综合治理措施。

采取封育或减轻放牧强度，促使退化草地植被恢复、保护和招引天敌，并辅以无二次中毒的生物毒素灭鼠，短期、快速减少害鼠数量，进一步增加相应的植被恢复措施，促使退化生态系统向正向演替方向发展，恢复生态系统的结构和功能，协调"草 – 畜 – 鼠 – 天敌"的关系，最终达到对鼠害的长期持续控制。基于这种理念，在中度、轻度退化草地上首先采用生物毒素灭鼠，并每年扫残。通过休牧或季节性轮牧，减轻放牧强度，促使植被恢复，逐步改变害鼠的栖息环境，坚持连续多年大面积鼠害防治工作。同时，采取保护害鼠天敌的积极措施，如鹰架和构筑鹰巢、招鹰定居，保护空中和地面上的天敌，通过捕食食物链控制害鼠数量。

2）围栏封育。根据牧户承包草地面积和牲畜数量，用钢丝网围栏封育，其面积一般为 $33hm^2$ 为宜。该模式的特点是投资少、管理方便，便于群众掌握和接受。但是，植被恢复速度比较缓慢，其恢复机理主要是减轻草地放牧、采食压力，使植物能够得到休养生息、生长发育和种子更新的机会。通过一段时间的封育可使优良牧草比例上升，草地生产力会不断提高。如果条件具备施一些有机肥或化肥，将会取得明显的生态效益和经济效益，适于大面积推广应用。

从在达日县窝赛乡对不同退化程度的同类型草地进行封育后对地上生物量、盖度等指标测定结果（表 6.6）可以看出，未退化草地封育后，禾本科植物盖度明显增加，莎草科植物和毒杂草的盖度呈下降趋势，总生物量从第 2 年起不再增加。轻度退化草地的总生物量、总盖度以及禾草科和莎草科牧草的生物量、盖度在封育后有了明显提高，而杂类草的盖度和生物量则显著下降，封育 3 年后轻度退化草地的生产性能基本上恢复到未退化前的水平。中度退化草地在 3 年的封育过程中，群落盖度与生物量的变化规律基本上和轻度退化草地一致。3 年后基本上能恢复到轻度退化草地的水平。重度退化草地封育 3 年后，地上总生物量从 $80.6g/m^2$ 提高到 $135.2g/m^2$，但优良牧草增加的速度相当缓慢，盖度从 10% 增加到了 20%，生物量从 $8g/m^2$ 增加到了 $25g/m^2$，优良牧草占地上总生物量的比例仅由 9.9% 提高到了 18.5%，草地牧用价值仍然很低。"黑土滩"通过封育虽然总盖度和总生物量均有了不同程度的提高，但优良牧草的恢复速度非常缓慢，封育 3 年后优良牧草占地上总生物量的比例只达到 8.3%。

表 6.6　不同程度退化草地封育 3 年后地上生物量组成比较

草地类型	封育年限	地上生物量/(g/m²)	主要植物类群的地上生物量及组成					
			禾本科		莎草科		毒杂草	
			生物量/(g/m²)	盖度/%	生物量/(g/m²)	盖度/%	生物量/(g/m²)	盖度/%
未退化草地	第 1 年	330.5	180.6	54.6	105.2	31.8	44.7	13.5
	第 2 年	348.6	210.0	60.2	98.5	28.3	40.1	11.5
	第 3 年	346.0	218	63.0	88.4	25.6	39.6	11.5
轻度退化草地	第 1 年	206.5	83.6	40.5	67.4	32.6	55.5	26.9
	第 2 年	233.6	105.2	45.0	74.8	32.0	53.6	22.9
	第 3 年	335.8	198.5	59.1	85.6	25.5	51.7	15.4
中度退化草地	第 1 年	156.6	20.2	12.9	15.2	9.7	121.2	77.4
	第 2 年	187.2	64.4	34.4	36.4	19.4	86.4	46.1
	第 3 年	198.5	85.1	42.9	50.6	25.5	62.8	31.6
重度退化草地	第 1 年	80.6	5.0	6.2	3.0	3.7	72.6	90.1
	第 2 年	112.4	9.8	8.7	3.5	3.1	99.1	88.2
	第 3 年	135.2	16.5	12.2	8.5	6.3	110.2	81.5

2. 中度退化草地恢复技术

（1）应用范围

此恢复技术适用于青海省海拔 3500～4500m，年均气温在 0℃ 以下的高寒草甸中度退化草地植被的恢复，以及土层较薄的滩地或平缓的山坡地。该类草地植被总盖度为 50%～70%，优良牧草比例在 30%～50%。

（2）技术措施

中度退化草地一般采用封育＋补播、封育＋补播＋施肥、施肥 3 种技术措施建立半人工草地。对中度退化草地采取在不破坏或少破坏原有植被的前提下进行补播或施肥。

　　补播时间：一般在 5 月上旬至 6 月上旬为宜。

　　草种选用：上繁草主要为垂穗披碱草（*Elymus nutans*）、老芒麦（*E. sibiricus*），下繁草主要为青海草地早熟禾（*Poa pratensis*）、青海扁茎早熟禾（*Poa pratensis* var. *anceps Gaud.* cv. *Qinghai*）、冷地早熟禾（*Poa crymophila*）、星星草（*Puccinellia tenuiflora*）、碱茅（*Puccinellia distans*）、中华羊茅（*Festuca sinensis*）等（补播的草种种子纯净度、发芽率按 GB 6142—2008 执行）。

　　播种量：单播时，上繁草的播种量为 30 ～ 45kg/hm²，下繁草为 10 ～ 15kg/hm²；混播时，上繁草的播种量为 20 ～ 30kg/hm²，下繁草为 8 ～ 10kg/hm²。

　　补播方法：根据补播区实际情况采用单播或混播措施。农艺措施：①面积较大的地区，一般采用圆盘耙松耙一遍，撒施底肥、人工撒种后，再用圆盘耙覆土，最后进行镇压。②小面积斑块撒种后可用人工耙磨覆土镇压，有条件的地方可用补播机直接补播。播种深度大粒种子为 1 ～ 3cm，小粒种子为 0.5 ～ 1cm。

3. 重度退化草地恢复技术

　　依据退化草地评价等级标准，重度退化草地植被盖度一般仅为30% ～ 50%，原生植被几乎消失，已完全失去野生动物牧食价值。此类草地由于其草地原生植被基本消失，生长缓慢、繁殖周期较长的莎草科植物已失去了自然繁殖更新的物质条件，即使在禁牧封育的条件下，其生态和生产功能的恢复也需要几十年或更长的时间。重度退化草地的恢复主要是采取多年生人工植被群落建植技术。实践证明，采取建植多年生人工植被群落的途径是快速恢复其植被的最有效途径。

　　建立多年生人工植被群落的农艺措施，其主要程序为：选地—灭鼠—翻耕—耙磨—播种—施肥—覆土—镇压—管理等。

　　1）选地。要选择地势较平坦、土层在 30cm 以上、便于机械作业、距牧户定居点较近的冬春草场的"黑土型"退化草地上，建植面积可根据牧户的后期管理能力，一般以 200 ～ 500 亩 / 户为宜。面积过大管理不便，投资费用高；面积过小难以发挥经济效益。

　　2）灭鼠。重度退化往往是害鼠严重发生地区，人工植被建植过程中的害鼠防治是保证人工草地建植成败的又一关键。

　　3）翻耕。要求翻耕深度在 15cm 以上，以增加土壤的蓄水能力，在表土比较疏松的地段通过两次重耙也可达到翻耕的要求。

　　4）耙磨。拖拉机初次耕翻过的地面高低不平或残存一些草皮，需要用重耙进行平整，为下一步播种和施肥创造条件。

　　5）播种。经过多年的研究与筛选，适种草种有十余种。目前能够进行大面积推广种植的有：垂穗披碱草、短芒老芒麦、多叶老芒麦、冷地早熟禾、星星草、中华羊茅、细茎冰草等。单播时的播种量大粒种子在 30 ～ 40kg/hm²，小粒种子在 10 ～ 15kg/hm²。

混播时的播种量为单播播种量的 50% ～ 70%。

6) 施肥。播种时用磷酸二胺或羊板粪作基肥，磷酸二胺施用量 150 ～ 300kg/hm²；分蘖—拔节期用尿素作追肥，追施 1 ～ 2 次，用量 75 ～ 150kg/hm²。

7) 覆土。播种和施肥后要用轻耙进行覆土，覆土深度要掌握在 2 ～ 3cm。

8) 镇压。镇压的工序至为重要。镇压不但使种子与土壤紧密结合，有利于种子破土萌发，而且能起到提墒和减少风蚀的作用。

9) 管理。人工植被建植后 1 ～ 2 年的返青期绝对禁牧。

6.2.4　生态恢复成效监测评估

通过青海三江源自然保护区生态保护与建设工程的实施，三江源区域生态环境总体表现出"初步遏制，局部好转"的态势，宏观生态状况总体呈好转趋势，多年平均植被覆盖度明显提高，草地的载畜压力指数明显降低，水体与湿地生态系统整体有所恢复，生态系统水源涵养和流域水供给能力提高，野生动物栖息地环境明显改善，且重点工程区内生态恢复程度好于整个区域，生态保护成效显著。在工程实施后，三江源绝大部分河流断面水质达到一类和二类，草地面积净增加 123.70km²，水体与湿地面积净增加 279.85km²，荒漠生态系统面积净减少 492.61km²，草地载畜超载量由 129% 降低到 46%，植被覆盖度提高的地区占全区总面积的 79.18%。总体上，三江源生态系统退化趋势初步得到遏制（邵全琴等，2016）。

2016 年，我国首个国家公园体制试点——三江源国家公园在三江源区设立。近期公布的监测结果显示（李亚光，2019），2018 年三江源国家公园园区草地植被盖度较上年增长 27.31%，草层平均高度较上年提高 0.84cm，总产草量较上年平均提高 13.29%；各树种蓄积量均呈缓慢增长趋势，园区灌木高度平均增长 3.68cm，灌木林灌木生物量增长 1g/m²。监测显示，2018 年三江源国家公园湿地监测站点植被盖度比上年平均增长 1%，总体呈增长态势；监测样地指示物种增长变化明显，生物量平均增长率为 4%。在生态保护治理工程的推动下，2018 年三江源国家公园沙化土地植被盖度较上年平均增长 2%。

6.3　天然草地合理利用技术

6.3.1　三江源区天然草地合理放牧强度

放牧是三江源区天然草地生态系统最主要的利用方式。不论是放牧强度对草地植物群落结构特征的影响研究，还是放牧强度对草地生态系统功能（净生态系统 CO_2 交换量为例）的研究，结果均表明中度放牧利用率有利于天然草地生态功能的维持。因此，对于三江源区未退化天然草地而言，放牧强度应遵循"取半留半"原理，生长季节未退化天然草地的放牧率为地上生物量的 45% ～ 50% 为宜（赵新全，2011；李冰等，2014）。

1. 放牧强度对天然草地植物群落结构特征的影响

人类活动干扰、放牧等对植物群落会产生直接和间接影响。食草动物与植物的相互作用是通过两种方式实现的：一方面，可利用植物的数量和质量影响着草食动物种群的多度和分布格局；另一方面，食草动物通过对可食性牧草的采食改变了植物群落中植物个体的特征和种的相对多度。食草动物对植物特性的反应首先涉及动物本身的行为和生理方面的调节。这些调节的结果使个体的特性，如生长、繁殖或存活以及该种群的分布和多度发生变化。由此引起草食动物在空间、时间格局中的变化就直接反馈到植物上。草食动物的活动不仅可以直接影响植物，也可影响生态系统的其他方面，如土壤营养循环等。

李冰等（2014）设置 5 个不同的放牧强度，即 A 组（5.30 只 /hm²）、B 组（4.42 只 /hm²）、C 组（3.55 只 /hm²）、D 组（2.67 只 /hm²）、E 组（1.8 只 /hm²）。重度放牧强度（A 组）由 44 种植物组成，优势种有金露梅、矮火绒草、甘青老鹳草（*Geranium pylzowianum*）、肉果草（*Lancea tibetica*）、高山唐松草（*Thalictrum alpinum*）、雪白委陵菜（*Potentilla nivea*）。中度放牧强度（C 组），由 47 种植物组成，优势种有金露梅、紫羊茅（*Festuca rubra*）、高山唐松草、矮嵩草、肉果草、雪白委陵菜。轻度放牧强度（E 组），由 49 种植物组成，优势种有金露梅、异针茅（*Stipa aliena*）、紫羊茅、高山唐松草、垂穗披碱草（*Elymus nutans*）、雪白委陵菜。对照组（CK 组），由 46 种植物组成，优势种有金露梅、异针茅、紫羊茅、箭叶橐吾（*Ligularia sagitta*）、多枝黄耆、青海风毛菊（*Saussurea qinghaiensis*）、垂穗披碱草（表 6.7）。

如果以主要功能群（禾草类、莎草类、灌丛和杂类草）的多度分析，不同放牧强度下各类群的分布比例不尽相同。杂类草在 A 组中占绝对优势，并随放牧强度的减轻而减少，A、C、E、CK 组中杂类草的多度依次为 65.88%、52.07%、50.68%、45.16%；禾草类的多度 CK 组最高，并随放牧强度的减轻而增加，A、C、E、CK 组中禾草类的多度依次为 10.75%、17.50%、19.59%、23.74%；莎草类多度依次为 C 组（13.98%）>A 组（9.69%）>E 组（6.07%）>CK 组（4.87%）；灌丛的多度依次为 E 组（18.92%）>CK 组（13.90%）>A 组（10.92%）>C 组（9.69%）；相关性分析表明，杂类草的多度变化与放牧强度呈显著正相关，禾草类的优势度变化与放牧强度呈显著负相关。

高寒草甸灌丛草场主要植物类群在不同放牧强度下所形成的这种格局与植物生物 - 生态学特性及家畜在不同食物资源条件下的采食行为有密切的关系。例如喜光的莎草科植物，在轻度放牧条件下，禾本科植物和灌丛得到充分发育，它们的植株较高，郁蔽度较大，使莎草类植物生长受到制约。而在重度放牧条件下，虽然光照条件适宜，但由于过度采食，其再生长受到抑制，同样重牧组的禾本科植物由于过度采食限制了它们的生殖生长，种子不能成熟，使种子的更新和生长受到制约，故它们的多度较低。而中度放牧条件，正好适宜莎草科植物的生长发育，所以在适度放牧条件下的多度较大（赵新全，2011）。

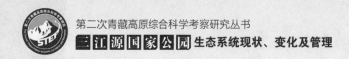
表 6.7　不同放牧强度下植物群落种类组成及多度值

种名	A 组	C 组	E 组	CK 组
禾草类	10.754	17.502	19.593	23.737
异针茅	1.973	5.306	6.334	8.995
紫羊茅	2.933	6.588	5.366	6.278
垂穗披碱草	3.570	3.372	4.213	4.160
高原早熟禾	0.595	0.588	1.451	1.485
洽草	1.538	1.087	1.930	2.100
藏异燕麦	0.145	0.561	0.212	0.618
双叉细柄茅	—	—	0.087	0.101
莎草类	9.693	13.984	6.072	4.871
矮嵩草	2.955	5.887	0.693	1.301
双柱头藨草	3.743	2.752	1.575	1.880
黑褐穗薹草	2.941	2.964	1.754	1.328
线叶嵩草	0.054	2.381	2.050	0.362
灌丛	10.921	9.694	18.92	13.898
金露梅	10.739	9.584	18.92	13.677
西藏忍冬	0.182	0.110	—	0.221
杂类草	65.877	52.070	50.677	45.160
鹅绒委陵菜	3.810	—	0.778	0.309
蒲公英	2.762	0.444	1.563	0.459
乳白香青	1.621	1.250	1.475	0.804
萎软紫菀	2.507	1.009	1.418	2.395
矮火绒草	6.773	4.230	2.610	3.019
横断山风毛菊	0.435	2.090	0.754	0.221
青海风毛菊	3.214	1.406	2.800	4.426
雪白委陵菜	4.254	5.388	3.556	4.027
高山唐松草	4.779	5.918	4.601	3.252
钝裂银莲花	2.580	2.831	2.528	1.905
线叶龙胆	1.331	1.919	0.390	—
尖叶龙胆	1.810	1.512	1.628	0.908
甘肃马先蒿	2.073	—	0.961	0.858
肉果草	4.870	5.557	3.240	3.070
甘青老鹳草	5.331	1.841	3.066	2.994
细叶蓼	2.593	3.447	1.800	0.952
美丽毛茛	3.367	0.212	1.096	1.437
直梗高山唐松草	2.073	0.503	2.757	0.890

续表

种名	A 组	C 组	E 组	CK 组
箭叶橐吾	—	0.197	0.817	5.505
珠芽蓼	1.575	3.528	2.514	0.872
小米草	2.942	0.911	3.435	2.758
紫花地丁	1.485	1.330	1.287	0.274
二裂委陵菜	1.665	0.294	0.233	—
毛果婆婆纳	0.833	—	0.301	0.150
蓬子菜	0.181	0.380	0.223	—
四叶律	0.099	1.080	0.609	—
宽叶羌活	0.453	0.118	0.848	0.504
獐牙菜	0.407	1.897	1.713	0.855
迭裂黄堇	0.054	—	—	0.071
三裂碱毛茛	—	—	—	—
麻花艽	—	1.301	—	0.814
卷鞘鸢尾	—	0.200	0.153	
湿生扁蕾	—	0.452	—	0.080
长叶碱毛茛	—	0.059	—	—
飞燕草	—	—	0.737	—
三脉梅花草	—	0.558	0.704	0.664
圆萼利参	—	0.208	—	0.682
红景天	—	—	0.044	—
簇生柴胡	—	—	0.038	—
豆科	2.756	6.505	5.731	11.964
米口袋	1.647	4.215	1.724	2.564
多枝黄耆	0.778	1.380	2.108	5.312
黄花棘豆	0.213	0.851	1.409	1.501
披针叶黄华	0.118	0.059	0.490	2.587

2. 不同放牧强度对草地生态系统生长季净生态系统 CO_2 交换量的影响

选取草场质量较为均一的草地设置围栏放牧,根据草场地上生物量和放牧家畜体重及其理论采食量和草场面积确定放牧强度,设置 5 个水平的放牧强度,分别为 G1 (牧草利用率约为 30%)、G2(牧草利用率为 40%)、G3(牧草利用率为 50%)、G4(牧草利用率为 60%)和 G5(牧草利用率为 70%),另外设置一个围栏封育小区作为对照 (CK)(牧草利用率为 0)(表 6.8)。

表 6.8　梯度放牧对净生态系统 CO_2 交换量（NEE）影响试验设计

放牧处理	小区围栏面积 /hm²	绵羊数量 / 只	牧草取食率 /%
CK	0.58	0	0
G1	2.91	5	30
G2	2.18	5	40
G3	1.74	5	50
G4	1.45	6	60
G5	1.25	7	70

　　不同放牧强度处理样地的 NEE 生长季变化过程与对照组走势基本相同，从 7 月开始增加，到 7 月下旬达到最大值，然后逐渐开始降低。通过纵向比较放牧样地与对照组的 NEE 发现，除了 7 月 10 日与 8 月 10 日，放牧处理样地始终显著大于对照组。通过横向比较放牧样地与对照组的 NEE 发现，放牧处理样地较对照组更早达到最大值，放牧率为 50% 的 G3 样地 NEE 大于其他放牧处理（李冰等，2014）。

　　不同放牧强度处理样地的 NEE 进行重复测量数据的方差分析表明，对照组与不同放牧强度处理的各组之间差异显著。经过不同放牧强度处理的样地，G2、G3 之间差异不显著，但都大于 G1、G4、G5，并且与其具有显著性差异。G4 大于 G1、G5（差异显著），G1、G5 没有显著差异，为最小值。这说明放牧活动对高寒草地生长季的 NEE 产生了影响，放牧处理样地的 NEE 大于对照组 NEE，就高寒草地整个生长季的 NEE 均值来看，G3>G2>G4>G1>G5>CK。在 40% 和 50% 牧草取食率放牧强度下草地生态系统 NEE 均大于其他梯度（李冰等，2014）（图 6.5）。

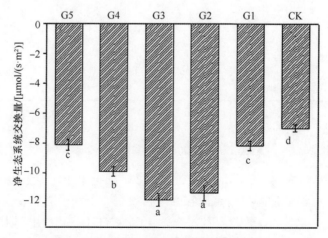

图 6.5　不同放牧强度处理下 NEE 平均值

不同英文字母表示组间差异显著（$p<0.05$）

6.3.2　天然草场季节放牧优化配置技术

基于高寒地区天然草地中度放牧利用原则，结合放牧家畜数量、天然草场面积和健康状况，制订了高寒地区天然草地季节性放牧利用的配置方案：5 ～ 6 月实施天然草地返青期休牧技术，休牧期内对放牧家畜进行圈养舍饲；暖季 7 ～ 10 月将放牧家畜转至夏秋草场进行合理放牧，冷季 11 月至翌年 4 月于冬春草场进行放牧＋补饲（图 6.6）。

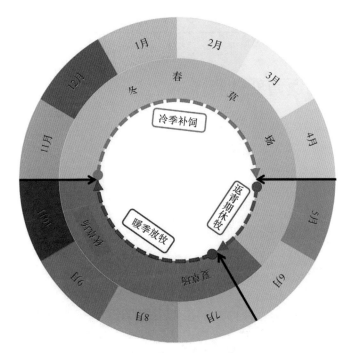

图 6.6　天然草场季节优化配置示意图

监测结果表明，冷季放牧地和暖季放牧地的群落高度和盖度均显著高于常年放牧样地。常年放牧地的禾本科牧草生物量、地上总生物量和优质牧草产量（禾本科＋莎草科）均显著低于季节性放牧地（表 6.9 和表 6.10），豆科和阔叶类生物量受放牧时段的影响较小。建议在三江源地区传统利用区和外围支撑区采用基于返青期休牧技术的天然草场季节配置优化方案，促进天然草地合理利用。

表 6.9　放牧时段对高寒草原群落的影响

指标	常年放牧	冷季放牧	暖季放牧
群落高度 /cm	3.61±0.20b	14.63±0.68a	13.27±1.20a
群落盖度 /%	73.20±2.15b	85.25±1.36a	82.61±2.77a
物种丰富度 / 个	14.05±0.45a	14.81±0.73a	15.62±0.87a

注：不同英文字母表示组间差异显著（$p < 0.05$）

表 6.10   放牧时段对高寒草原生物量的影响　　　　　　　（单位：g/m²）

	常年放牧	冷季放牧	暖季放牧
禾本科	21.35±4.86b	58.96±6.36a	48.77±4.47a
莎草科	25.42±4.53b	42.03±4.49a	31.37±4.15ab
豆科	0.99±0.65a	0.92±0.16a	1.19±0.29a
阔叶类	23.58±9.05a	24.71±3.91a	18.74±5.71a
总生物量	71.34±9.15b	126.62±9.02a	100.07±8.59a
优质牧草	47.75±2.67b	101.91±9.23a	81.33±7.74a

注：不同英文字母表示组间差异显著（$p < 0.05$）

6.4   放牧草场返青期休牧技术

返青期是牧草萌芽、返青和生长的关键时期，如果此时段的牧草被家畜采食，会导致牧草的光合能力下降，从而抑制牧草正常生长。返青期时段的牧草无法满足放牧家畜的采食需求，家畜逐食"跑青"现象严重，导致家畜"春乏"。返青期是草地生态系统最脆弱的时期，实施返青期休牧对提升高寒草地的生产力具有重要意义。

6.4.1   返青期休牧对群落结构的影响

依据三江源区气候特征，返青期休牧时间定为 5 月 5 日至 6 月 30 日，进入休牧后，天然草地禁止放牧活动，促进天然草地生态生产功能的自我恢复。返青期休牧期间，放牧家畜采用舍饲圈养。返青期休牧结束后，按照中度利用原则（取半留半，放牧率46%～50%）进行天然草地合理放牧利用。监测结果表明（表 6.11），返青期休牧技术可以显著提高高寒草地的群落高度、群落盖度、地上生物量、优质牧草产量（禾本科＋莎草科，图 6.7）和地下生物量（图 6.8）。返青期休牧地的杂草盖度和生物量比例显著降低（图 6.9）。

表 6.11   返青期休牧和放牧对高寒草地群落结构的影响

监测指标	返青期休牧地	返青期放牧地
群落高度 /cm	8.1±0.9*	3.2±0.5
群落盖度 /%	95.8±4.1*	76.6±8.1
杂草盖度 /%	29.3±5.2	48.3±16.3*
物种丰富度	20.7±1.9	18.0±2.1
地上生物量 /(g/m²)	379.5±67.4*	176.9±53.7
杂草生物量比例 /%	36.9±6.8	47.1±14.8
地下生物量 /(g/m²)	2791±649.4*	1965±681.1

* 表示 $p < 0.05$

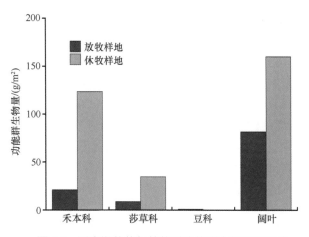

图 6.7　返青期休牧与放牧对功能群生物量的影响

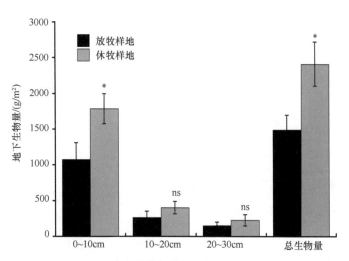

图 6.8　返青期休牧与放牧对地下生物量的影响

*表示 $p < 0.05$；ns 表示不显著

图 6.9　返青期休牧（a）与返青期放牧（b）的天然草场景观

6.4.2　休牧期放牧家畜舍饲技术

使放牧家畜顺利度过返青期是实施返青期休牧技术的关键。通过设计 5 个日粮精粗比水平（0∶100、6.31%CP；15∶85、7.69%CP；30∶70、9.37%CP；45∶55、10.38% CP；60∶40、11.94%CP），系统研究了不同日粮精粗比对藏系绵羊和牦牛的返青期生长性能和养殖收益的影响（表 6.12 和表 6.13）。研究发现，采用 15∶85（7.69%CP）的日粮精粗比可以使藏系绵羊和牦牛的休牧期舍饲达到收支平衡，采用 60∶40（10.38%CP）的日粮精粗比可以获得较好的养殖收益。牧民可根据不同的生产目标来选择不同的日粮精粗比。

表 6.12　日粮精粗比对藏系绵羊的返青期舍饲生长性能和养殖效益的影响

指标	组别					SEM	P 值
	0∶100	15∶85	30∶70	45∶55	60∶40		
初始重 /kg	21.31	22.13	21.25	19.88	22.19	0.34	0.196
期末重 /kg	23.81d	26.44cd	28.38	29.75b	32.94a	0.65	< 0.01
增重 /kg	2.50d	4.31c	7.13b	9.88a	10.75a	0.57	< 0.01
料量比	23.86a	13.94b	8.92c	6.67c	6.64c	1.27	< 0.01
净收益 / 元	−14.17c	9.01c	54.15b	91.95a	92.93a	8.27	< 0.01
收益指数	0.80c	1.15b	1.61a	1.85a	1.74a	0.08	< 0.01

注：不同小写字母表示组间差异显著（$p < 0.05$）

表 6.13　日粮精粗比对牦牛的返青期舍饲生长性能和养殖效益的影响

指标	组别					SEM	P 值
	0∶100	15∶85	30∶70	45∶55	60∶40		
初始重 /kg	107.82	107.62	108.11	109.04	108.24	2.09	1.000
期末重 /kg	116.41c	120.43bc	127.66abc	136.02ab	138.87a	2.61	0.017
增重 /kg	8.19c	12.81c	19.54b	26.98a	30.62a	1.47	< 0.001
料量比	26.95a	18.91b	13.31c	8.92d	8.49d	1.18	< 0.001
净收益 / 元	−29.6c	32.96bc	164.25b	308.77a	335.45a	30.22	< 0.001
收益指数	0.89b	1.11b	1.44a	1.74a	1.65a	0.07	< 0.001

注：不同小写字母表示组间差异显著（$p < 0.05$）

草地资源的合理利用可简要概括为"草地资源限量，时间机制调节，经济杠杆制约"，其技术思路主要为：在基于草地饲草生产力（资源量）、家畜需求量、季节性变化以及季节性差异等参数的研究基础上，确定草地可以放牧利用以及必须舍饲圈养的时间，建立以休牧时间为主要指标的放牧管理制度，以实现草地的可持续利用。其主要特点为：①根据植物生长发育节律，在草地放牧敏感期设定舍饲休牧期，防止对草地的破坏，这是"时间机制"的基本含义；②休牧期的家畜需草量为限制因子，督促生产者自觉储草备料，这与原管理方式以面积为主要限制因子的思路有根本性的不同；③依靠休牧期的长短，基于舍饲时购买饲草料花费、设施和劳动力成本等经济因子的制约，促使生产者主动规划生产规模，确定放牧家畜饲养数量，这是"经济杠杆制约"的基础，通过这样一种行政监督和经济调节相互结合的监管方法，有效防止草地过牧采食，保护天然草场，从而为三江源区野生动物留出足够的生存空间。

参考文献

戴强, 顾海军, 王跃招 .2006. 公路对若尔盖高寒湿地两栖类生境利用的影响: 实际数据与模型分析. 上海: 野生动物生态与资源保护第三届全国学术研讨会.

蒋志刚.2016. 论野生动物栖息地的立法保护. 生物多样性, 24(8): 963-965.

靳铁治, 吴晓民, 苏丽娜, 等. 2008. 青藏铁路野生动物通道周边主要野生动物分布调查. 野生动物, (5): 251-253.

李冰, 葛世栋, 徐田伟, 等. 2014. 放牧强度对青藏高原高寒草甸净生态系统交换量的影响. 草业科学, 31(7): 1203-1210.

李青云, 李建平, 董全民, 等. 2006. 江河源头不同程度退化小嵩草高寒草甸草场的封育效果. 草业科学, (12): 16-21.

李亚光. 2019. 三江源国家公园植被盖度稳步增长. 新华网. http://www.xinhuanet.com//2019-03/13/c_1124230570.htm [2019-03-13].

李耀增, 周铁军, 姜海波. 2008. 青藏铁路格拉段野生动物通道利用效果. 中国铁道科学, (4): 127-131.

梁成谷. 2007. 周年看天路——写在青藏铁路通车一周年之际. 中国铁路, (7): 34-36.

麻应太, 田联会, 曾治高, 等. 2007. 210国道对牛背梁保护区羚牛东西扩散影响的研究(Ⅰ)——210国道两侧羚牛东西扩散特征. 陕西师范大学学报(自然科学版), (S1): 104-107.

裴丽, 冯祚建. 2004. 青藏公路沿线白昼交通运输等人类活动对藏羚羊迁徙的影响. 动物学报, (4): 669-674.

热杰, 王守云, 康海军, 等. 2008. 青海省三江源地区生物多样性保护与可持续发展探析. 安徽农业科学, (18): 7824-7826, 7907.

邵全琴, 樊江文, 刘纪远, 等. 2016. 三江源生态保护和建设一期工程生态成效评估. 地理学报, 71(1): 3-20.

王云, 关磊, 孔亚平. 2010. 环长白山旅游公路对周围环境的道路影响域研究. 公路交通科技(应用技术版), 6(10): 300-303.

夏霖, 杨奇森, 李增超, 等. 2005. 交通设施对可可西里藏羚季节性迁移的影响. 四川动物, (2): 147-151.

殷宝法, 于智勇, 杨生妹, 等. 2007. 青藏公路对藏羚羊、藏原羚和藏野驴活动的影响. 生态学杂志, (6): 810-816.

张洪峰, 封托, 姬明周, 等. 2009. 青藏铁路小桥被藏羚羊等高原野生动物利用的监测研究. 生物学通报, 44(10): 8-10.

赵新全.2011. 三江源区退化草地生态系统恢复与可持续管理: 北京: 科学出版社.

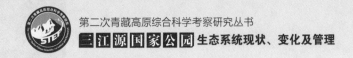
周华坤, 赵新全, 周立, 等. 2005. 层次分析法在江河源区高寒草地退化研究中的应用. 资源科学, (4): 63-70.

Pan W, Lin L, Luo A, et al. 2009. Corridor use by Asian elephants. Integr Zool, 4(2): 220-231.

Wang Y, Guan L, Piao Z, et al. 2017. Monitoring wildlife crossing structures along highways in Changbai Mountain, China. Transportation Research Part D: Transport and Environment, 50: 119-128.

第 7 章

生态系统服务功能重要性
分区及其空间差异

生态系统服务功能是指生态系统和生态过程所形成与维持的人类赖以生存的自然环境条件与效用（刘敏超等，2005a；Liu et al.，2008；Bennett et al.，2009；Carpenter et al.，2009；Daily et al.，2009；Nelson et al.，2009；于丹丹等，2017），代表了人类从生态系统和生态过程中获得的惠益。这种惠益可分为两类：一类是生态系统支持功能，包括植被覆盖度、牧草产量等；另一类是与人类生存和生活质量相关的生态系统功能，如水源涵养、防风固沙、水土保持、净化空气等。生态系统服务功能是维持地球生命保障系统正常运转的基础，是保障人类社会生存和可持续发展的前提（Costanza et al.，1997；Boyd and Banzhaf，2007；Lu et al.，2012；陈春阳等，2012a；陈春阳等，2012b；Costanza et al.，2014；Ouyang et al.，2016）。

本章将从生态系统结构和功能保护的角度出发，结合三江源国家公园生态系统特点和现状，基于前序章节中三江源国家公园生态系统服务功能重要性评估方法，对 2000～2017 年三江源生态系统支持功能、水源涵养、水土保持、防风固沙等四类服务功能变化情况进行分析，结果表明，这期间三江源国家公园生态系统除支持功能和水土保持服务功能略有增加外，水源涵养功能变化不明显，防风固沙功能略有下降。三江源地区水土保持和水源涵养重要级以上区域面积占比均超过总面积的50%，其中，黄河源和澜沧江源园区的水源涵养功能重要区域、长江源园区的水土保持功能重要区域分别占相应园区面积的60%。依据不同区域主导生态系统服务功能重要性，统筹兼顾地形地貌、行政区划等，遵循完整性、等级性、相似性与差异性，以及发生学原则，将三江源国家公园三个园区分别划分为一般重要区、较重要区、重要区和极重要区 4 个级别区，为引导区域资源的分类管理、开展针对性保护和合理利用奠定了基础。

7.1 生态系统服务功能状况变化

生态系统服务功能主要包括支持功能、水源涵养、水土保持、防风固沙、调节气候、净化空气等。本节对 2000～2017 年生态系统服务功能（支持功能、水源涵养、水土保持、防风固沙）变化进行了分析，为生态系统服务功能分级及分区提供数据支撑。

7.1.1 支持功能的变化及分析

支持功能是生态系统支持其内部各种生物健康生存的功能，本节以植被覆盖度和草地产草量作为衡量指标。从时间尺度来看，2000～2017 年三江源地区草地多年平均覆盖度为 56.47%［图 7.1(a)］，植被覆盖度整体趋好［图 7.1(b)］。其中，三江源国家公园长江源园区、黄河源园区和澜沧江源园区的多年平均植被覆盖度分别为36.31%、48.92% 和 60.38%，三个园区植被覆盖度均变化不大。从空间上看，植被覆盖度下降的区域主要集中在曲麻莱县和玛多县的北部，增加的区域则主要集中在三江源东北部诸县。

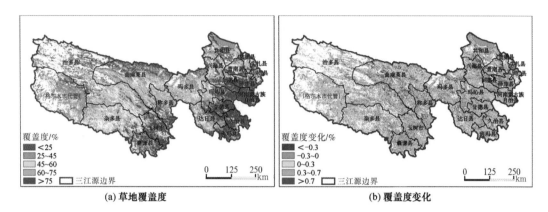

图 7.1　2000～2017 年三江源地区平均草地覆盖度及覆盖度变化趋势

2000～2017 年，三江源国家公园长江源园区、黄河源园区和澜沧江源园区的多年平均地上生物量分别为 314.59kg/hm²、433.97kg/hm² 和 654.1kg/hm²［图 7.2(a)］，除了澜沧江源园区草地地上生物量以 –1kg/(hm²·a) 的变化率略有减少外，另外两个园区均有不同程度的增加［图 7.2(b)］。从空间上看，三江源中部和东南部大部分的县域内均有地上生物量减少的地区，而地上生物量增加的区域主要是集中在三江源东北部，西部地区地上生物量也呈不同水平的长升趋势。

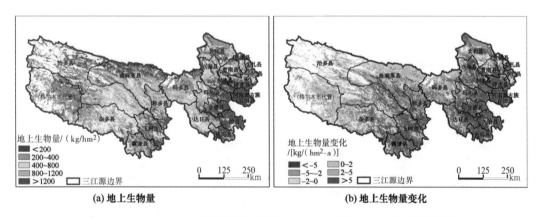

图 7.2　2000～2017 年三江源地区平均地上生物量及地上生物量变化趋势

7.1.2　水源涵养服务的变化分析

水源涵养是陆地生态系统重要的服务功能之一，是植被、水与土壤相互作用后产生的综合功能的体现。本节选择水源涵养量和水源涵养保有率两个指标对三江源区水源涵养进行定量评估。其中，水源涵养量是指与裸地相比较，森林、草地等生态系统涵养水分的增加量，本节采用降水储存量来计算水源涵养量；而水源涵养保有率是指被评价区域某类生态系统水源涵养量达到同类最优生态系统水源涵养量的水平。

　　总体来看，2000 ～ 2017 年三江源地区生态系统水源涵养功能变化不大，多年平均水源涵养保有率为 43.36%［图 7.3（a）］，水源涵养量为 7.42 万 m³/hm²［图 7.4（a）］。其中，三江源国家公园的长江源园区、黄河源园区和澜沧江园区的多年平均水源涵养保有率分别为 28.93%、40.37% 和 49.88%，多年平均水源涵养量分别为 4.63 万 m³/hm²、7.68 万 m³/hm² 和 10.13 万 m³/hm²。从时间尺度来看，2000 ～ 2017 年三个园区的水源涵养保有率均变化不大，但澜沧江源园区和长江源园区水源涵养量分别以 –0.11 万 m³/hm² 和 –0.06 万 m³/hm² 的变化率下降，黄河源园区水源涵养量则以 0.05 万 m³/hm² 的变化率有所增加。从空间上看，除了三江源东北部的兴海县、共和县、贵南县和唐古拉山镇水源涵养保有率有明显增加外，其余大部分地区均略有下降［图 7.3（b）］；而水源涵养量增加的地区主要集中在三江源东南部诸县和中部的玉树市、称多县及玛多县，下降的地区主要集中在治多县、曲麻莱县、唐古拉山镇及共和县、贵德县［图 7.4（b）］。

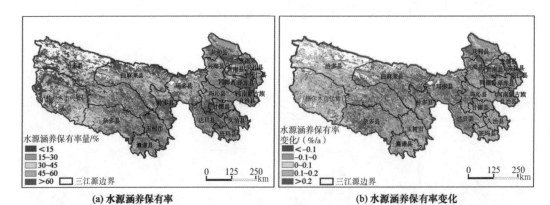

(a) 水源涵养保有率　　　　　　　　　　　(b) 水源涵养保有率变化

图 7.3　2000 ～ 2017 年三江源地区平均水源涵养保有率及水源涵养保有率的变化趋势

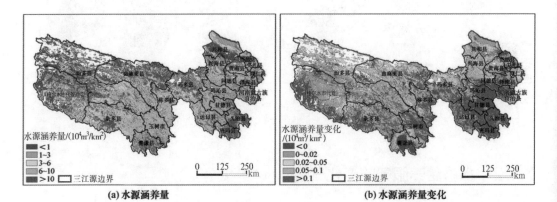

(a) 水源涵养量　　　　　　　　　　　　(b) 水源涵养量变化

图 7.4　2000 ～ 2017 年三江源地区平均水源涵养量及水源涵养量变化趋势

7.1.3　水土保持服务的变化分析

　　水土保持作为人类对生态系统干预的一种有效手段，其生态系统服务功能也受到越来越多的重视。本节在对三江源国家公园水土保持功能进行定量化评估时，选取了土壤保持量、土壤侵蚀模数和土壤保持保有率三个指标。其中，土壤侵蚀模数采用修正的通用土壤流失方程（RUSLE）计算。

2000～2017 年，三江源地区生态系统水土保持功能略有增加，土壤保持量每年约增加 1.33t/hm²，土壤保持保有率每年约增加 0.23%，但土壤侵蚀程度变化趋势不明显。全区多年平均土壤保持量为 28.4t/hm²［图 7.5(a)］，土壤保持保有率为 69.32%［图 7.6(a)］，土壤侵蚀模数为 8.9t/hm²［图 7.7(a)］。其中，三江源国家公园长江源园区、黄河源园区和澜沧源园区的多年平均土壤保持量分别为 14.16t/hm²、9.39t/hm² 和 24.87t/hm²，多年平均土壤保持保有率分别为 55.69%、66.8% 和 65.6%，多年平均土壤侵蚀模数分别为 8.55t/hm²、4.63t/hm² 和 13.05t/hm²；三个园区的水土保持服务功能均有所增加，表现为土壤保持量和土壤保持保有率有所增加，而土壤侵蚀程度则不变或下降。从空间上看，土壤保持量除囊谦县有明显下降外，其他地区均有不同程度的增加［图 7.5(b)］；土壤保持保有率除玉树市和囊谦县有明显下降外，其他大部分地区均有所增加［图 7.6(b)］；但土壤侵蚀程度除了唐古拉山镇、治多县、曲麻莱县西部、尖扎县以及同仁县有明显减少外，大部分地区仍有不同程度的增加［图 7.7(b)］。

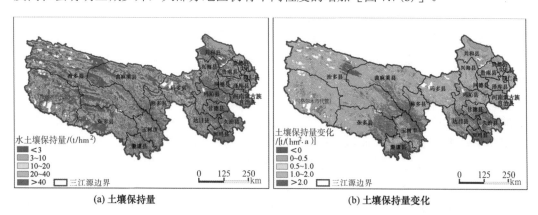

图 7.5　2000～2017 年三江源地区平均土壤保持量及土壤保持量变化趋势

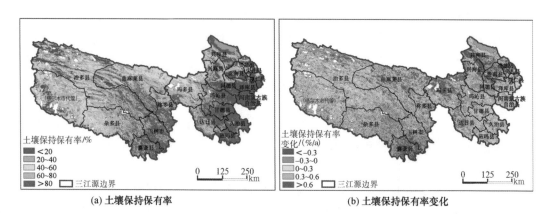

图 7.6　2000～2017 年三江源地区平均土壤保持保有率及土壤保持保有率变化趋势

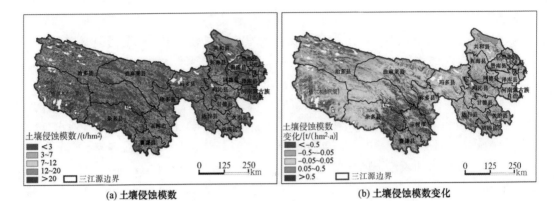

(a) 土壤侵蚀模数   (b) 土壤侵蚀模数变化

图 7.7　2000 ～ 2017 年三江源地区平均土壤侵蚀模数及土壤侵蚀模数变化趋势

7.1.4　防风固沙服务的变化分析

　　植物作为一种重要的自然资源通过根系固定表层土壤，改善土壤结构，减少土壤裸露面积，提高土壤抗风蚀的能力。同时，还可以通过阻截等方式降低风速，削弱大风携带沙子的能力，减少风沙的危害。因此，对植被防风固沙功能重要性进行评价，能够识别防风固沙功能最重要的区域，评价防风固沙功能对区域审改安全的重要程度。本节在对三江源国家公园防风固沙功能进行定量化评估时，选取了防风固沙量和风蚀模数两个指标。

　　2000 ～ 2017 年，三江源地区生态系统防风固沙功能略有下降，防风固沙量每年约减少 0.39t/hm²，但风蚀程度没有明显变化趋势。全区多年平均防风固沙量为 22.44t/hm²［图 7.8(a)］，风蚀模数为 7.84t/hm²［图 7.9(a)］。其中，三江源国家公园长江源园区、黄河源园区和澜沧源园区的多年平均防风固沙量分别为 53.42t/hm²、3.96t/hm² 和 28.56t/hm²，多年平均风蚀模数分别为 22.25t/hm²、1.15t/hm² 和 6.09t/hm²；三个园区防风固沙服务功能表现出不同程度的下降，具体表现为防风固沙量减少，而侵蚀程度却有所增加。从空间上看，防风固沙量只有曲麻莱县、治多县东部和杂多县北部地区略有增加，其余大部分地区均有不同程度的减少［图 7.8(b)］；风蚀程度变化的空间分布则与防风固沙量变化的空间分布情况相反［图 7.9(b)］。

7.2　生态系统服务功能重要性分级

　　生态系统服务功能重要性分级是国家公园总体规划的重要环节，可为生态功能划分及其优化、生态环境建设和保护提供科学依据，明晰优先和重点保护地区（黄国勇等，2003；Yu et al.，2012；崔文全等，2014；付奇等，2016；付梦娣等，2017；Zhang et al.，2018）。本节按照生态系统支持功能、水源涵养功能、水土保持功能及防风固沙功能对三江源国家公园进行了重要性分级（刘敏超等，2005b，2006；吴万贞等，2009；樊江文等，2010；Li et al.，2013；Zhang et al.，2015；安如等，2015；孙庆龄等，

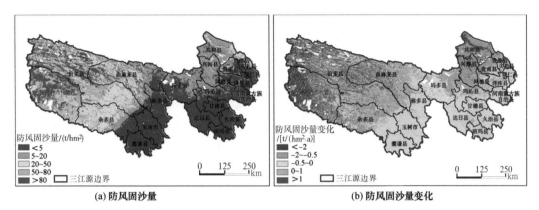

(a) 防风固沙量　　　　　　　　　　　　**(b) 防风固沙量变化**

图 7.8　2000～2017 年三江源地区平均防风固沙量及防风固沙量变化趋势

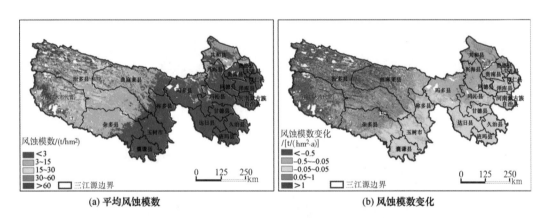

(a) 平均风蚀模数　　　　　　　　　　　　**(b) 风蚀模数变化**

图 7.9　2000～2017 年三江源地区平均风蚀模数及风蚀模数变化趋势

2016；吴丹等，2016；张雅娴等，2017；Yang et al.，2018；Zhang et al.，2018）。

7.2.1　三江源地区生态系统服务功能重要性分级

空间上，三江源地区生态系统支持功能、水源涵养功能、水土保持功能的重要性均由东南向西北依次递减，而防风固沙功能的重要性则由东向西递增（图 7.10）。统计结果显示，三江源地区生态系统支持功能的重要区域面积相对较少，重要区与极重要区不超过总面积的 60%，一般重要区面积相对较大；水源涵养功能各级重要性分布较为均匀；水土保持功能重要区域较大，重要区与极重要区超过总面积的 60%；防风固沙功能重要性级差较大，极重要区和一般重要区面积均很大，而中等重要性区域面积相对较小（图 7.11）。

7.2.2　三江源国家公园黄河源园区生态系统服务功能重要性分级

空间上，三江源国家公园黄河源园区生态系统支持功能、水源涵养功能、水土

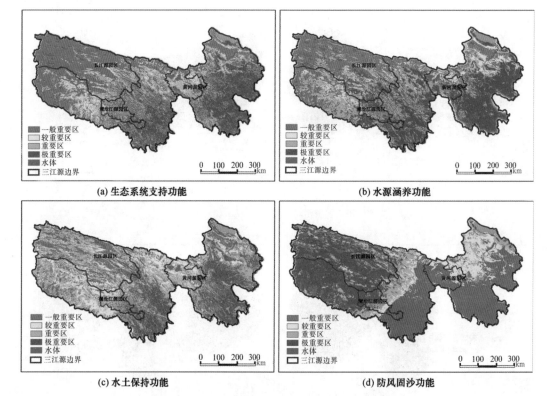

图 7.10　三江源地区生态系统支持功能、水源涵养功能、水土保持功能及防风固沙功能重要性分级

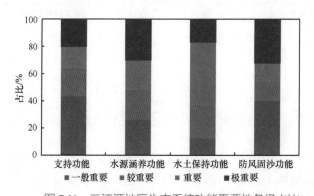

图 7.11　三江源地区生态系统功能重要性各级占比

保持功能的重要性均由南向北依次递减，而防风固沙功能的重要性则由南向北递增（图 7.12）。统计结果显示，三江源国家公园黄河源园区生态系统支持功能、水土保持功能以及防风固沙固沙功能的各级重要性分布较为均匀；而水源涵养功能重要区域相对较大，超过总面积的 60%，而一般重要区域不到 10%（图 7.13）。

7.2.3　三江源国家公园长江源园区生态系统服务功能重要性分级

　　三江源国家公园长江源园区生态系统支持功能、水源涵养功能的重要性由东南

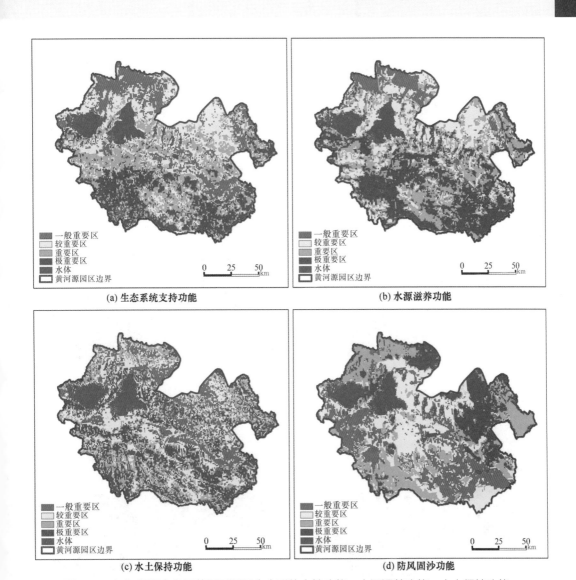

图 7.12　三江源国家公园黄河源园区生态系统支持功能、水源涵养功能、水土保持功能、
防风固沙功能的重要性分级

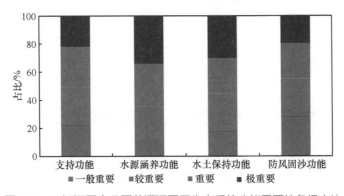

图 7.13　三江源国家公园黄河源园区生态系统功能重要性各级占比

向西北递减，水土保持功能的重要性分布相对均匀，而防风固沙功能的重要性则由东北向西南递增（图 7.14）。统计结果显示，三江源国家公园长江源园区生态系统支持功能的一般重要区域面积相对较大，超过了总面积的 50%；水源涵养功能的一般重要区域面积相对较大，接近总面积的 50%；水土保持功能重要区域面积较大，重要区与极重要区超过总面积的 50%；而防风固沙功能各级重要性分布则较为均匀（图 7.15）。该园区荒漠生态系统面积较大，多冰川和冻土，同时地势较高，地形较复杂，植被覆盖度和生产力均较低，生态条件相对较差，因此该园区支持功能和水源涵养功能重要性相对较低。

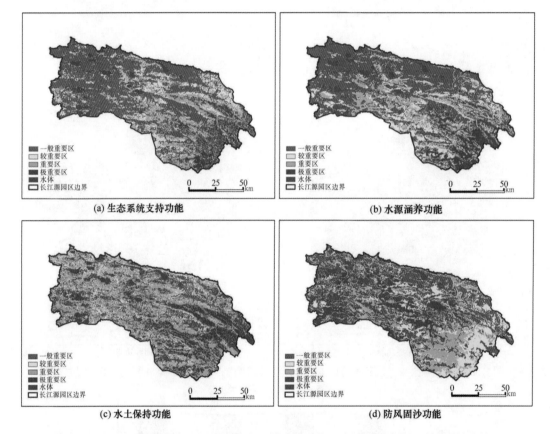

(a) 生态系统支持功能

(b) 水源涵养功能

(c) 水土保持功能

(d) 防风固沙功能

图 7.14　三江源国家公园长江源园区生态系统支持功能、水源涵养功能、水土保持功能、及防风固沙功能重要性分级

7.2.4　三江源国家公园澜沧江源园区生态系统服务功能重要性分级

三江源国家公园澜沧江源园区边缘地区的生态系统支持功能和水源涵养功能重要性相对较低，而中部地区重要性相对较高；其水土保持功能的重要性由西北向东南有所增加，而防风固沙功能的重要性则有西北向东南明显递减（图 7.16）。统计结果显示，

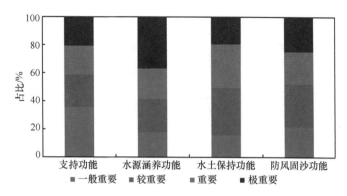

图 7.15　三江源国家公园长江源园区生态系统功能重要性各级占比

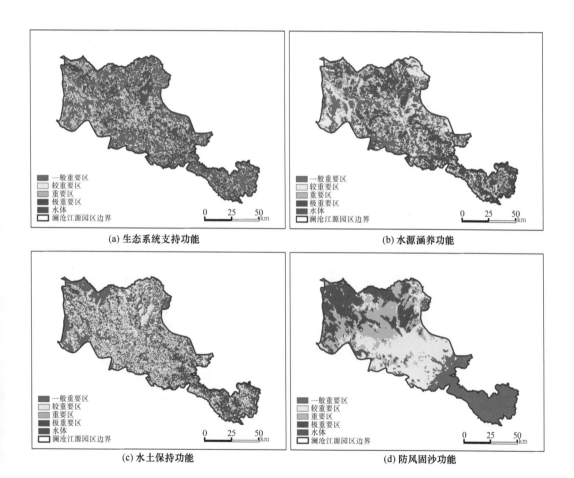

图 7.16　三江源国家公园澜沧江源园区生态系统支持功能、水源涵养功能、水土保持功能
及防风固沙功能重要性分级

三江源国家公园澜沧江源园区生态系统支持功能和防风固沙功能的各级重要性分布较
为均匀；水源涵养功能的重要区域面积相对较大，重要区与极重要区超过总面积的

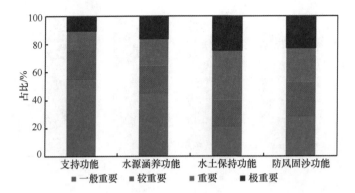

图 7.17　三江源国家公园澜沧江源园区生态系统功能重要性各级占比

60%；水土保持功能中等重要区域面积较大，重要区与较重要区超过总面积的 70%，一般重要区和极重要区各占总面积的 10% 左右（图 7.17）。

7.3　生态服务功能重要性分区及其空间差异

生态服务功能重要性分区对于引导区域资源的分类管理、开展针对性保护和合理利用，充分发挥区域生态环境优势，并将生态优势转化为经济优势，提高生态经济效益，实现区域经济、社会、资源与生态环境的全面可持续发展具有重要意义（高旺盛等，2003；翟水晶等，2005；万忠成等，2006；Chen et al.，2007；Ohl et al.，2007；史娜娜和战金艳，2008；Cerdan et al.，2010；闫维和张良，2013；Lai et al.，2014）。

7.3.1　三江源地区生态服务功能重要性分区及其空间差异性

三江源地区生态系统服务功能重要性有明显的空间分布规律，由东南向西北逐渐降低。三江源西北地区自然条件较差，地势高，地形复杂，多为荒漠生态系统，植被覆盖度较低；加之气候条件恶劣，年降水量和年均温均较低；该地区水源涵养功能和支持功能重要性较低，生态系统服务功能重要性相对其他地区要低。而东南部地区水热条件较好，年均温和年降水量较高，植被覆盖度高，是水源涵养功能和支持功能极重要区域（图 7.18）。

三江源地区生态系统服务功能重要区和极重要区共占三江源地区总面积的55.09%，该区有质量良好的草场，相对丰富的人文资源，生态状况稳定，气候条件相对适宜，但考虑该地区在全国生态安全屏障中的重要性和高寒草地先天的脆弱性，仍需在保护的前提下对草场进行合理利用。一般重要区和较重要区共占三江源总面积的44.91%（图 7.19），该区生态脆弱，草地退化严重，自然条件相对恶劣，但这一区域是藏羚羊、藏野驴和野牦牛等野生动物的重要栖息地和迁徙廊道，也需加大保护力度，提高其生态系统服务功能（图 7.20）。

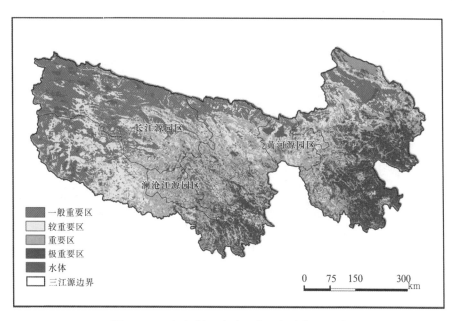

图 7.18　三江源地区生态系统服务功能重要性

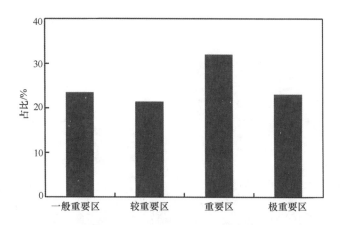

图 7.19　三江源地区生态系统服务功能各级重要性分区面积占比

7.3.2　三江源国家公园黄河源园区生态服务功能重要性分区及其空间差异性

　　三江源国家公园黄河源园区生态系统服务功能重要性呈现出由东南部山区向西北部黄河谷地逐渐降低的空间分布规律。巴颜喀拉山地区地貌以裸岩居多，植被覆盖度低，支持功能的重要性较低，因而整个地区的生态系统服务功能重要性较低。而巴颜喀拉山北麓冰川雪山、岗纳格玛错、贺陆峡里恰也玛一带生态系统服务重要性最高，该区保存有原始的高寒湿地生态系统，年均降水量高，植被覆盖度较高，是黄河源区水源涵养的极重要区域（图 7.21）。

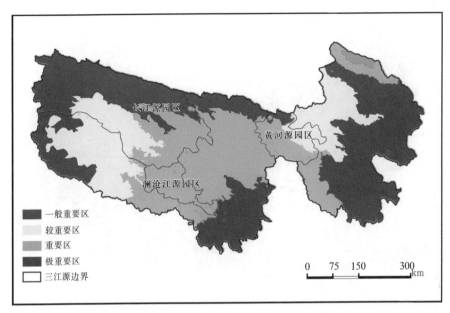

图 7.20　三江源地区生态系统服务功能重要性分区

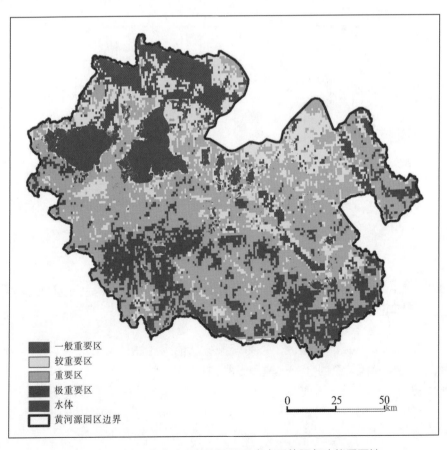

图 7.21　三江源国家公园黄河源园区生态系统服务功能重要性

　　三江源国家公园黄河源园区生态系统服务功能重要区和极重要区共占该园区总面积的 69.27%，该区有质量良好的草场，以传统放牧利用为主，生态状况稳定但脆弱，极易被破坏，应严格执行草畜平衡，维持其较高的生态系统服务功能。一般重要区和较重要区共占黄河源园区总面积的 30.73%，该区生态脆弱，草地退化严重，生态系统的水源涵养功能和支持功能有所下降，需要进一步加强湿地修复、沙化治理、鼠虫害防治等重点生态治理工程项目实施，来提高其生态系统服务功能（图 7.22 和图 7.23）。

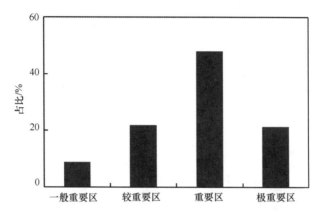

图 7.22　三江源国家公园黄河源园区生态系统服务功能各级重要性分区面积占比

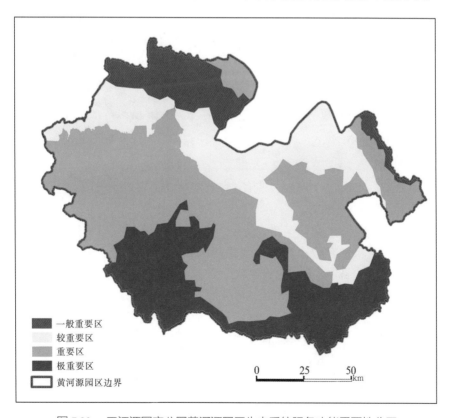

图 7.23　三江源国家公园黄河源园区生态系统服务功能重要性分区

7.3.3 三江源国家公园长江源园区生态服务功能重要性分区及其空间差异性

三江源国家公园长江源园区生态系统服务功能重要性呈现出由东部向西部逐渐降低的空间分布规律。园区西部地区地貌多冰川冻土和处于不同演替阶段的湖泊群，荒漠、沙地面积大，草地退化严重，故生态系统服务功能重要性相对降低。而东部地区植被类型以高寒草甸为主，植被覆盖度相对较大，水源涵养功能重要性较高，因而该地区的生态系统服务功能重要性也要高于西部（图 7.24）。

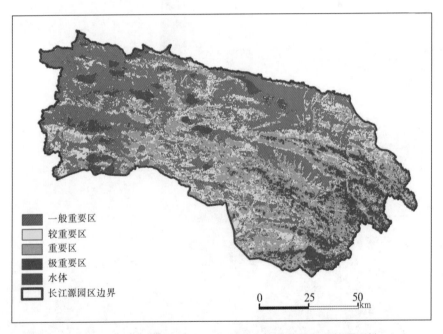

一般重要区
较重要区
重要区
极重要区
水体
长江源园区边界

0　　25　　50km

图 7.24　三江源国家公园长江源园区生态系统服务功能重要性

三江源国家公园长江源园区生态系统服务功能重要区和极重要区仅占该园区总面积的 41.16%，面积相对较小，而一般重要区和较重要区共占长江源园区总面积的58.84%。主要是因为长江源园区海拔在 4200m 以上，生态脆弱且敏感，全球气候变化造成该地区生态状况不稳定。该地区是珍稀濒危野生动物，特别是藏羚羊、野牦牛、藏野驴、棕熊等国家重点保护野生动物的重要栖息地和迁徙通道，仍是生态保护和建设的重点区域。同时，对生态系统服务功能重要性区域草地的利用应加强控制，避免草地的再退化（图 7.25 和图 7.26）。

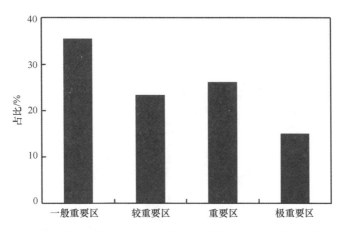

图 7.25 三江源国家公园长江源园区生态系统服务功能各级重要性分区面积占比

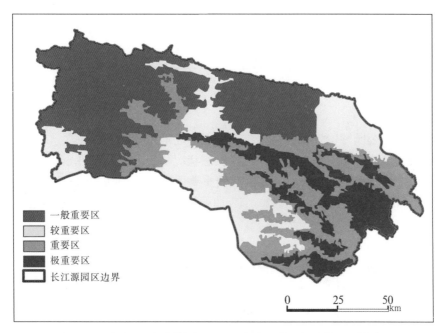

图 7.26 三江源国家公园长江源园区生态系统服务功能重要性分区

7.3.4 三江源国家公园澜沧江源园区生态服务功能重要性分区及其空间差异性

三江源国家公园澜沧江源园区是国际河流澜沧江（湄公河）的源头区，具有极为重要的水源涵养和径流汇集生态服务功能，因而其生态系统服务功能重要性分布多以条带状为主（图 7.27）。

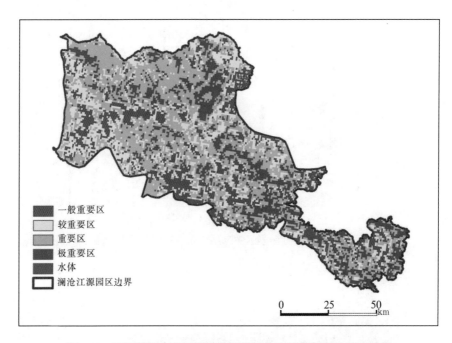

图 7.27　三江源国家公园澜沧江源园区生态系统服务功能重要性

　　三江源国家公园澜沧江源园区生态系统服务功能重要区和极重要区共占该园区总面积的约 58%，该区有质量良好的草场，生态状况稳定，水热条件较好，有较高的水源涵养和支持功能重要性。一般重要区和较重要区共占该园区总面积的约 43%，其中较重要区面积占全区总面积的 31.42%，应加强科学合理的管理，助推该地区生态系统服务功能的提高（图 7.28 和图 7.29）。

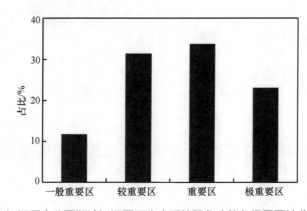

图 7.28　三江源国家公园澜沧江源园区生态系统服务功能各级重要性分区面积占比

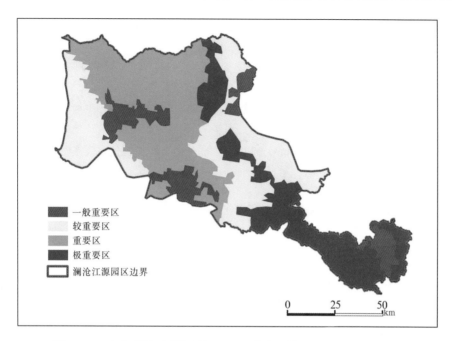

图 7.29　三江源国家公园澜沧江源园区生态系统服务功能重要性分区

参考文献

安如, 孙梦秋, 陆玲, 等. 2015. 三江源中东部地区1990~2008草地覆盖度变化遥感估算与分析. 科学技术与工程, 15 (3): 11-18.

陈春阳, 戴君虎, 刘亚辰. 2012a. 基于土地利用数据集的三江源地区生态系统服务价值变化. 地理科学进展, 31 (7): 970-977.

陈春阳, 陶泽兴, 戴君虎. 2012b. 三江源地区草地生态系统服务价值评估. 地理科学进展, 31 (7): 978-984.

崔文全, 徐明德, 李艳春, 等. 2014. 生态系统服务功能重要性研究. 安全与环境工程, 21 (2): 5-9.

樊江文, 邵全琴, 刘纪远, 等. 2010. 1988~2005年三江源草地产草量变化动态分析. 草地学报, 18 (1): 5-10.

付梦娣, 田俊量, 李俊生, 等. 2017. 三江源国家公园功能分区与目标管理. 生物多样性, 25 (1): 71-79.

付奇, 李波, 杨琳琳, 等. 2016. 西北干旱区生态系统服务重要性评价——以阿勒泰地区为例. 干旱区资源与环境, 30 (10): 70-75.

高旺盛, 陈源泉, 董孝斌. 2003. 黄土高原生态系统服务功能的重要性与恢复对策探讨. 水土保持学报, (2): 59-61.

黄国勇, 韩茂莉, 陈兴鹏. 2003. 玛曲国家级生态功能保护区分区研究. 地理与地理信息科学, (2): 82-85, 92.

刘敏超, 李迪强, 温琰茂, 等. 2005a. 三江源地区生态系统生态功能分析及其价值评估. 环境科学学报, 25 (9): 1280-1286.

刘敏超, 李迪强, 温琰茂, 等. 2005b. 三江源地区土壤保持功能空间分析及其价值评估. 中国环境科学, 25(5): 627-631.

刘敏超, 李迪强, 温琰茂, 等. 2006. 三江源地区生态系统水源涵养功能分析及其价值评估. 长江流域资源与环境, 15(3): 405-408.

史娜娜, 战金艳. 2008. 锡林郭勒盟核心生态系统服务功能空间分区研究. 安徽农业科学, 36(34): 15149-15152.

孙庆龄, 李宝林, 李飞, 等. 2016. 三江源植被净初级生产力估算研究进展. 地理学报, 71(9): 1596-1612.

万忠成, 王治江, 王延松, 等. 2006. 辽宁省生态功能分区与生态服务功能重要区域. 气象与环境学报, (5): 69-71.

吴丹, 邵全琴, 刘纪远, 等. 2016. 三江源地区林草生态系统水源涵养服务评估. 水土保持通报, 36(3): 206-210.

吴万贞, 周强, 于斌, 等. 2009. 三江源地区土壤侵蚀特点. 山地学报, 27(6): 683-687.

闫维, 张良. 2013. 天津市生态服务功能重要性分区研究. 城市, (6): 41-44.

于丹丹, 吕楠, 傅伯杰. 2017. 生物多样性与生态系统服务评估指标与方法. 生态学报, 37(2): 349-357.

翟水晶, 钱谊, 侯建兵. 2005. 洪泽湖湿地生态服务功能分区及其效益分析. 农村生态环境, (3): 71-73.

张雅娴, 樊江文, 曹巍, 等. 2017. 2006～2013年三江源草地产草量的时空动态变化及其对降水的响应. 草业学报, 26(10): 10-19.

Bennett E M, Peterson G D, Gordon L J. 2009. Understanding relationships among multiple ecosystem services. Ecology Letters, 12(12): 1394-1404.

Boyd J, Banzhaf S. 2007. What are ecosystem services? The need for standardized environmental accounting units. Ecological Economics, 63(2-3): 616-626.

Carpenter S R, Mooney H A, Agard J, et al. 2009. Science for managing ecosystem services: Beyond the millennium ecosystem assessment. Proceedings of the National Academy of Sciences of the United States of America, 106(5): 1305-1312.

Cerdan O, Govers G, Le Bissonnais Y, et al. 2010. Rates and spatial variations of soil erosion in Europe: A study based on erosion plot data. Geomorphology, 122(1-2): 167-177.

Chen L, Wei W, Fu B, et al. 2007. Soil and water conservation on the Loess Plateau in China: Review and perspective. Progress in Physical Geography-Earth and Environment, 31(4): 389-403.

Costanza R, d'Arge R, de Groot R, et al. 1997. The value of the world's ecosystem services and natural capital. Nature, 387(6630): 253-260.

Costanza R, de Groot R, Sutton P, et al. 2014. Changes in the global value of ecosystem services. Global Environmental Change-Human and Policy Dimensions, 26: 152-158.

Daily G C, Polasky S, Goldstein J, et al. 2009. Ecosystem services in decision making: Time to deliver. Frontiers in Ecology and the Environment, 7(1): 21-28.

Lai M, Wu S, Yin Y. 2014. Valuing ecosystem services under grassland restoration scenarios in the Three-River Headwaters Region nature reserve, China. WIT Transactions on Engineering Sciences, 84(2): 911-917.

Li J, Cui Y, Liu J, et al. 2013. Estimation and analysis of net primary productivity by integrating MODIS remote sensing data with a light use efficiency model. Ecological Modelling, 252: 3-10.

Liu J, Li S, Ouyang Z, et al. 2008. Ecological and socioeconomic effects of China's policies for ecosystem services. Proceedings of the National Academy of Sciences of the United States of America, 105 (28): 9477-9482.

Lu Y, Fu B, Feng X, et al. 2012. A policy-driven large scale ecological restoration: Quantifying ecosystem services changes in the Loess Plateau of China. Plos One, 7 (2): e31782.

Nelson E, Mendoza G, Regetz J, et al. 2009. Modeling multiple ecosystem services, biodiversity conservation, commodity production, and tradeoffs at landscape scales. Frontiers in Ecology and the Environment, 7 (1): 4-11.

Ohl C, Krauze K, Grunbuhel C. 2007. Towards an understanding of long-term ecosystem dynamics by merging socio-economic and environmental research criteria for long-term socio-ecological research sites selection. Ecological Economics, 63 (2-3): 383-391.

Ouyang Z, Zheng H, Xiao Y, et al. 2016. Improvements in ecosystem services from investments in natural capital. Science, 352 (6292): 1455-1459.

Yang S, Feng Q, Liang T, et al. 2018. Modeling grassland above-ground biomass based on artificial neural network and remote sensing in the Three-River Headwaters Region. Remote Sensing of Environment, 204: 448-455.

Yu X, Shao Q, Liu J, et al. 2012. Spectral analysis of different degradation level alpine meadows in Three-River Headwater Region. Journal of Geo-Information Science, 14 (3): 398-404.

Zhang H, Fan J, Cao W, et al. 2018. Changes in multiple ecosystem services between 2000 and 2013 and their driving factors in the Grazing Withdrawal Program, China. Ecological Engineering, 116: 67-79.

Zhang J, Liu C, Hao H, et al. 2015. Spatial-temporal change of carbon storage and carbon sink of grassland ecosystem in the Three-River Headwaters Region based on MODIS GPP/NPPData. Ecology and Environmental Sciences, 24 (1): 8-13.

第 8 章

生态资产核算及生态补偿

生态资产提供的生态效益在人类生存和可持续发展中发挥着重要作用,不当的人类活动则可能会降低生态资产的数量和质量进而影响人类福利。鉴于三江源国家公园的生态重要性、环境脆弱性和社会经济发展的特殊性,合理评价生态资产,构建科学的生态补偿体系对促进保护行为至关重要。而现存的生态资产评价体系使用方法过于复杂,需要收集的数据众多,在实际应用中不易推广,迫切需要建立简单高效的生态资产评价体系以评估三江源国家公园的生态资产质量与数量。三江源现有的生态补偿政策存在如补助标准偏低、无法促进生计转换等问题,导致补偿效果有限、补偿效率偏低。

为解决上述问题,本章将首先从生态资产本身的属性出发,以生态资产面积和质量为基础,建立一套新的生态资产评价体系。基于该评价体系,发现:三江源生态资产总面积为 29.67 万 km²,其中,森林面积 0.09 万 km²(0.32%)、灌丛面积 1.47 万 km²(4.97%)、草地面积 24.10 万 km²(81.21%)、湿地面积 4.01 万 km²(13.50%)。总体上,当地生态资产质量较好,优级和良级占生态资产总面积的 55.06%,主要分布在黄河源区和澜沧江源区。18 年间,三江源生态资产面积增加明显(增加 1.02%),森林、灌丛和湿地面积分别增加 0.01%、0.57% 和 2.66%,草地面积比例减少 0.12%。三江源国家公园核心保育区生态资产状况明显改善,其中黄河源园区核心保育区生态资产指数增加最大(增加 5.02),澜沧江源园区核心保育区生态资产指数增加最小(增加 0.23)。驱动当地生态资产变化的主要原因是还林还草工程的实施(还林还草工程使森林和灌丛面积分别增加 7.25% 和 14.11%),此外,气候变暖和变湿也放大了生态保护的成效。

其次,结合上述生态资产评估研究,针对三江源国家公园实际自然禀赋条件和社会经济发展状况,在空间化生态补偿机会成本的基础上,设计三江源国家公园退牧还草生态补偿机制,构建以"谁保护、谁受益、获补偿""权利与责任对等""生态优先,兼顾精准扶贫"为原则的三江源国家公园退牧还草生态补偿机制。补偿范围同现有国家公园其余生态保护政策相协调,根据《三江源国家公园总体规划》中的功能区划范围,三江源国家公园核心保育区和生态保护修复区为生态补偿的主要范围。补偿标准以机会成本 + 生态管护成本为准,即以弥补退牧还草使牧民缩减牲畜而损失的直接经济价值为下限,直接经济价值损失 + 管护员工资为上限。补偿方式上综合考虑受补偿地区的自然资源禀赋和社会经济发展状况,以不降低牧户现有生活水平、引导新兴替代生计为目标。最终划定补偿面积为 38222.88km²,补偿总金额为 34560.93 万元。

本章建立的生态资产评价体系和生态补偿管理办法不仅能够对不同地区的生态资产现状进行分析和比较,还能动态监测生态资产的变化,分析生态资产变化的驱动机制,实现了公平基础上的差异化补偿,具备相当的科学性,且可实施性强,有助于促进生态保护和社会经济协调发展,为三江源国家公园生态补偿建设提供科学依据和实践指导。

8.1 生态资产价值监测与评估

生态资产是生态系统生物资源直接价值及生态服务间接价值的综合表征,是自然、经济、社会复合生态系统的总资产，是国民经济和社会可持续发展的物质基础和保障，是国家竞争力的重要组成部分。在人类社会经济迅猛发展的今天，生态环境问题已成为各国经济发展和社会稳定的瓶颈，生态资产价值评估作为核算绿色 GDP 与生态安全的重要指标之一，进而成为近年来国内外生态学、经济学等领域的研究热点。

8.1.1 生态资产评估方法体系的建立

遥感与地理信息技术的发展不仅可为生态资产价值评估及监测提供客观、快速的动态信息，且能反映其时空分布特征，因而成为当今生态资产评估最有效的技术手段。通过运用生态学、生态经济理论、遥感和地理信息技术，以及遥感影像、土壤、气象及 MODIS 生态环境数据，将生态学模型与遥感信息模型相结合，构建生态资产遥感测量评估指标体系。然而，在特定区域尺度上，生态系统类型分布、生态系统质量受气候和人类活动影响而呈现出明显的空间异质性，准确辨识生态系统分布与质量的区域特征，是增强生态系统质量可比性、开展区域生态资产评估的前提。因此，结合区域生态系统类型（图 8.1）、质量的空间分布特征，综合考虑三江源生态系统类型，建立了三江源生态资产评估方法体系。

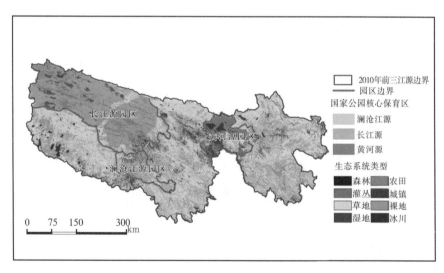

图 8.1 三江源生态系统类型

生态资产是指能够为人类生存提供生态效益（生态系统产品和服务）的生态资源，包括森林、灌丛、草地和湿地等自然生态系统以及农田等人工生态系统。生态资产是提供生态系统服务的基础，但生态资产提供生态系统服务的能力既受生态系统面积的影响，也受生态系统质量的影响，因此，生态资产的测度需要考虑生态系统面积和质量两个维度。

生态系统的面积与气候条件及土地利用方式有关，而影响生态系统质量的因素包括生物因子和非生物因子。生物因子中，植被种类和数量、生境面积、特别物种、群落和性状的保有率、生物多样性和景观复杂性直接影响生态资产提供生态系统服务功能的强弱；非生物因子中，土壤、地形和气候等非生物因子通过影响生物因子间接对生态资产提供生态系统服务功能强弱产生影响（Smith et al.，2017）。然而，在特定区域尺度上，生态系统类型分布、生态系统质量受气候和人类活动影响而呈现出明显的空间异质性，准确辨识生态系统分布与质量的区域特征，是增强生态系统质量可比性、开展区域生态资产评估的前提。因此，结合区域生态系统类型和质量的空间分布特征，可根据以下步骤来评估开展区域的生态资产大小（图 8.2）。

1）确定生态资产类型与面积：明确森林、灌丛、草地、湿地等生态资产类型，核算各类生态资产面积。

2）评估生态资产质量：依据生态资产地带性分布特征，采用气候、地形、土壤等因素对区域生态资产进行分区；在每一个生态资产分区中，选择顶级群落和最优生态资产类型作为参照系，揭示生态资产质量状况的空间特征。

3）生态资产综合评估：综合生态资产面积及质量特征，构建生态资产类型指数和生态资产综合指数，评估区域生态资产数量与质量特征。

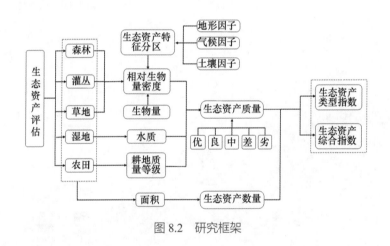

图 8.2　研究框架

8.1.2　生态资产类型与面积的确定

三江源地区生态资产主要类型包括森林、灌丛、草地和湿地（包括河流、湖泊和沼泽）等自然类型生态资产和农田等人工类型生态资产。由于农田生态资产受施肥、灌溉、耕作季节和方式差异影响，人类活动干扰强度大，其质量变化具有较大不确定性，同时由于三江源地区农田面积占比极小（0.16%）以及数据收集等限制，本章不对其进行评价。

选取生态资产面积作为评价生态资产数量的指标，其中，森林、灌丛和草地是三江源陆地生态资产的主要类型；河流、湖泊和沼泽湿地是三江源水域生态资产的主要类型。

8.1.3　生态资产质量的评估标准

依据生态资产地带性分布特征，采用气候、地形、土壤等因素对区域生态资产进行分区，在每个生态资产分区中，选择顶级群落和最优生态资产类型作为参照系，来揭示生态资产质量状况空间特征。

（1）生态资产特征区划

三江源地区横跨半湿润、半干旱和干旱区，气候条件、地形起伏程度、破碎程度和土壤有机质以及含水量空间差异较大，不同位置群落的种类、结构、组成和复杂程度空间异质性显著，生态资产质量天然禀赋差异大。非生物因子（如气候、地形和土壤）的地区性差异直接导致生物因子存在较大空间异质性，使不同区域生态资产不具有可比性（Maseyk et al.，2017）。在忽视非生物因子空间差异的基础上对生态资产质量进行评价是不科学的，也不适合管理人员对其进行科学和有效的管理。为降低和消除非生物因子差异对生态资产评估的影响，使不同非生物因子条件限制下生态资产具有可比性，本章利用非生物因子的空间差异特征对三江源进行生态资产特征区划，在不同区划范围内重新制定标准对生态资产进行分级。

不同非生物因子间并不完全互相独立，一些非生物因子间存在具有较强的耦合效应。其中，海拔与气温间相关程度显著，海拔每增加 100m，气温下降 0.6℃（Mukhopadhyay and Khan，2017）。土壤水分变化与气温和降水变化相关性显著，降水增加有利于提高土壤水分持有量，相反，气温升高会加速土壤水分蒸发，促使土壤水分减少（Wang et al.，2018）。在生态资产特征分区过程中要避免选取彼此间存在较强相关性的非生物因子，尽量选取与生态资产质量相关性显著且彼此相互独立的非生物因子。本章选取地上生物量作为生态资产质量的替代因子，通过分析地上生物量与不同非生物因子间相关程度强弱及显著性大小来筛选对生态资产质量影响程度大且互相独立的非生物因子（表 8.1），依据非生物因子空间差异划分等级（表 8.2）。同时结合 GIS 空间制图技术对生态资产进行特征分区，最终共分成 18 个区域（图 8.3）。

表 8.1　地上生物量 – 非生物因子 Pearson 相关系数分析

项目	气温	降水	坡度	土壤有机质
相关系数	0.56	0.84	0.39	0.38
P	<0.01	<0.01	<0.01	<0.01

表 8.2　不同非生物因子分级标准

气温		降水		土壤有机质		坡度	
日均温>10℃天数 /d	名称	年降水量 /mm	名称	有机质含量 /%	名称	坡度范围	名称
0	高原寒带	≤ 200	干旱区	<0.6	低	≤ 5°	平坡
1～50	高原亚寒带	200～400	半干旱区	0.6～1.0	较低	6°～15°	缓坡
50～180	高原温带	400～800	半湿润区	1.0～2.0	中	16°～25°	斜坡
				>2.0	高	26°～35°	陡坡

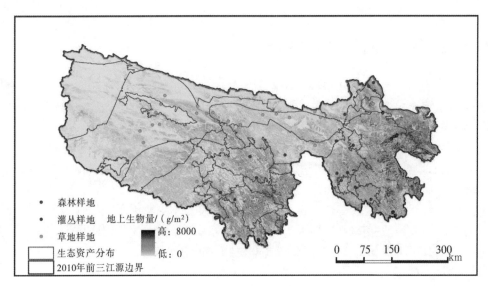

图 8.3   生态资产进行特征分区

（2）生态资产质量分级

对陆地生态资产而言，生态资产质量等级越高，群落结构越复杂，生物种类越多，占据的生态空间越大，单位面积生物量数值越大（Glenn et al.，2016）。基于遥感技术反演的森林、灌丛和草地等生物量空间分布图是衡量其生态资产质量相对高低的重要技术手段。本章以各区域内生物量与顶极群落比值的百分比大小（称为相对生物量密度）表示生态资产优劣程度。依据相对生物量密度将森林、灌丛和草地生态资产分成优、良、中、差和劣共 5 个等级（表 8.3）。

表 8.3   三江源生态资产等级划分标准

生态资产类别	指标	生态资产等级				
		优	良	中	差	劣
森林	相对生物量密度	>80%	60%～80%	40%～60%	20%～40%	<20%
灌丛	相对生物量密度	>80%	60%～80%	40%～60%	20%～40%	<20%
草地	相对生物量密度	>80%	60%～80%	40%～60%	20%～40%	<20%
湖泊	水质	Ⅰ类	Ⅱ类	Ⅲ类	Ⅳ类	Ⅴ类和劣Ⅴ类
河流	水质	Ⅰ类	Ⅱ类	Ⅲ类	Ⅳ类	Ⅴ类和劣Ⅴ类
沼泽	水质	Ⅰ类	Ⅱ类	Ⅲ类	Ⅳ类	Ⅴ类和劣Ⅴ类

顶级群落是当地非生物因子限制条件下生态演替的最终阶段，是该区域内生态资产质量最好、等级最高的部分，其物种组成、数量和群落结构保持稳定，物质能量输入与输出保持相等，生物量高且随时间变化波动小（Yanai et al.，2003）。本章利用该理论基于生物量空间分布图识别不同区间顶级群落（生物量数值排名区域前 10%，2000～2018 年波动幅度小于 5%），考虑森林、灌丛和草地等不同植被类型结构和功能的差异，为提高同种植被类型内部生态资产质量的可比性，结合土地利用类型空间分

布图筛选不同生态资产特征分区内部的森林、灌丛和草地顶级群落。共筛选了 121 个群落（其中，森林顶级群落 51 个，灌丛顶级群落 33 个，草地顶级群落 37 个），同时以生态资产特征分区内部筛选得到多个顶级群落。利用 54 个实测森林、灌丛和草地样地的生物量与来源于 MODIS 传感器的 MOD15A2H 产品中的 LAI 构建回归系数方程估算大面积范围的地上生物量，同时利用 67 个地面样地的实测生物量对反演的数据精度进行验证，精度验证结果如图 8.4 所示，结果显示两者拟合程度较好（R^2），满足研究所需的数据精度要求。

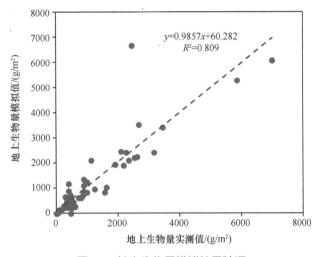

图 8.4   地上生物量模拟结果验证

河流、湖泊、沼泽等是湿地生态资产的主要类型，同时也是水生动植物的栖息地，具有水产品供给和洪水调节等多种生态系统服务。衡量湿地质量状况的主要指标包括氮、磷等化学物质的含量以及水中物种的丰富度（Lai et al.，2018），影响这些指标的主要因素是水质等级，因此本章依据河流、湖泊、沼泽的湿地水质状况划分湿地生态资产质量等级。

8.2   生态资产及其变化特征

8.2.1   生态资产最新现状

三江源生态资产总面积为 29.67 万 km²，其中，森林面积 0.09 万 km²（0.32%）、灌丛面积 1.47 万 km²（4.97%）、草地面积 24.10 万 km²（81.21%）、湿地面积 4.01 万 km²（13.50%）。总体上，当地生态资产质量较好，优级和良级占生态资产总面积的 55.06%，主要分布在黄河源园区和澜沧江源园区。然而，局部地区生态资产质量较差（差级和劣级占生态资产总面积 22.15%），主要分布在西部海拔较高、干旱寒冷的可可西里山和唐古拉山地区（图 8.5）。其中，湿地生态资产的质量最好，森林生态资产的

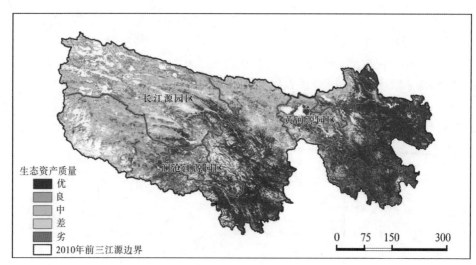

图 8.5　三江源生态资产现状空间分布（2018 年）

质量最差（优级和良级占总比 50.91%）。在生态资产组成上，草地生态资产的重要性程度最高（生态资产指数 43.32），森林生态资产的重要性程度最低（生态资产指数 0.17）（表 8.4）。

三江源国家公园不同园区核心保育区的生态资产状况差异较大，长江源园区核心保育区生态资产指数最大（8.53），澜沧江源园区核心保育区生态资产指数最小（1.13）。其中，长江源园区核心保育区生态资产面积最大（55743.49km²），然而其优级生态资产质量比例最小（10.37%）；澜沧江源园区核心保育区生态资产面积最小（5433.6 万 km²），其优级生态资产质量比例最大（64.35%）（表 8.5）。

表 8.4　三江源生态资产现状（2018 年）

生态资产类型	面积 / 万 km²	百分比 /%	不同等级生态资产比例 /%					生态资产指数
			优	良	中	差	劣	
森林	0.09	0.32	37.11	13.80	12.44	16.65	20.00	0.17
灌丛	1.47	4.97	50.50	14.89	14.69	10.30	9.63	3.18
草地	24.10	81.21	11.26	35.70	27.11	14.66	11.26	43.32
湿地	4.01	13.50	26.91	73.09	0	0	0	9.58
总和	29.67	100	15.40	39.66	22.79	12.47	9.68	56.25

注：百分比（%）表示不同类型生态资产面积占三江源生态资产总面积的百分比

表 8.5　三江源国家公园核心保育区生态资产现状（2018 年）

区域	生态资产类型 /km²					不同生态资产质量等级面积 /%					生态资产指数
	森林	灌丛	草地	湿地	总和	优	良	中	差	劣	
长江源区	2.05	0.01	49805.53	5935.90	55743.49	10.37	18.89	26.48	22.33	21.93	8.53
黄河源区	0.00	1.90	7808.58	2504.22	10314.7	40.03	40.78	15.31	2.88	1.00	2.40
澜沧江源区	0.00	72.30	4000.61	1360.69	5433.6	64.35	28.24	5.20	1.26	0.95	1.13

8.2.2 生态资产的时空变化

18 年间，三江源生态资产面积增加明显（↑1.02%），森林、灌丛和湿地面积分别增加了 0.01%、0.57% 和 2.66%，草地面积比例减少 0.12%。生态资产质量总体变好，生态资产指数增加 3.21，27.88% 的区域生态资产质量提高，这些区域集中分布在黄河源东北部和西部的可可西里地区。然而少部分地区生态资产质量下降（比例达 13.42%），这些区域集中分布在北部的昆仑山脉以及西南部的唐古拉山地区（表 8.6，图 8.5）。

表 8.6 三江源生态资产变化

生态资产类型	面积变化 /km²	面积变化百分比 /%	生态资产质量变化 /%			生态资产指数
			提高	不变	下降	
森林	0.07	0.01	43.46	45.20	11.34	0.03
灌丛	92.81	0.57	45.59	49.09	16.32	0.29
草地	−290.47	−0.12	30.83	53.53	15.65	2.64
湿地	86711	2.66	20.20	70.64	9.16	0.25
总和	669.52	0.22	27.88	58.71	13.42	3.21

18 年间，三江源国家公园核心保育区生态资产状况明显改善，其中，黄河源园区核心保育区生态资产指数增加最大（↑5.02），澜沧江源园区核心保育区生态资产指数增加最小（0.23）。长江源园区核心保育区生态资产面积增幅最大（0.98%），澜沧江源园区核心保育区生态资产面积增幅最小（0.01%）。黄河源园区核心保育区生态资产质量增幅最明显（优级和良级生态资产占比提高 8.0%），澜沧江源园区核心保育区生态资产质量增幅最小（优级和良级生态资产比例增加 1.17%）（表 8.7 和图 8.6）。

表 8.7 三江源国家公园核心保育区生态资产变化

区域	生态资产面积变化 /%					生态资产质量变化 /%					生态资产指数
	森林	灌丛	草地	湿地	总和	优	良	中	差	劣	
长江源	9.49	0.00	−0.18	9.63	0.98	2.53	0.59	−0.71	−1.82	−0.59	1.73
黄河源	0.00	8.91	−0.67	4.02	0.45	7.23	1.67	−3.01	−2.86	−3.04	5.02
澜沧江源	0.00	2.20	−0.03	0.03	0.01	0.66	0.51	0.63	−0.22	−0.23	0.23

8.2.3 生态资产的变化成因

18 年间，三江源森林、灌丛和湿地生态资产面积增加得益于当地实施的还林还草工程（还林还草工程使森林和灌丛面积分别增加 7.25% 和 14.11%）。导致草地生态资产面积略有下降的主要原因包括湿地面积扩张和草地退化（湿地扩张导致 1.42% 的草地被淹没；植被退化使草地面积减少 1.64%），还林还草工程和湿地退化使草地面积分别增加 1.63% 和 1.34%。同时，湿地扩张分别淹没了 0.7%、0.25% 和 1.42% 的森林、

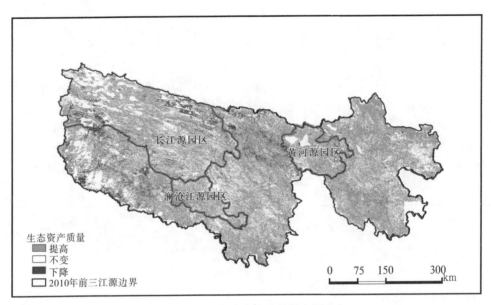

图 8.6 三江源生态资产等级空间变化

灌丛和草地。三江源国家公园核心保育区内推行的还林还草工程分别使森林、灌丛和草地面积增加 24.51%、11.61% 和 1.84%，然而，保育区内植被退化现象仍较严重，植被退化导致森林、灌丛和草地面积分别减少 15.02%、9.17% 和 1.81%（表 8.8）。

表 8.8 生态资产面积变化成因   （单位：%）

影响因素	三江源				国家公园核心保育区			
	森林	灌丛	草地	湿地	森林	灌丛	草地	湿地
还林还草	7.25	14.11	1.63	—	24.51	11.61	1.84	—
植被退化	−7.29	−13.61	−1.64	—	−15.02	−9.17	−1.81	—
湿地扩张	−0.70	−0.25	−1.42	14.49	−1.58	−0.20	−1.30	15.72
湿地退化	0.75	0.32	1.34	−11.83	1.58	0.11	1.05	−8.73

8.2.4 生态资产变化的机制

结构方程模型模拟结果显示，生态资产变化与生态保护政策和放牧相关性显著（路径系数分别为 0.35 和 −0.21）。此外，放牧与城镇化间呈显著负相关（路径系数为 −0.53）。气候变暖和变湿与生态资产变化间相关性不显著，但其却通过促进植被恢复来提高生态保护成效，从而间接地促进生态资产提升（图 8.7）。因此，生态保护政策的实施不仅通过生态移民刺激城镇化进程减少牲畜数量促进了生态资产增加，同时气候变化还进一步放大了生态保护政策下的植被恢复成效，从而促进生态资产增加。

18 年间，三江源的生态资产增长趋势显著，当地实施的生态保护政策是推动生态资产增加的主要因素，气候变暖和变湿放大了生态保护的成效。当地通过整治黑土滩、沙漠化防治、鼠害防治以及草场封育等措施进行植被恢复，通过生态移民加速城镇化，

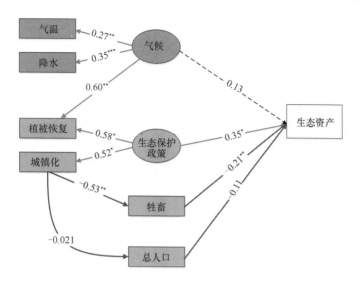

图 8.7　结构方程模拟气候变化与生态保护政策对生态资产影响路径
（chi～square=40.1，df=34，p=0.219）

星号表示路径系数显著性，其中，*表示$p<0.1$，**表示$p<0.05$，***表示$p<0.01$；矩形框表示显变量，椭圆框表示潜变量，黄色框表示与人类活动有关的因子，蓝色框表示自然环境因子。蓝色箭头表示积极的相关路径，红色箭头表示消极的相关路径，虚线表示路径不显著。矩形框中的测量变量包括气温（年平均气温变化斜率）、降水（年平均降水变化斜率）、植被恢复（裸地转化为森林、灌丛和草地的面积变化）、城镇化（城镇人口占区域总人口百分比变化率）、生态资产（生态资产指数变化率）、总人口（总人口变化率）、放牧（牲畜数量变化率）；椭圆框中的潜变量包括气候和生态保护政策

缓解了放牧对草地的压迫。城镇化改变了牧民的生活方式，提高了牧民的生活成本（虽然通过生态补偿等措施一定程度上缓解移民的经济问题），使移民的收入大大减少（与移民前相比）。放牧的牲畜数量下降使市场供需平衡变化导致奶肉制品价格升高，降低了居民购买力和增加了牧民生活成本，促使其繁育后代的愿望和能力下降，导致总人口增长速率放缓。气候的暖湿化加速冰川消融，导致湿地（河流、湖泊和沼泽）面积扩大，提高了蒸散发量并通过水循环过程增加了区域降水量，缓解了当地干旱状况，延长了植被生长时间，促进了有机物积累并改善生态系统的生命支持功能。

研究发现，三江源地区非生物因子空间异质性显著，即使在没有人类活动干扰下，不同区域间的生态资产质量仍存在较大差异。众多非生物因子中，影响当地生态资产质量的主要限制性条件是气温和降水，其中，东部的黄河源园区和澜沧江源园区，年降水量在 400mm 以上，属于半湿润地区，区域内可见较多的灌丛和少量的森林，生物种类较多，群落结构较复杂，生态系统稳定程度较高。而位于西部的可可西里地区年降水量在 200mm 以下（干旱区），绝大部分地区属多年冻土区，年平均气温在 0℃以下，并不适宜植被生长，即使完全消除野生动物啃食和人类放牧对草地质量的影响，由于植被生长和呼吸所需水分的限制，当地草地也无法向灌丛和森林等更高级的生态系统进行演替（Istanbulluoglu and Bras, 2005）。本章在识别和分析当地非生物因子空间差异基础上对生态资产进行特征分区，更利于研究者认识本地区生态资产的真实状况，对生态资产管理和保护提供指导，从而提高了不同区域间生态资产的可比性（Ruijs and

Egmond，2017）。

在生态资产管理中推广应用的生态资产评估方法体系与三个因素有关：评价方法所用数据的可获取性；评价方法的便捷性以及评价方法的可靠性。在生态资产分区中，本评价方法所使用的气候、地形和土壤等数据可以从网站上免费申请使用。而生态资产质量分级过程中使用的生物量数据，靠 TM/ETM+ 和 MODIS 卫星传感器影像并结合遥感反演的方法获取。然而，仅仅使用某一时间点上的生物量作为单一指标评价区域生态资产质量的依据过于单薄，不能全面综合反映区域的生态资产概况。匈牙利在全国建立了类似的生态资产指数方法体系，用来评价本国植被的自然状态。其在全国范围以 $35hm^2$ 为最小单元划分六边形网格，在网格内进行植被调查，并将其内植被生长状态与该网格内植被最自然的生长状态进行比较对质量进行分级，质量分级按照预先制定的标准严格执行，以确保分级的一致性和可靠性，评价结果的精度较高。然而，该方法需要聘用大量人员进行培训并进行实地调查，经济成本高昂，同时一次调查的时间漫长，无法及时监测区域生态资产的动态变化（Czúcz et al.，2008）。本章采用基于卫星反演的生物量作为质量评价的数据源，其运行经济成本较低，易于大尺度范围内推广，同时能及时监测区域生态资产的动态变化。$35hm^2$ 六边形网格作为最小单元过于粗糙，本书采用遥感影像像元分辨率的尺寸作为最小评价单元，尺度更小（Treitz and Howarth，2000），能细化更小范围内生态资产状况差异，更有利于对生态资产进行管理。

生态资产指数能综合反映生态资产的数量和质量两方面的信息，如人类通过退耕还林还草和荒山造林增加生态资产面积，建立保护区防止植被破坏来提高生态资产质量，这些都能通过生态资产指数反映出来；而人类毁林开荒减少生态资产面积和对森林进行砍伐降低生态资产质量也会引起生态资产指数的下降。通过分析，建立科学的生态资产评价体系必须要在充分考虑不同地区气候、地形和土壤等自然禀赋空间差异的基础上划分生态资产等级，在此基础之上构成的生态资产指数更能综合反映区域的生态资产状况及变化，更有利于成本有效的条件下优化生态资产的管理策略（图 8.8）。然而，由于该方法是首次尝试，其在不同生态资产类型的权重赋值上均使用 5、4、3、2、1 同一指标，忽视了即使在同一等级下，不同生态资产类型提供生态系统

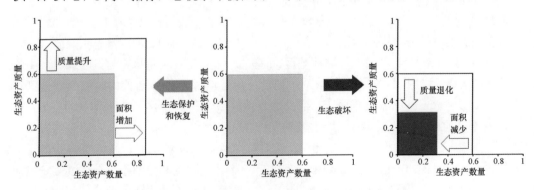

图 8.8 不同人类活动与生态资产指数变化间的关系

服务的能力仍存在显著的差异，导致不同生态资产类型间发生相互转化时，生态资产质量变化无法得到体现。但是，2000～2018 年，三江源地区的森林、灌丛、草地和湿地不同类型生态资产间转换的幅度较小，其对最终结果的影响程度有限，该不足会在今后的研究中改进并加以完善。

8.3　生态补偿及实现途径

8.3.1　生态补偿政策概述及实施的必要性

目前，生态补偿政策作为一项以经济激励为主的生态保护政策，在世界各地的生态环境保护和促进区域经济协调发展进程中发挥了重要的作用。面对自然环境破坏遏制社会经济发展的难题，近年来我国也不断推进生态补偿机制的建立和完善以促进人与自然和谐发展。2017 年 10 月 18 日起召开的中国共产党第十九次全国代表大会上，习近平总书记更强调建设生态文明是中华民族永续发展的千年大计，其中在生态补偿方面，指出要扩大退耕还林还草，健全耕地草原森林河流湖泊休养生息制度，建立市场化、多元化的生态补偿机制。

除了保护环境的要求外，针对我国前期快速发展中所面临的一系列地区发展不协调、不平衡的现象，2016 年国务院办公厅印发的《关于健全生态保护补偿机制的意见》指出要"结合生态保护补偿推进精准扶贫"，生态补偿又被赋予了精准扶贫，协调区域经济发展的举措。

2015 年起我国在青海三江源地区开展国家公园体制试点，预期至 2020 年建成三江源国家公园。三江源国家公园体制试点区域总面积 12.31 万 km²，涉及治多、曲麻莱、玛多、杂多四县和可可西里自然保护区管辖区域，共 12 个乡镇、53 个行政村。三江源国家公园内，高寒草甸与高寒草原是生态系统的主体，面积最大，群落组成种类较少，结构单一，是园区水源涵养功能、生物多样性功能和原始自然景观功能的主要载体。由于气候变化和超载过牧，3 个园区均出现草地退化现象，退化草地面积占草地总面积的 46.54%。

同时，三江源国家公园社会经济发展落后，涉及的四个县均为国家级扶贫开发工作重点县，贫困人口 3.9 万人。居民以传统畜牧业生产为主，牧业人口约为 12.8 万，经济结构单一，社会发育程度较低。同时，还存在如基础公共设施建设严重落后、牧民素质普遍较低、技术推广难度较大等制约该地区自然同社会经济协调发展的因素。

因此，鉴于三江源国家公园的生态重要性、环境脆弱性和社会经济的特殊性，以及现有政策需求的迫切性，本节拟在上述生态资产研究的基础上，结合该地区实际自然禀赋条件和社会经济发展状况，设计三江源国家公园退牧还草生态补偿机制，构建三江源国家公园退牧还草生态补偿管理办法。重点空间化生态补偿机会成本，构建生态标准制定办法，提高生态补偿效率，促进生态保护和社会经济协调发展，为三江源国家公园生态补偿建设提供科学依据和实践指导。生态补偿机制通常包括以下几个方面。

1. 补偿原则

"谁保护、谁受益、获补偿"的原则：生态保护者受益原则、受益者补偿原则和受损害补偿原则。其包含三个含义：第一个含义是指三江源国家公园的生态保护者（如牧民）应从生态保护中获得必要的经济补偿；第二个含义是指从三江源国家公园生态保护中受益的主体需要支付必要的补偿；第三个含义是指三江源国家公园生态保护过程中对生态者造成直接或间接的经济损害理应得到补偿。

权利与责任对等的原则：明确受偿者在得到补偿之后履行生态保护的责任、范围、面积，将权利与义务统一起来。

生态优先，兼顾精准扶贫：考虑三江源地区特殊的生态保护地位，需要严格遵守三江源国家公园的功能区规划，在分区基础上以生态保护优先的原则来选择补偿范围。同时，坚持生态保护同精准扶贫相结合，通过补偿标准的制定、补偿方式的设计等渠道帮助当地居民实现替代生计的转换，建立新的、与生态保护目标不冲突的资源利用方式、经济发展方式和生活方式。

2. 补偿范围

同现有国家公园其余生态保护政策相协调，根据《三江源国家公园总体规划》中的功能区划范围，三江源国家公园核心保育区和生态保护修复区为生态补偿的主要范围。

3. 补偿标准

以机会成本+管护成本为准，即以弥补退牧还草使牧民缩减牲畜而损失的直接经济价值为下限，直接经济价值损失+生态管护员工资为上限。

4. 补偿方式

综合考虑受补偿地区的自然资源禀赋和社会经济发展状况，以不降低牧户现有生活水平、引导新兴替代生计为目标。

5. 补偿效果监督与考核

补偿政策实施后根据获得的生态绩效和社会经济影响为主要指标，对补偿范围内政府及居民进行监督和定期考核，结果一方面作为补偿资金调整和发放的依据，另一方面为下一阶段补偿政策实施奠定基础。

生态补偿机制设计流程如图8.9所示。

从生态资产的角度出发，可以分为资产数量和资产质量，其同现有政策规划相结合，影响着前期评估、补偿范围、补偿标准和补偿方式等生态补偿的各个环节（图8.10）。从退牧还草政策来说，补偿范围的确定包括已退化的草地分布及面积，在此基础上明

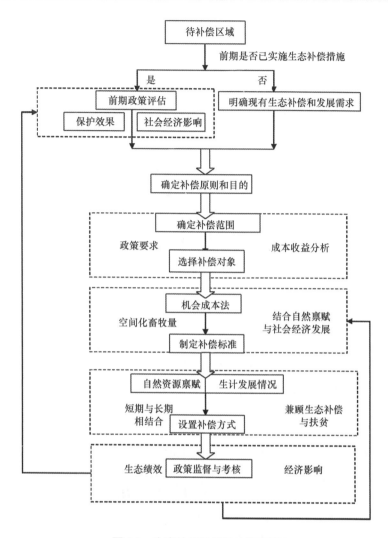

图 8.9 生态补偿机制设计流程图

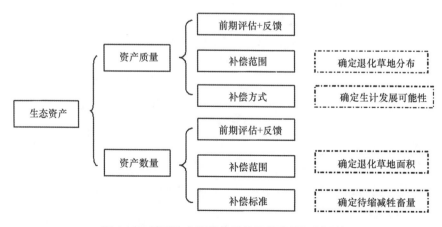

图 8.10 基于生态资产的退牧还草补偿机制设计

确待缩减牲畜量以确定补偿的机会成本，主要与待缩减面积及牲畜分布情况有关；在补偿方式的选择上，需要结合牧户所拥有的生态资产质量及自身发展情况，从可持续生计发展的角度进行。

8.3.2 生态补偿的成效评估及存在问题

1. 补偿现状

党的十六届五中全会以来，国家有关部委和青海省根据政策规定，开展了一系列生态补偿试点工作，积极探索建立长效机制，取得了明显成效。从 2000 年开始，国家先后实施了退耕还林（草）、退牧还草、生态公益林保护、天然林资源保护等生态保护工程；2005 年，国务院批准实施了《青海三江源自然保护区生态保护和建设总体规划》，10 年间先后投资 65 亿元实施了一批生态保护建设项目，取得了阶段性成效；2006 年取消了对三江源州、县（区）政府 GDP、财政收入、工业化等经济指标的考核；2008年，《国务院关于支持青海等省藏区经济社会发展的若干意见》，提出"从青海等省藏区生态地位的重要性和特殊性出发，建立健全生态补偿机制"；2010 年，《中共中央、国务院关于加快四川云南甘肃青海四省藏区经济社会发展的意见》，再次明确提出"加快建立生态补偿机制，完善一般性转移支付办法，结合国家级主体功能区规划，加大对国家重点生态功能区转移支付力度"。2010 年开始，围绕生态环境保护与建设、改善农牧民生产生活条件和提升基层政府基本公共服务能力三个方面，按照"突出重点、低标准起步"的原则，制定并实施了"一主八辅"的三江源地区生态补偿机制。"十三五"时期，是青海构筑国家生态安全屏障，建设生态文明先行区的关键时期；是大力推进三江源二期工程，建设三江源国家公园，探索生态文明建设全新体制，确保"一江清水向东流"的历史担当关键考验期。以五大发展理念为统领，全力推动三江源国家生态保护综合试验区和三江源二期工程建设取得更大成效，完成好党中央、国务院和省委省政府交付的重任，为美丽中国建设做出新贡献。

根据国务院已批准的三江源国家级自然保护区功能区划范围，三江源自然保护区功能分区为：核心区面积 31218km²，占自然保护区总面积的 20.5%；缓冲区面积 39242km²，占自然保护区总面积的 25.8%；实验区面积 81882km²，占自然保护区总面积的 53.7%。

1) 核心区：主要任务是保护和管理好典型生态系统与野生动植物及栖息地。以封禁管护为主，开展禁牧、禁猎、禁伐和禁止一切开发利用活动，通过封禁管护等措施恢复林草植被。以保护区作为主负责管理和建设的单元，建立完善管理体系和巡护制度。

2) 缓冲区：主要任务是缓冲或控制不良因素对核心区的影响，对轻微退化生态系统进行恢复与治理。缓冲区内以草定畜、限牧轮牧，通过封禁管护等措施恢复林草植被，同时作为科研、监测、宣传和教育培训基地。由保护区和各级政府、各行业主管部门共同负责管理与建设。

3) 实验区：主要任务是作为核心区与缓冲区的自然屏障，大力调整产业结构、优化资源配置、开展退化生态系统的恢复与重建，发展生态旅游等特色产业和区域经济，促进社会进步。

三江源一期工程期间退牧还草生态补偿主要补偿标准及方式为：①饲料粮款。分 3 种类型：一是有草场使用证农户的整体搬迁，每户每年补助 8000 元饲料粮款；二是有草场使用证农户的零散搬迁，即按照"集中安置，牧民自愿"原则搬迁部分地区的部分牧民，每户每年补助 6000 元饲料粮款；三是无草场使用证农户的搬迁，每户每年补偿 3000 元饲料粮款，以草定畜粮食补助每年每户 3000 元。②燃料费。2008 年开始发放取暖及生活燃料补助，2009 年，玉树藏族自治州、果洛藏族自治州生态移民每户每年取暖及生活燃料补助从 1000 元提高到 2000 元；黄南藏族自治州、海南藏族自治州地区生态移民户每户每年取暖及生活燃料补助从 500 元提高到 800 元。

自 2016 年起青海省《新一轮草原生态保护补助奖励政策实施方案（2016—2020 年）》中规定草原生态保护补助奖励主要包括禁牧补助和草畜平衡奖励：①在各州原禁牧补助测算标准的基础上，采取同比例调标的方法，并综合考虑各地人均草原面积、草原质量及收入差距等因素，对部分州测算标准做小幅调整后，最终确定各州测算标准为：果洛州、玉树州每亩 6.4 元，海南、海北州每亩 12.3 元，黄南州每亩 17.5 元，海西州每亩 3.6 元；②将草畜平衡任务逐级分解落实到县、乡、村及牧户，经公示后，由县与乡、乡与村、村与牧户层层签订草畜平衡合同，并由各级财政、农牧部门对履行草畜平衡义务的牧民，统一按每年每亩 2.5 元的测算标准给予奖励。

2. 效果评估

上述退牧还草生态补偿政策对三江源国家公园内的生态保护和社会经济发展同时产生了影响。对于生态保护，退牧还草等生态补偿政策限制了人类活动，促进了退化草地的恢复，增加了生态系统服务；对于社会经济发展，一方面退牧还草等生态补偿政策短期内会限制牧民现有的生计方式从而导致收入下降，另一方面在客观上也促进了该地区生计的转换，促使其从原有传统的农牧业生计转换为更为先进环保的新兴生计。

参照前文对于草原生态资产的核算方法，结合生态补偿政策特点和要求，下面以植被覆盖度为标准对各级草地进行分类［劣级草地（覆盖度小于 25%）、差级草地（覆盖度介于 25% ～ 50%）、中级草地（覆盖度介于 50% ～ 70%）、良级草地（覆盖度介于 70% ～ 85%）和优级草地（覆盖率大于等于 85%）］，估算生态补偿政策实施期间三江源国家公园生态保护效果；以国家公园范围内 4 县 12 乡／镇的人口、畜牧业总收入、牲畜饲养量等为标准，评估生态补偿政策对三江源国家公园社会经济的影响（图 8.11 ～图 8.13）。

经过 2010 ～ 2015 年的生态保护和恢复，三江源国家公园内的劣级草地、差级草地分别减少了 1795.91km² 和 2561.88km²，减少幅度分别为 7.12% 和 8.75%。良级草地和优级草地分别增加了 2750.98km² 和 2228.58km²，增加幅度达到了 203.22% 和

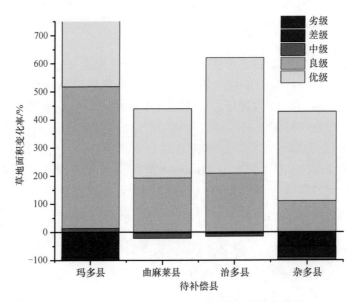

图 8.11　2010 ～ 2015 年各乡 / 镇各级草地变化量

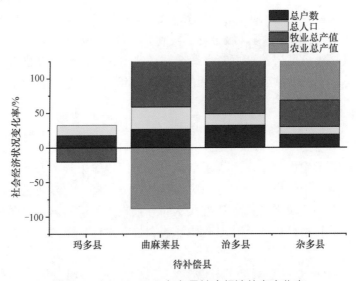

图 8.12　2010 ～ 2015 年各县社会经济信息变化率

354.74%。各县的各级草地面积变化率都说明生态补偿政策前期在草地保护、植被恢复方面显示出了一定成效。

　　在社会经济影响方面，该地区 5 年间呈现以下几个方面的特点：畜牧业产值依然呈现增长趋势，即生计替代没有发生，传统产业仍占主流；玛多县、杂多县人口下降，可能同生态移民有关；县域之间的差距变大，县域内的各乡社会经济发展趋于一致性。在牲畜饲养方面，就牲畜变化率而言，曲麻莱县变动幅度最大；羊的养殖、繁殖都有一定程度的缩减，可能是禁牧导致；牛的养殖、繁殖总体呈现上升趋势，可能是禁牧后牛肉价格上升，牧民受市场价格影响，同时相比较而言牛更容易圈养。

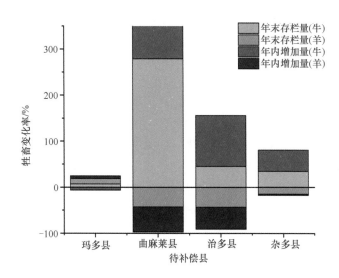

图 8.13　2010～2015 年各乡牲畜数量变化率

3. 存在问题

结合该地区生态补偿政策现状和前期政策成效，三江源国家公园退牧还草生态补偿还面临着诸多的困难，主要包括：

（1）生计替代难以发生，易形成"贫困—破坏—贫困"的恶性循环

接受补偿缩减草地牲畜量的牧民绝大多数是贫困户，个人素质、生产技能和所拥有的生产条件都极其有限，加之三江源地区交通偏僻，气候严峻，转换生计十分困难。政府后续进行技术培训、产业支持和引导等的难度相当大且效率低，而且这种情况下容易出现恢复放牧或者转移放牧的现象，削弱了生态保护的效果。因此，容易出现由于贫困无法转换生计—生态保护难以见效—无法从保护中真正获得红利而继续贫困的恶性循环，影响自然保护和社会经济的协调发展。

（2）补助标准偏低

该地区 8000 元的饲料粮补助款，随着社会经济的发展和物价的上涨，已不能保障群众的基本生产生活，燃料费补助也无法满足群众的采暖要求，而且一旦国家停止对生态移民的各项补助，群众将无法在此生存，导致极度贫困。生态移民中部分牧民群众只能依靠低保艰难度日，但由于低保覆盖面不广，难以做到应保尽保，无法有效解决生活困难群众的生活保障问题。

（3）生态保护任务依然严峻

虽然前期生态保护产生了一定成效，但是该地区仍然面临严重的草原退化风险，2015 年三江源国家公园内劣级草地和差级草地面积总和依然达到 51072.69km²，占草地总面积的 66.04%。同时，三江源国家公园开始试点建立以来，通过分区对国家公园内的草地等生态资产进行严格管理，客观上也对国家公园内生态补偿机制提出了更高的要求，不仅要能够协调生态保护同社会经济发展之间的关系，也要兼顾国家公园的总体规划，同其他生态保护政策相一致。

8.3.3 生态补偿机制的实现途径

1. 补偿范围

根据《三江源国家公园总体规划》中的功能区划范围，三江源地区国家公园分为核心保育区和一般管控区，实行差别化管控策略，实现生态、生产、生活空间的科学合理布局和可持续利用。其中，核心保育区和生态保护修复区为生态补偿的主要范围。核心保育区严格限制人类活动，限制畜牧业生产活动；生态保护修复区重点恢复重、中度退化的草地。根据这一基本要求，首先排除现有自然保护区中的核心区范围（无生产性畜牧业活动），并结合前文所提生态资产核算中涉及的草地植被覆盖度估算及分类方法，结合 12 个乡 / 镇行政区划定三江源国家公园退牧还草生态补偿范围：

1）核心保育区：限制各级草地的生产性畜牧业活动，总补偿面积为 37315.69km²。

2）生态保护修复区：按照前文的植被覆盖率分类，恢复劣级和差级草地，总补偿面积为 907.19km²。各乡（镇）各级待补偿草地面积如表 8.9 所示。

表 8.9　三江源国家公园各乡（镇）待补偿面积　　　　　（单位：km²）

乡 / 镇	劣级	差级	中级	良级	优级
扎青	1.25	124.00	377.50	206.44	56.50
曲麻河	1781.25	1912.50	840.00	329.75	109.63
扎河	21.13	360.75	653.56	573.06	195.31
叶格	697.69	779.00	112.94	20.31	2.94
阿多	1.13	65.31	192.38	135.69	43.06
查旦	2.94	301.88	412.25	79.56	13.00
昂赛	0.13	8.75	38.44	104.00	288.75
扎陵湖	72.94	2025.06	549.06	147.13	70.38
莫云	1.19	90.44	221.19	95.63	16.69
索加	10170.00	8989.75	2088.06	452.69	35.56
玛查理	5.31	237.00	598.19	367.38	91.25
黄河	4.81	203.44	398.06	351.56	97.38

根据"保护者得到补偿"的原则，保护生态环境、提供生态服务功能的人群即为生态补偿对象。首先，根据三江源国家级自然保护区保护要求，确定保护的地域范围。其次，分析当地居民生产和土地利用与生态保护要求的矛盾，确定保护地域内依赖受保护生态系统生产与生活的居民。三江源受到生态补偿的对象应是当地农牧民，生态移民是生态补偿的重点。

从流域上下游责任机制的角度来说，三江源地区作为"中华水塔"，承担着向下游乃至全国提供包括但不限于水土保持、水源涵养、防风固沙、洪水调蓄等多种极为重要的生态系统服务。但至今为止，该地区的生态补偿政策仍以中央政府补贴为主，层次较为单一，资金来源有限，当地牧民等生态系统服务提供者付出了巨大牺牲，却并没有获得充足的补偿和发展机会，一定程度上不仅影响了补偿效果和效率，也不利于区域协调发展和民族团结。

2. 补偿机制的改进措施

为了加快推进三江源地区多元化、多层级的生态补偿机制建设，本章从责任机制角度提出以下几点建议。

1) 在中央和地方政府纵向补偿的基础上，完善地方区域流域内横向补偿。三江源地区辐射了长江中下游大部分地区，可以根据提供的生态系统服务潜力和潜在范围，对于距离较近直接受益的省份，如甘肃、四川等地，借鉴省际流域补偿的"新安江模式"。根据实际供需情况，选择生态系统服务类型和指标，如流域边界断面水质等，由省级政府合作协调，进行补偿资金的分配。对于距离较远不直接受益的省份，如长江下游地区，则可以通过设置和收取补偿基金的方式，按受益范围和大小对三江源地区进行补偿。

2) 上下游政府及企业需要合作构建市场化的生态补偿机制。具体体现在生态资产价值化、市场化等方面。从补偿的持续性上来说，三江源地区需要形成更加环保先进的替代生计，摆脱现有传统畜牧业的束缚，才能真正实现补偿效果及区域经济协调。而受益的中下游地区政府及企业一方面可以通过产业政策、资金倾斜等方式，扶持培育当地新兴产业的发展；另一方面可以通过建立绿色标签等形式，将三江源地区的生态资产切实转化为生态产品，使当地牧民增收的同时造福其余地区。

3. 补偿标准的价值实现

结合各乡 / 镇牲畜分布平均密度得到各乡 / 镇各栅格的牲畜分布密度，进一步根据需要退牧的草地面积,空间化减少各级草地面积时需要缩减的牲畜数量（以羊单位为计，1 个牛单位等于 5 个羊单位，1 个马单位等于 5 个羊单位）。其中，核心保育区和生态保护修复区共计需要缩减 816644 个羊单位（表 8.10）。

表 8.10　三江源国家公园各乡 / 镇各级草地待缩减羊单位　　（单位：个）

乡 / 镇	劣级	差级	中级	良级	优级
扎青	82	7370	25450	11010	4195
曲麻河	63075	61364	30573	9495	4394
扎河	1558	24101	49530	34357	16300
叶格	35992	36414	5988	852	172
阿多	65	3430	11459	6394	2825
查旦	358	33304	51591	7877	1792
昂赛	17	1070	5333	11414	44116
扎陵湖	564	14192	4365	925	616

续表

乡 / 镇	劣级	差级	中级	良级	优级
莫云	112	7722	21423	7327	1780
索加	64151	51382	13538	2322	254
玛查理	42	1681	4812	2338	808
黄河	63	2405	5338	3729	1438
合计	166079	244435	229400	98040	78690

最后结合机会成本计算公式，计算出各级草地退牧所需补偿机会成本。核心保育区和生态保护修复区共计补偿机会成本 8324.64 万元，平均每户应补偿机会成本 1.28万元（表 8.11）。

表 8.11 三江源国家公园各乡 / 镇补偿机会成本总额与每户补偿额

乡 / 镇	补偿机会成本总额 / 万元	每户补偿额 / 元
扎青	490.39	9320.02
曲麻河	1721.73	26186.76
扎河	1282.84	15806.26
叶格	809.56	19218.24
阿多	246.42	7924.03
查旦	967.60	13148.59
昂赛	631.50	10295.31
扎陵湖	398.95	4509.60
莫云	734.67	19262.57
索加	2490.88	11154.33
玛查理	185.22	2861.46
黄河	248.04	6572.52

根据现有生态管护员工资水平（每人每月 1800 元），假设退牧后每户多余一个剩余劳动力，为其提供生态管护岗位，同时负责退牧地区的监督管护及补偿政策实施前期的栏杆修整等部分实施工作。那么，该户每年的补偿额度为机会成本 +1800 元 / 月 ×12月，具体各乡 / 镇情况见表 8.12。最终补偿总额为 34560.93 万元。

该补偿方式同时考虑了生态保护所需要的机会成本同监督生态保护效果所需要的管护成本。从生态资产的角度出发，一方面保证了牧户现有生计水平不下降，消化了退牧后可能产生的多余劳动力；另一方面解决了现有政策监管不力的状况，也可以充分发挥牧户和当地社区的自主管理能力，从当地实际出发高效地转变生态资产利用方式，保证补偿政策的效果和效率。具体实施中，管护员的数量、分配及工资额度可以根据各乡 / 镇具体情况进行调整，即最终的补偿成本应当以机会成本为下限，机会成本 +管护员工资为上限，根据实际情况适当调整。

表 8.12 三江源国家公园各乡／镇补偿总额与每户补偿额

乡／镇	补偿总额／万元	每户补偿额／元
扎青	2624.40	30920.02
曲麻河	4366.96	47786.76
扎河	4573.68	37406.26
叶格	2502.21	40818.24
阿多	1507.09	29524.03
查旦	3966.27	34748.59
昂赛	3164.20	31895.31
扎陵湖	2121.52	26109.60
莫云	1214.90	40862.57
索加	6165.48	32754.33
玛查理	1496.82	24461.46
黄河	947.40	28172.52

4. 补偿方式

本章中,生态补偿通过改变土地利用形式,就是说需要改变牧户的行为方式来实现,同时有效地改变牧户的行为方式并保持其持久性和延续性。这其中包含两层含义:一层是有足够的动力或意愿去改变土地利用方式;另一层是没有动力去恢复原有的土地利用。

生态补偿政策要求农户进行土地利用方式转换,转变资源利用方式,这个过程中会导致农户生计的转变,如果能够通过合适的补偿金额和补偿方式,保证其生计在这个过程中不受影响,甚至从长远来说获得更好的发展,那么农户就有动力完成补偿,并且没有动力去恢复原有的土地利用方式(Gilbert,2005)。

上文设置基于机会成本的补偿金额已经能够弥补牧户的损失,但是不同地区的牧户生计条件是不同的,其对发展生计的要求也不一致,在剥夺了其传统的草地利用方式后,应该根据其生计需求,提供有一定差别的补偿形式,以帮助其弥补生计短板,发挥长处,实现可持续生计发展,这不仅有利用巩固生态补偿效果,而且在一定程度上可以实现补偿范围内的精准扶贫。

当前我国主要有四种补偿方式:货币补偿、实物补偿、政策补偿和智力(技术)补偿(江秀娟,2010)。

1)货币补偿。货币补偿简单来说,就是以金钱形式发放的补偿。货币补偿方式是最简单、接受度相对最广、最易推行的补偿方式。相对于其他类型的补偿方式,货币补偿最直接,也最便于操作。

2)实物补偿。实物补偿是用实物代替金钱向被补偿者进行补偿,如发放粮食等生活物资。

3)政策补偿。主要指的是除中央政府外,下级政府在其授权的范围内,制定一系列创新性的政策,根据本地发展需要提供一些税收优惠等政策支持,以利于本地区经济社会发展、人民生活水平的提高,将政府帮助宣传等形式上移到政策支持。

4）智力补偿（技术补偿）。智力补偿是指通过提供技术、行业培训，以提高被补偿者智力、技术水平为目标进行的一种"造血型"形式的补偿方式，可以从综合能力上提高受补偿者生产管理技能、技术操作含量和行业管理水平。

上述四种补偿方式各有优劣，货币补偿最为直接，短期成效好，对于自我发展能力不强的贫困牧户而言是首选。而部分十分贫困的地区牧户也会较为倾向实物补偿，因为能够直接获得物资而不用再次交易。这两项都属于"输血型"补偿方式，针对的是生计资本中结构脆弱、难以经受冲击的牧户，帮助其快速弥补由于耕地转换而带来的收入显著减少。政策补偿和智力补偿见效慢，但是是"造血型"补偿方式，能够在长远中促进生态补偿与当地社会经济的协调发展。其实施能否得到被补偿者的接受，能否切实推行，受到包括自然资源禀赋、当地社会经济发展水平等多方空间信息制约。根据自然禀赋和社会经济发展状况的不同，提炼出一个包含自然条件和发展替代生计难度的补偿方式选择框架，如图 8.14 所示。

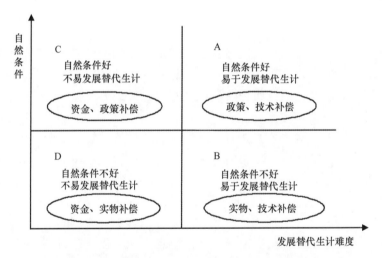

图 8.14 基于生计替代的补偿方式选择框架

其中，对于自然条件、替代生计发展难度的判断可以根据研究地区的不同而选择不同的指标。通常自然条件一级指标可以包括生态资产数量和质量、当地或者附近是否存在独特景观、是否依靠大型自然保护区等；替代生计发展难度一级指标可以包括距大城市距离、交通网密度、当地人均教育水平、是否已经存在替代生计等。

同补偿标准制定相同，针对三江源国家公园范围内的 4 县 12 乡/镇的研究单元，定性判断其自然条件和替代生计发展难度，可以看出：

1）各乡/镇均处于高原生态系统区，自然地理条件相对较为严峻，虽然有独特的高原生态景观，但受到地理位置、保护政策等限制，大规模开发难度较大。

2）在前期生态补偿政策实施期间，各乡/镇并没有出现替代生计，除去杂多县农业有一定发展以外，大部分地区仍以传统畜牧业为主。同时，该地区牧民个人素质和生产技能相对薄弱，短时间内不利于其余替代生计产生。

3) 玛多县、杂多县距离玉树等旅游业有所发展的城市相对较近，发展旅游业有相对优势，但是由于海拔较高、空气稀薄、县城内各乡 / 镇基础设施相当短缺等，大规模开发依然有难度。

结合上述框架，可以看出，该地区总体属于 D 地区和 B 地区。其中，玛多县和杂多县相对而言更容易发展生态旅游，而治多县和曲麻莱县更加依赖畜牧业发展。从短期而言，各个地区均需要以实物和资金补偿为主，以保障牧民的生计安全，进而保证生态补偿的实施效果。

从长远来看，可以通过国家政策、技术倾斜，推动该地区发展绿色农牧业，通过贴生态标签等形式转化当地的牦牛、羊等资产为实际利益，提高牧户收入从而保证其改变原有土地利用和牧业生产方式。在此基础上，玛多县和杂多县可以尝试在不破坏生态保护成果的基础上发展小规模的生态旅游业，探索个体与社区相结合的生计发展模式。

政府主要通过合理的产业扶持，运用"项目支持"或"项目奖励"的形式，将补偿资金转化为技术项目安排到三江源区帮助发展替代产业，或者对无污染产业的上马给予补助以发展生态经济型产业。把生态补偿转化成当地的生态保护建设项目，鼓励当地居民承担生态保护建设项目，通过项目真正提高当地居民的收入，以增加落后地区的发展能力，形成造血机能与自我发展机制，使外部补偿转化为自我积累能力和自我发展能力。

5. 补偿效果考核办法

(1) 现行验收方法与存在问题

青海省退牧还草工程验收工作主要依据《青海省退牧还草工程管理办法》《青海省退牧还草工程专项资金监督管理暂行办法》《青海省退牧还草工程减畜休牧管理办法》进行，由青海省农业农村厅负责牵头组织，实行三级验收制，州、县进行自验，省上进行抽验，接受国家部委验收。验收主要针对围栏、人工饲草地、黑土滩试点、舍饲棚圈建设情况以及补播面积等内容，通过资料收集、资料查对和现场检查等方式进行。对检查验收中发现的问题，责成问题单位整改；未达到检查验收标准的，视其情况责令返工、重建，并予以通报批评。

现行的验收方式主要基于生态补偿政策实施后的生态活动，其考核内容主要是活动类型是否改变。这种考核方式主要有两方面缺陷：一是当政府之间存在严重的信息不对称时，需要落实生态补偿的行为主体——牧户和监督者。为了克服这种信息不对称，需要付出大量的人力（如增加草原管护员等）和财力（监管费用），在三江源国家公园这种补偿面积大、人口稀少的地区，监管评估成本就会更高。二是生态补偿的最终目的是通过经济激励补偿对象改变行为从而获得环境收益，那么，仅仅针对补偿过程进行评估监管容易加剧当地居民的排斥心理，挤压其发挥个人、社区等组织在草地管理方面的空间。

(2) 基于生态资产的补偿考核方法

首先，该种补偿评估及考核方式的主要指标为生态补偿政策实施后的效果，即是针对补偿结果的评估和考核。对于三江源国家公园，以植被覆盖率和相对生物量作为指标。

其次，生态补偿效果评价和考核的对象为受偿者，即纳入生态补偿范围的集体土地的所有权和使用权拥有者（直接受偿对象），以及生态补偿范围内的当地政府及居民（间接受偿对象）。评估和考核尺度以乡/镇为单位，由乡/镇政府主导进行，构建乡/镇—县—州—省的监督和传递渠道，生态补偿部门同受偿区州县政府签订年度环保责任目标，明确考核指标和达标要求等内容，签订目标责任书。同时，县政府下属乡/镇政府同受偿牧户之间签订目标责任书，明确权利和义务。这样形成自上而下和自下而上两条线，县、乡/镇政府起主要沟通和联结作用。

最后，生态补偿实施部门根据年度考核结果和责任书相关条例，综合运用结果评定补偿绩效，确定下年度补偿资金的发放，对不达标的县、乡/镇政府进行处罚。同时，乡/镇政府根据牧户的完成情况进行公示和奖惩，配合补偿资金的发放。

（3）基于生态资产的考核办法的优点

首先，以最终效果为目标的考核办法能够激发当地牧民的草原管理热情，充分运用当地的社区组织、风俗民情等要素完成补偿目标。

其次，乡/镇政府可以从当地生态移民或者缩减牲畜量的牧户中选择草原管护员。一方面在考核的同时增加生态岗位，精准扶贫；另一方面便于获取牧户对于补偿政策的感知和接受程度。

最后，所获得的关于植被覆盖和相对生物量的数据可以用于当地生态资产评估数据库的构建，结合牧户政策满意度数据，可以更加精准地确定补偿的条件性和额外性，精准筛选必须投入补偿才可以获得环境收益。

参考文献

江秀娟. 2010. 生态补偿类型与方式研究. 青岛: 中国海洋大学硕士学位论文.

李晓锦. 2011. 基于混合像元分解的制备覆盖度估算及动态变化分析. 西安: 西北大学硕士学位论文.

李屹峰, 罗玉珠, 郑华, 等. 2013. 青海省三江源自然保护区生态移民补偿标准. 生态学报, 3: 764-770.

潘建平, 叶焕倬. 2007. 基于要管分类的制备覆盖度提取. 测绘信息与工程, 6: 17-19.

秦大河. 2014. 三江源区生态保护与可持续发展. 北京: 科学出版社.

习近平. 2017. 决胜全面建成小康社会 夺取新时代中国特色社会主义伟大胜利——在中国共产党第十九次全国代表大会上的报告. 新华网. http://www.xinhuanet.com//2017-10/27/c_1121867529.htm. 2017-10-27.

Czúcz B, Molnár Z, Horváth F, et al. 2008. The natural capital index of Hungary. Acta Botanica Hungarica (Suppl 1): 161-177.

Gilbert É. 2005. In search of sustainable libelyhood systems. Managing Resources and Change, 46(183): 718.

Glenn N F, Neuenschwander A, Vierling L A, et al. 2016. Landsat 8 and ICESat-2: Performance and potential synergies for quantifying dryland ecosystem vegetation cover and biomass. Remote Sensing of

Environment, 185: 233-242.

Istanbulluoglu E, Bras R L. 2005. Vegetation-modulated landscape evolution: Effects of vegetation on landscape processes, drainage density, and topography. Journal of Geophysical Research-Earth Surface, 110 (F2): 1-19.

Lai T Y, Salminen J, Jappinen J P, et al. 2018. Bridging the gap between ecosystem service indicators and ecosystem accounting in Finland. Ecological Modelling, 377: 51-65.

Maseyk F J F, Demeter L, Csergő A M, et al. 2017. Effect of management on natural capital stocks underlying ecosystem service provision: a 'provider group' approach. Biodiversity and Conservation, 26 (14): 3289-3305.

Mukhopadhyay B, Khan A. 2017. Altitudinal variations of temperature, equilibrium line altitude, and accumulation-area ratio in Upper Indus Basin. Hydrology Research, 48 (1): 214-230.

Ruijs A, Egmond P. 2017. Natural capital in practice: How to include its value in Dutch decision-making processes. Ecosystem Services, 25: 106-116.

Smith A C, Harrison P A, Soba M P, et al. 2017. How natural capital delivers ecosystem services: A typology derived from a systematic review. Ecosystem Services, 26: 111-126.

Treitz P, Howarth P. 2000. High spatial resolution remote sensing data for forest ecosystem classification: An examination of spatial scale. Remote Sensing of Environment, 72 (3): 268-289.

Wang Y, Yang J, Chen Y, et al. 2018. The spatiotemporal response of soil moisture to precipitation and temperature changes in an arid region, China. Remote Sensing, 10 (3): 468.

Yanai R D, Lucash M S, Sollins P. 2003. Ecosystem ecology: in pursuit of principles. Ecology, 84 (6): 1640.

第9章

生态承载力与区域生态安全评价

生态承载力强调生态系统本身所能提供的人类赖以生存和发展的物质基础条件，是判断生态安全与否的先决因素；而生态安全状态则是强调人类的生存发展与生态承载力的关系，是判断生态系统是否可持续发展的关键。本章在前序章节对三江源国家公园生态系统服务功能、生物资源状况、家畜、经济社会等单一因素评估的基础上，采用指标体系法对三江源国家公园生态承载力与生态安全的现状进行了评价，并对三江源国家公园草地放牧家畜和野生有蹄类食草动物承载力及生态安全状况进行了评价，同时基于旅游承载力对三江源区游客生态容量进行了探索性评估。

基于指标体系法对三江源地区生态承载力评价结果表明，层次分析法确定指标权重和综合均衡整合指标的方法计算该地区平均生态承载力指数分别为 0.495 和 0.552，均表明三江源地区生态承载力处于中等水平，呈现出由东南向西北逐渐减小的空间格局，地区生态承载力水平的差异较大；最小值整合法分析表明，三江源地区生态承载力最主要的三个限制因素是水源涵养量、NPP 和植被覆盖度。生态安全评价结果表明，三江源地区生态安全状况基本处于濒危到较安全之间，东南部地区生态安全状况相对较好，中部地区的生态安全处于濒危或相对安全状态，西北部的可可西里生态状况堪忧，仍需通过生态环境保护和治理加强三江源国家公园的生态安全建设。基于 4 套不同野生有蹄类食草动物的调查数据对草地载畜压力分析结果表明，三江源国家公园核心保育区尚有较充裕的生存空间，而在野生有蹄类食草动物和放牧家畜重叠区域均呈现 20% 以上的超载状态（超载 20% 以上），放牧家畜仍是草地超载的主要原因，仍需通过减畜释放草地压力，野生有蹄类食草动物比只考虑放牧家畜使不同地区草地载畜压力增加 1% ～ 22%。

采用疏林草地用地标准（不考虑旅游区当地居民）对三江源地区可承载游客生态容量的计算结果表明，该地区平均游客生态容量为 1.24 人 / km²，由东南向西北逐渐降低，以此为标准 2015 年的游客人数已经超过该区域的游客生态容量，至 2017 年已经超载 89.45%。而采用一般景点用地标准（考虑旅游区当地居民）进行核算，表明三江源地区平均游客生态容量为 0.83 人 / km²，该地区东北部、中南部、西南部的游客生态容量均为负值，已超过该地区的生态容量，而中部可承载的游客生态容量最高，适合进一步发展旅游。尽管两种方法存在差异，但两种结果均显示三江源游客生态容量较低，已经或者即将超载。

9.1 基于指标体系法的生态承载力与生态安全综合评价

目前，大多数生态承载力研究多采用综合评价法，在确定指标体系的权重时依靠专家打分的层次分析法，但研究调查专家数量的限制，往往造成权重结果主观性较强，使得生态承载力的计算结果存在较大不确定性。因此，本节在进行生态承载力指标整合时，为了减少不确定性，分别采用了基于层次分析法确定指标权重、综合均衡整合、最小值整合三种方法进行分析（数据源和方法参见第 3 章）。

9.1.1　基于层次分析赋权重法的三江源地区生态承载力综合评价

生态承载力指数值域为 [0,1]，其值越大，表明生态承载力越大。基于层次分析赋权重法计算的三江源地区平均生态承载力指数为 0.495，属于中等水平，呈现出由东南向西北逐渐降低的空间格局（图 9.1）。

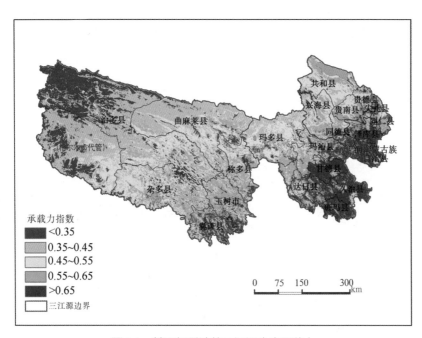

图 9.1　基于权重法的三江源生态承载力

从评价指标体系中气候、土、地形、生物和水五个指标层来看，三江源地区平均气候层承载力为 0.465［图 9.2（a）］，土层承载力为 0.757［图 9.2（b）］，地形层承载力为 0.672［图 9.2（c）］，生物层承载力为 0.451［图 9.2（d）］，水层承载力为 0.307［图 9.2（e）］。其中，作为对三江源承载力影响最大的水层，其承载力水平是最低的，这主要是地表水水质数据的影响，2005 年和 2006 年三江源大部分地区地表水水质较差（由于本部分参考的地表水水质数据仅限于 2015 年、2016 年和 2017 年三年的数据，后续需要进一步补充完善）。从结果来看，土层承载力是五个指标层最高的，说明三江源地区土壤条件较好，土壤保持能力高，但该地区较低的气候承载力限制了整体生态承载力的提高，这一结果比较符合三江源地区的实际情况。

9.1.2　基于综合均衡整合法的三江源地区生态承载力综合评价

基于综合均衡整合法计算的三江源地区平均生态承载力指数为 0.552，最小值为 0.194，最大值为 0.827，地区间生态承载力水平的差异性较大，呈现出由东南向西北逐渐减小的空间格局（图 9.3）。

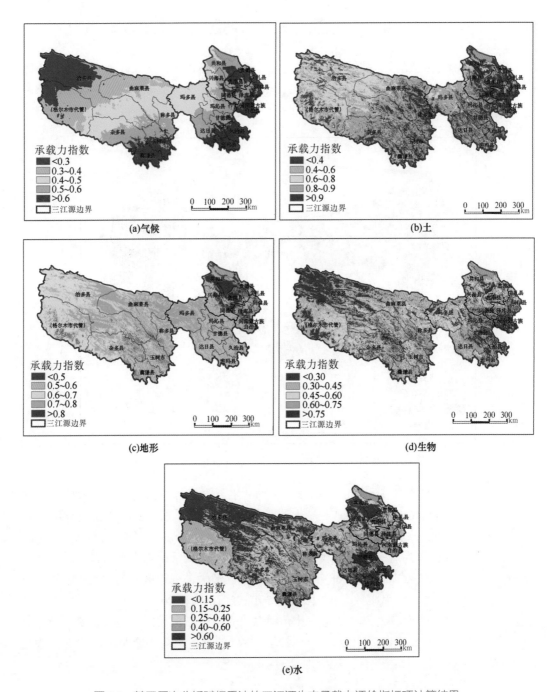

图 9.2　基于层次分析赋权重法的三江源生态承载力评价指标项计算结果

9.1.3　基于最小值整合法的三江源地区生态承载力综合评价

基于最小值整合法计算的三江源地区平均生态承载力指数为 0.085，大部分地区生

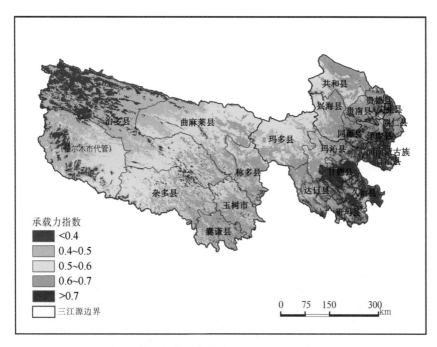

图 9.3　基于综合均衡整合法的三江源生态承载力

态承载力水平都较低，只有泽库县、甘德县、玛沁县、达日县、久治县、称多县等生态承载力大于 0.20（图 9.4）。

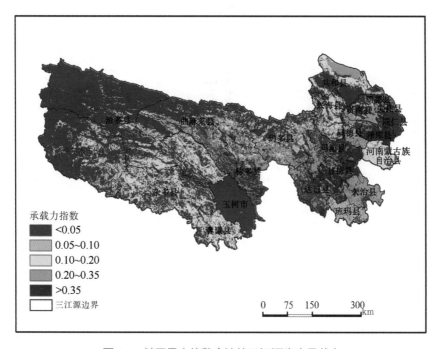

图 9.4　基于最小值整合法的三江源生态承载力

从生态承载力限制因素来看，三江源地区生态承载力最主要的限制因素是水源涵养量（占总面积的 36.12%），主要体现在治多县、曲麻莱县、唐古拉山镇，这些地区受海拔高的影响，多为荒漠、冻原，水源涵养量较低，符合实际情况；限制生态承载力的第二和第三位因素为 NPP（18.17%）和植被覆盖度（15.79%），主要体现在曲麻莱县东部、称多县、玛多县南部、达日县；另一个限制生态承载力的因素为地表水水质（14.76%），主要表现在杂多县、治多县东南部、河南县、泽库县、同仁县、兴海县等（图 9.5 和图 9.6）。另外，限制玉树市、囊谦县、班玛县和久治县生态承载力的因素主要是受威胁动物种类数，四个县市受威胁动物种类数分别为 34 种、29 种、32 种、23 种，都是野生动物保护的重点区域。

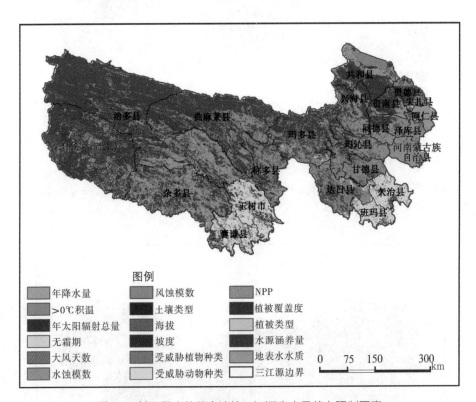

图 9.5　基于最小值整合法的三江源生态承载力限制因素

素有"中华水塔"之称的三江源地区，除了是长江、黄河和澜沧江三条大江河的发源地外，同时冰川雪山广布、河流湖泊密布、湿地沼泽众多，使得水资源和水域生态环境保护任务重大而艰巨。另外，三江源地区有着独特的动植物资源，高寒生物多样性丰富，但脆弱的生态环境、剧烈的气候变化和人类扰动明显限制了生物多样性保护的成效。今后三江源生态保护工程仍需进一步加大对水资源和野生动物的保护，促进草地的修复和休养生息（董锁成等，2002；周华坤等，2010；刘纪远等，2013；韦晶等，2015；顾延生，2016；何跃君，2016；甄雪刚，2017）。

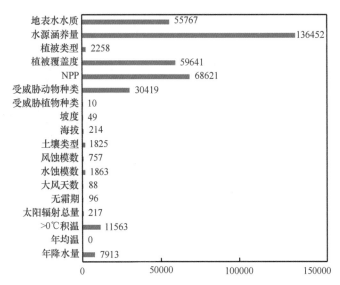

图 9.6　基于最小值整合法的三江源生态承载力限制因素面积统计（单位：km^2）

9.1.4　三江源地区生态安全评价结果

三江源地区生态安全评价结果表明，该地区生态安全状况主要集中在较安全、濒危和较不安全三个等级，其中生态安全处于濒危状况的区域占总计算面积的 55.13%，极少有不安全地区，但同时安全地区也极少（图 9.7）。

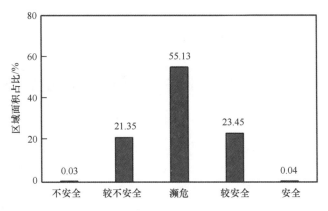

图 9.7　三江源地区不同生态安全等级区域面积占比

从区域生态安全格局来看，三江源地区生态安全区域差异十分明显，西部治多县、玛多北部地区生态安全性相对较低，主要是受这些地区本身脆弱的生态环境影响；东部地区的贵德县、贵南县、同德县等部分地区也有较不安全的分布，主要是因为这些地区人口密度大、载畜数量相对较多，经济社会响应不足。三江源南部地区的玛沁县、河南县、久治县、甘德县、班玛县、囊谦县等县生态安全状况相对较好（图 9.8）。

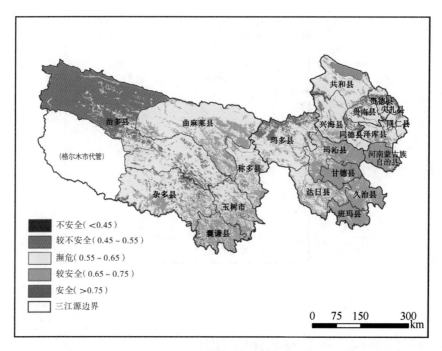

图 9.8　三江源地区生态安全格局

　　总的来说，三江源地区需要通过加强生态环境保护和治理、控制人口数量的增加、提高教育水平、控制草地家畜放牧数量等积极措施，加强三江源国家公园的生态安全建设。

　　需要说明的是，唐古拉山镇缺少相关统计数据，故在评估三江源地区的生态安全状况时没有考虑唐古拉山镇。

9.2　基于草地畜牧业生产的生态承载力与生态安全评价

　　草地生态系统是三江源地区最主要的生态系统类型，草地畜牧业是该地区牧民赖以生存的基础产业，其发展程度极大影响着三江源地区草地生态系统的生态安全状况（汪诗平，2003；刘纪远等，2008；Fan et al.，2010；Yu et al.，2012；Zhang et al.，2017；李猛等，2017）。在维持三江源地区草地安全状况的前提下，三江源草地可承载多少牲畜？这些牲畜能产生多少价值？可供养多少人口？目前三江源地区的草地畜牧业是否威胁到三江源的生态安全状况？这些问题都是决策者关注的重点（樊江文等，2011；朱晓丽等，2012；张良侠等，2014；单菁菁，2015；后燕强，2017；甄雪刚，2017）。本节运用第3章生态承载力和生态安全评估方法，仅考虑草地畜牧业，对三江源地区草地承载牲畜数量及可供养的人口数量进行了估算，并通过与三江源地区目前的草地畜牧业和人口状况进行对比，分析了三江源地区仅考虑草地畜牧业的生态安全状况。

9.2.1 基于理论载畜量的三江源地区生态安全评估

计算表明，三江源地区 2013 ～ 2017 年单位面积平均理论载畜量为 0.58SHU/
hm²，总体可承载牲畜 1356.25 万 SHU，呈现由东南向西北逐渐降低的趋势（图 9.9）。
其中，三江源国家公园黄河源园区、长江源园区和澜沧江源园区分别可承载牲畜总量
分别为 53.59 万 SHU、119.69 万 SHU、51.94 万 SHU；黄河源园区的扎陵湖 – 鄂陵湖
和星星海保护区的核心区共可承载 4.25 万 SHU，长江源园区的索加 – 曲麻河保护区的
核心区可承载 17.11 万 SHU，澜沧江源园区的果宗木查和昂赛保护区的核心区共可承
载 10.50 万 SHU（表 9.1）。

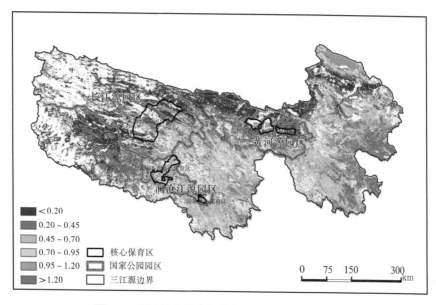

图 9.9　理论载畜量空间分布（单位：SHU/hm²）

表 9.1　三江源国家公园各园区及核心保育区理论载畜量

园区	区域	单位面积草地理论载畜量 /(SHU/hm²)	可承载牲畜总量 / 万 SHU
黄河源园区	扎陵湖 – 鄂陵湖保护区核心区	0.33	2.53
	星星海保护区核心区	0.27	1.72
	黄河源园区	0.37	53.59
长江源园区	索加 – 曲麻河保护区核心区	0.29	17.11
	长江源园区	0.26	119.69
澜沧江源园区	果宗木查保护区核心区	0.49	8.60
	昂赛保护区核心区	0.89	1.90
	澜沧江源园区	0.54	51.94

　　根据青海省草原总站提供的数据统计，2013 ～ 2017 年三江源地区年平均放牧家畜总量为 2235.98 万 SHU，载畜压力指数（现实载畜量和理论载畜量的比例）达到了 1.65，超载了 65%。以超载状况作为判断三江源地区草地畜牧业生态安全状况的依据，则三江源西北地区和中部地区，生态呈现安全或较安全状态，南部地区的囊谦县、玉树市以及东北地区部分县市呈现较不安全状态，而东北地区的部分地区生态不安全（图 9.10）。由于相关数据匮乏，本次生态安全评估未充分考虑三江源地区东北部和南部的共和县、贵德县、贵南县、同德县、尖扎县及囊谦县等农牧交错地区人工草地生产的饲草及农副产品可支撑饲养的放牧家畜数量。后续如若将这些地区人工草地生产的饲草及农副产品可供饲养的放牧家畜数量进行测算，通过资源置换，三江源地区整体生态安全状况将会有所改善。

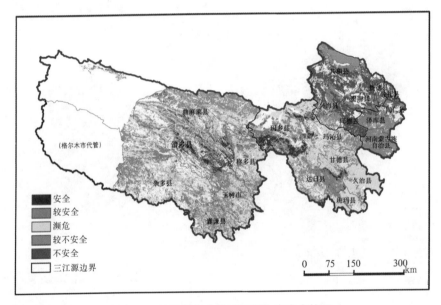

图 9.10　基于畜牧业的三江源生态安全状况

9.2.2　基于草地畜牧业的人口承载力情景分析

　　若三江源地区草地总体可承载的 1356.25 万 SHU 牲畜全部为家畜，按每个羊单位家畜肉产量价值、奶产量价值和毛皮价值等估算一个单位标准羊单位家畜价值量为 1700 元，则三江源地区理论载畜量可产生 230.56 亿元价值量，其中，治多县、杂多县、曲麻莱县和玉树市最高，唐古拉山镇最低（图 9.11）。

　　基于图 9.11 理论草地畜牧业家畜产值，在三江源地区目前收入状况的情景下，三江源绝大部分地区的可容纳人口数均高于现实人口数，仅三江源东北部分县和囊谦县的现实人口数目高于可容纳人口数目（图 9.12）。在小康水平的情境下，三江源地区的可承载人口压力指数的空间分布和图 9.12 相似，三江源基本上都达到了小康水平

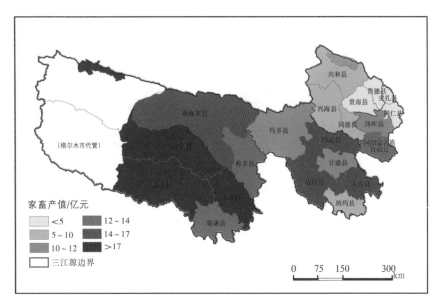

图 9.11 理论载畜量的价值量空间分布

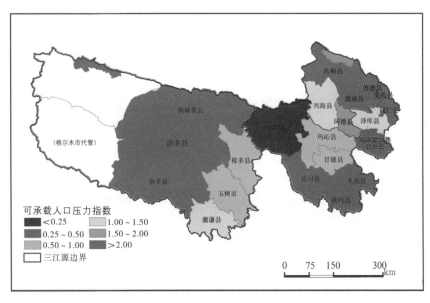

图 9.12 按三江源目前收入的可承载人口压力空间分布

（图 9.13）。在高收入水平（东南沿海地区收入水平）的情境下，治多县、曲麻莱县、玛多县、达日县、久治县和唐古拉山镇的可容纳人口数目高于现实人口数目，还可以承载更多的人口。而三江源东北部分县和囊谦县、玉树市则可承载人口压力指数较高，现实人口数高于可容纳人口数目（图 9.14）。需要说明的是，本节讨论的草地畜牧业人口承载力是以三江源地区天然草地平均载畜量为基础计算的，并未考虑共和县、贵德县、贵南县、尖扎县、同德县及囊谦县等农牧交错地区人工草地生产的饲草及农副产品可支撑饲养的放牧家畜数量。

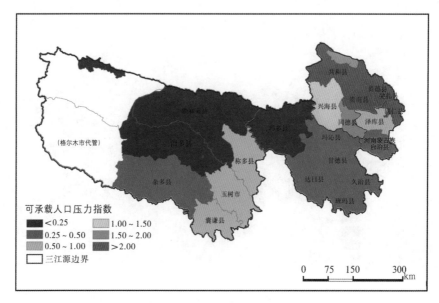

图 9.13　按小康水平收入的可承载人口压力空间分布

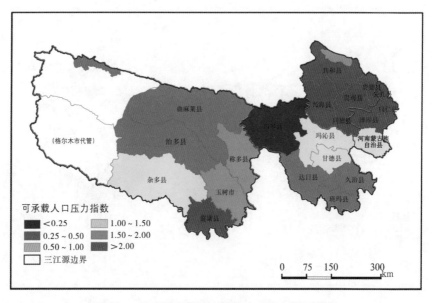

图 9.14　按富裕水平的可承载人口压力空间分布

9.2.3　考虑野生有蹄类食草动物的草地承载力分析

自从三江源生态保护与建设工程实施以来，三江源地区野生动物保护取得了重要进展，野生动物数量有了明显增加（邵全琴等，2013，2016，2017；Shao et al.，2017）。随着野生食草动物种群数量的迅速增加，野生食草动物与家畜争食牧草的问题日渐突出，冲击当地传统畜牧业发展的同时，也逐渐威胁到了三江源地区草地生态安全（Yang et al.，2010；刘纪远等，2013；李秋静和薛立，2014；杨帆等，2018）。本节基于书中 2.2 节、3.1 节以及相关文献对三江源不同地区野生有蹄类食草动物数量进行了估算，结合对应地区现有放牧家畜数量，通过草畜平衡的估算，尝试揭示畜牧业生产及野生有蹄类食草动物对三江源草地生态安全的影响。在进行草畜平衡估算时统一将野生有蹄类食草动物折算成羊单位，参考相关标准，藏原羚为 0.5SHU，藏羚为 1SHU，藏野驴为 4SHU，白唇鹿为 4SHU，野牦牛为 6SHU，岩羊为 1SHU，家养牦牛为 4SHU，家养藏羊为 1SHU。

1）情景一：基于李欣海等（2019）对曲麻莱县、治多县、玛多县野生有蹄类食草动物数量估算结果的分析。

基于李欣海等（2019）对三江源曲麻莱县、治多县、玛多县的野生有蹄类食草动物数量的调查评估结果（表 9.2），以三江源全区、曲麻莱县、治多县和玛多县为研究区域，估算了包括野生有蹄类食草动物和放牧家畜在内的草畜平衡状态，分析了野生有蹄类食草动物对草畜平衡状态的影响。

表 9.2　李欣海等估算的三江源地区野生有蹄类食草动物数量

地区	实际数量 / 只（头）			羊单位数量 /SHU
	藏原羚	藏野驴	藏羚	
曲麻莱县	12236	5812		51850
治多县	19375	4469		79734.5
玛多县	5639	1077		23094.5
全三江源	59495	10029	2390	245384.5

如果仅考虑放牧家畜，三江源全区、曲麻莱县、治多县和玛多县的载畜压力指数分别为 1.64、1.60、1.30 和 1.13。综合考虑野生有蹄类食草动物和放牧牲畜，三江源全区、曲麻莱县、治多县和玛多县的载畜压力指数分别为 1.67、1.66、1.36 和 1.20，载畜压力指数分别增加了 1.83%、3.75%、4.62% 和 6.19%（图 9.15），均呈超载状态，仍需

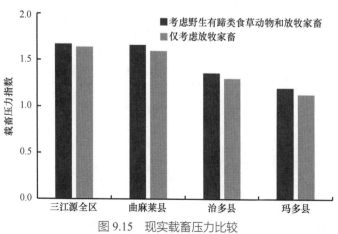

图 9.15　现实载畜压力比较

继续加大减畜力度。

2) 情景二：基于朱伟伟等（未发表数据）对三江源国家公园核心保育区野生有蹄类食草动物数量估算结果的分析。

基于朱伟伟等（未发表数据）对三江源国家公园核心保育区野生有蹄类食草动物数量的遥感监测估算结果（表9.3），以三江源国家公园核心保育区为研究区，估算了研究区草地对食草动物的生态承载力及草畜平衡状况。

表 9.3　朱伟伟等估算的三江源国家公园核心保育区野生有蹄类食草动物及对应羊单位数量

地区	面积 /km²	数量 / 只（头）			羊单位数量 /SHU
		藏羚	藏原羚	藏野驴	
长江源核心保育区	15042	26023	15042	6468	59416
黄河源核心保育区	3767	—	9418	5764	27765
澜沧江源核心保育区	4524	11174	11039	5248	37685.5
三江源国家公园核心保育区	23333	37197	35499	17480	124866.5

考虑三江源国家公园核心保育区是限制人类活动、禁止放牧的，因此在评估草畜平衡状况时，只考虑野生有蹄类食草动物。此种情景下，长江源、黄河源、澜沧江源三个园区的核心保育区2017年平均产草量分别为361.95kg/hm²、368.28kg/hm²、720.50kg/hm²，理论可承载食草动物数量分别为17.11万SHU、4.25万SHU、10.50万SHU。按照朱伟伟等（未发表数据）估算的2017～2018年野生有蹄类食草动物数量，三个园区核心保育区载畜压力指数均不足0.7，其中，黄河源园区核心保育区载畜压力指数较大，为0.65，长江源园区核心保育区和澜沧江源园区核心保育区载畜压力指数较小（分别为0.35和0.36）。总的来说，三个园区的核心保育区均尚有足够的牧草供野生动物繁衍生息。

3) 情景三：基于蔡振媛等（2019）野生有蹄类食草动物数量估算结果的分析。

基于蔡振媛等（2019）对三江源国家公园常见野生有蹄类食草动物数量的调查估算结果（表9.4），以三江源国家公园三个园区为研究区，估算了研究区草地对食草动物的生态承载力及草畜平衡状况（图9.16）。

表 9.4　蔡振媛等估算的三江源国家公园野生有蹄类食草动物及对应羊单位数量

常见种	数量 / 万头（只）	羊单位数量 / 万 SHU
藏原羚	6	3
藏野驴	3.6	14.4
藏羚	6	6
白唇鹿	1	4
野牦牛	1	6

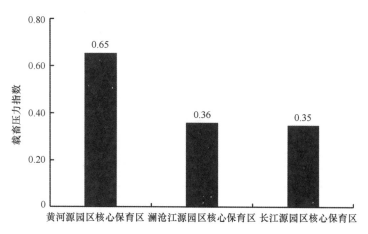

图 9.16　三江源国家公园核心保育区载畜压力比较

三江源国家公园三个园区理论可承载食草动物数量为 225.22 万 SHU，按目前放牧家畜数量 238.91 万 SHU（根据青海省草原总站提供的数据统计），如果仅考虑放牧家畜，三江源国家公园三个园区的载畜压力指数为 1.06，基本处于草畜平衡。综合考虑野生有蹄类食草动物和放牧牲畜，三江源现实承载了 272.31 万 SHU，载畜压力指数为 1.21，超载 21%（图 9.17）。

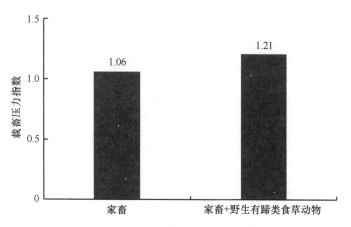

图 9.17　三江源国家公园载畜压力比较

4）情景四：基于杨帆等（2018）玛多县野生有蹄类食草动物数量估算结果的分析。

基于杨帆等（2018）2016 年和 2017 年两次在玛多县利用无人机航拍对玛多县大型野生有蹄类食草动物数量的调查结果（表 9.5），利用降尺度算法生成了 2016 年玛多县 30m 空间分辨率的产草量数据，在此基础上估算了包括野生有蹄类食草动物和放牧家畜在内的草畜平衡状况，分析了野生有蹄类食草动物对玛多县草畜平衡的影响。

表 9.5　基于无人机遥感估算的玛多县食草动物及对应羊单位数量

调查物种	数量 / 头（只）	羊单位数量 /SHU
藏野驴	17109	68436
藏原羚	15961	7980.5
岩羊	9324	9324
家养牦牛	70846	283384
家养藏羊	102194	102194
马	1156	3468
合计		474786.5

结果显示，如果仅考虑放牧家畜，玛多县草地单位面积现实载畜量为 0.175SHU/hm²，全县草地现实总载畜量 38.90 万 SHU，载畜压力指数为 1.13，呈轻度超载。如果仅考虑所调查的藏野驴、藏原羚和岩羊 3 种野生有蹄类食草动物，基于野生有蹄类食草动物的玛多县草地单位面积现实载畜量为 0.039SHU/hm²，全县草地现实总载畜量为 8.57 万 SHU，载畜压力指数为 0.25。在综合考虑放牧家畜和野生有蹄类食草动物（藏野驴、藏原羚和岩羊）的情况下，2016 年玛多县草地单位面积现实载畜量为 0.214SHU/hm²，全县草地现实总载畜量为 47.48 万 SHU，载畜压力指数为 1.38，现实载畜量及载畜压力增加了 22%，要实现草畜平衡尚缺 7.90 万吨青干草（表 9.6）。换言之，在保持玛多县野生有蹄类食草动物数量稳定的前提下，至少需要减畜 13.02 万 SHU（约占玛多县现有放牧家畜数量的 30%）才能达到草畜平衡。

表 9.6　玛多县基于放牧家畜和野生有蹄类食草动物的草畜平衡状况

项目	现实载畜量 / 万 SHU	理论载畜量 / 万 SHU	载畜压力指数	草畜平衡状况
野生有蹄类食草动物	8.57	34.46	0.25	未超载
放牧家畜	38.90	34.46	1.13	轻度超载
野生有蹄类食草动物 ＋放牧家畜	47.48	34.46	1.38	中度超载

9.3　基于旅游承载力的三江源旅游区游客生态容量评估

游客生态容量是指旅游地环境对于旅游发展可承受的最大游客数量，为某一区域的生态容量去除该地居民量后所余下的承载力，是衡量旅游环境是否与旅游发展协调的重要依据（崔凤军，1995）。通过游客生态容量的研究，能了解区域旅游的优势和限制因素，并分析评价旅游开发潜力（李健等，2006；张泰城和肖鹤亮，2010）。随着我国经济迅猛发展，人民生活水平和物质文化需求提升，旅游需求急剧增加，出游人数剧增。多处旅游景区因对自身生态容量的认识不清，导致游客过量，降低了旅游舒适度并破坏了生态环境（赵赞和李丰生，2007；刘征等，2014；熊鹰和董成森，2014；王晓鹏和丁生喜，2015；贾紫牧和曾维华，2016）。

三江源国家级自然保护区（以下简称三江源）位于举世闻名的青藏高原腹地，是中国面积最大的自然保护区，三江源独特的高原景观及藏族文化民俗风情造就了该地区多处炙手可热的景区，吸引了大批国内及境外游客（王晓鹏和丁生喜，2015）。三江源既是独特的旅游资源综合富集区，又是生态环境、文化景观的多重脆弱区。区内的草场植被若受损，地表失去保护，裸露的土层升温迅速，会使冻土融化速率加快，加之区内土壤年轻，多为砂性母质，极容易引起土壤沙化、荒漠化。因此，一旦破坏则恢复难度大，将造成严重后果（Lai et al.，2014；Liu et al.，2016；李婧梅，2016；Han et al.，2017；高雅灵等，2019）。鉴于三江源是世界高海拔地区生物多样性最集中的地区和生态最敏感的地区，在区内生态环境不断恶化的背景下发展旅游产业，并非仅仅是资源的简单开发就能实现发展目标。

目前，源区旅游资源从系统整体的层面来说定位极高，将三江源打造成具有代表性和示范意义的江河源型国际生态旅游目的地，也是实现中华民族伟大复兴的"中国梦"的重要生态环节。因此，应当对三江源进行游客生态容量的研究，为该区的旅游业发展提供科学借鉴，及时管理调控旅游业发展，防止旅游业对该地区环境造成破坏，以有助于三江源环境及生物多样性的保护。

9.3.1　三江源地区旅游业概况

三江源国家级自然保护区是长江、黄河、澜沧江的发源地，三条江河每年向下游供水达 400 亿 m³，被誉为"中华水塔"。根据《青海三江源生态保护和建设二期工程规划》，保护区地理位置为 31°39′ ～ 37°10′N，89°24′ ～ 102°27′E，包括青海省玉树、果洛、海南、黄南 4 个藏族自治州全部行政区域的 21 个县和格尔木市的唐古拉山镇，总面积为 39.5 万 km²，占青海省总面积的 54.6%，是我国面积最大的湿地类型国家级自然保护区。三江源景点众多，原生态的自然景观囊括广漠的山川、草原、雪山、湿地等，主要包括各拉丹东保护区、星星海保护区、扎陵湖 – 鄂陵湖保护区、阿尼玛卿保护区等 18 个以湿地、森林、动物、高寒草原等为保护对象的自然保护区。人文景观汇集了藏传佛教、唐蕃古道、玉树歌舞、赛马节等博大精深的宗教文化和多姿多彩的民俗风情、节庆活动。依据 2018 年《青海省统计年鉴》A 级旅游景区名录，三江源拥有 4A 级景区 6 个：热贡国家级历史文化名城旅游景区、久治年宝玉则景区、玉树称多拉布民俗村、贵德高原养生休闲度假区、玛多黄河源旅游区、坎布拉景区；3A 级景区主要有龙羊峡旅游景区、玉树新寨嘉那嘛呢景区、勒巴沟 – 文成公主庙景区、玉树当卡寺景区、玉树结古寺景区、囊谦达那河谷生态旅游景区、囊谦尕尔寺大峡谷生态旅游景区、玉树隆宝滩旅游景区、阿尼玛卿雪山旅游景区等 30 个，以及 2A 级景区 5 个。

三江源以山地地貌为主，山脉绵亘、地势高耸、地形复杂多样。海拔在 2800 ～ 6564m，海拔 5000m 以上分布着冰川地貌。区内为典型的高原大陆性气候，表现为冷热两季交替，冷季长达 7 个月、年温差小、日温差大、日照时间长、辐射强度大等特点。年均温为 –5.6 ～ 3.8℃，年均降水量为 262.2 ～ 772.8mm，年日照时数为 2300 ～ 2900

小时，全年沙暴日数约 19 天。土壤类型随海拔变化，主要有高山寒漠土、高山草甸土、沼泽化草甸土、冻土等。主要植被类型为亚高山暗针叶林、高寒草甸和高寒草原，包括 2300 多种植物及近 400 种鸟类、兽类和两栖爬行类，物种多样性高。

9.3.2　三江源区游客生态容量测算结果

方法一（采用疏林草地用地标准、不考虑旅游区当地居民）（图 9.18）：

旅游区游客生态容量平均值 =1.24 人 / km²

旅游区面积 =66037km²

三江源瞬时游客生态容量 =1.24 人 / km²×66037km²=81886 人

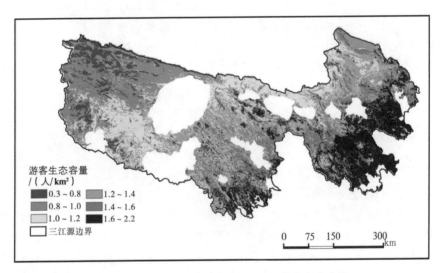

图 9.18　方法—计算的三江源旅游区游客生态容量

方法二（采用一般景点用地标准、考虑旅游区当地居民）（图 9.19）：

旅游区生态容量平均值 = 0.83 人 / km²

旅游区面积 =329 963km²

三江源瞬时游客生态容量 = 0.83 人 / km²×329963km²=273869 人

依据《青海省统计年鉴》，获得三江源 2012 ～ 2017 年的旅游人数。2012 年三江源中的黄南藏族自治州（简称黄南州）旅游人数最多，后 5 年均为海南藏族自治州（简称海南州）旅游人数最多。三江源旅游人数迅猛增加，2012 ～ 2017 年的 6 年间，游客增速为 1072200 人，依据两种方法计算出三江源瞬时游客生态容量，与 2012 ～ 2017 年这 6 年实际的三江源瞬时游客人数作比较（表 9.7），方法一的结果显示，三江源地区 2015 年的游客人数已经超过该区域的游客生态容量，至 2017 年，已经超载 89.45%。方法二的结果则显示，三江源地区的旅游资源利用强度较合理，未超过该区的游客生态容量，但若以此增速发展，三江源地区将在 2023 年基本达到游客生态容量，

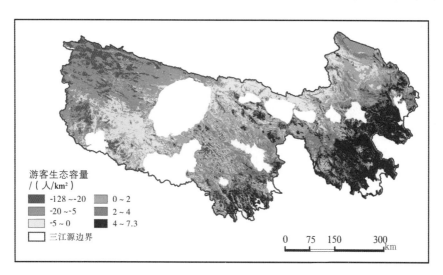

图 9.19　方法二计算的三江源旅游区游客生态容量

表 9.7　两种方法计算 2012 ～ 2017 年三江源旅游人数与游客容量利用强度

项目	2012 年	2013 年	2014 年	2015 年	2016 年	2017 年
旅游人数 / 人次	2424000	2780000	3224000	4760000	6578000	7785000
参照最大值	黄南州	海南州	海南州	海南州	海南州	海南州
瞬时游客人数 / 人次	48238	55323	64159	94726	130905	154925
方法一利用强度 /%	58.99	67.66	78.46	115.83	160.07	189.45
方法二利用强度 /%	17.59	20.17	23.39	34.54	47.73	56.48

并在 2024 年超出其容量。

以上两种方法各具优缺点，从不同层面分析三江源旅游区游客生态容量。

方法一（采用疏林草地用地标准、不考虑旅游区当地居民）能准确识别自然景区的旅游区分布，该区域居民分布较少，总生态容量能较好地表示游客生态容量，但未考虑人文景区的分布及游客容量。旅游区可承载游客生态容量由东南向西北逐渐降低，平均游客生态容量为 1.24 人 / km²。

方法二（采用一般景点用地标准、考虑旅游区当地居民）综合考虑了自然和人文两类景观的生态容量，但人文景区和居民点难以区分，假设人文景区和自然景区均匀分布在三江源地区，以方便排除居民的人口分布密度，会造成旅游区游客生态容量的空间分布图精度降低；且所选取的综合生态容量作为一个中间值，对两者的代表性不强。旅游区可承载游客生态容量在东北角最低，中南部、西南部也较低，该 3 个区域的游客生态容量均为负值，即该区域的居民密度已超过该地区的生态容量。中部可承载的游客生态容量最高，适合进一步发展旅游。

尽管两种方法存在差异，但两种结果均显示三江源游客生态容量较低，已经或者即将超载。

参考文献

蔡振媛, 覃雯, 高红梅, 等. 2018. 三江源国家公园兽类物种多样性及区系分析. 兽类学报, 39(4): 410-420.

崔凤军. 1995. 论旅游环境承载力——持续发展旅游的判据之一. 经济地理, 1: 105-109.

董锁成, 周长进, 王海英. 2002. "三江源"地区主要生态环境问题与对策. 自然资源学报, (6): 713-720.

樊江文, 邵全琴, 王军邦, 等. 2011. 三江源草地载畜压力时空动态分析. 中国草地学报, 33(3): 64-72.

高雅灵, 林慧龙, 周祯莹, 等. 2019. 三江源地区可持续发展的生态足迹. 草业科学, 36(1): 11-19.

顾延生. 2016. 三江源生态保护与建设的思考. 柴达木开发研究, (3): 18-22.

何跃君. 2016. 关于三江源国家公园体制试点的做法、问题和建议. 中国生态文明, (6): 74-79.

后燕强. 2017. 三江源国家公园建设中地方政府生态职能发挥的影响因素分析. 市场研究, (6): 36-38.

黄青, 任志远. 2004. 论生态承载力与生态安全. 干旱区资源与环境, (2): 11-17.

贾紫牧, 曾维华. 2016. 承德市旅游环境承载力分析. 环境保护科学, 42(6): 98-104.

李健, 钟永德, 王祖良, 等. 2006. 国内生态旅游环境承载力研究进展. 生态学杂志, 25(9): 1141-1146.

李婧梅. 2016. 三江源国家公园发展思路与建设路径探索——三江源国家公园生态保护与绿色发展学术会议综述. 青海社会科学, (4): 52-56.

李猛, 何永涛, 张林波, 等. 2017. 三江源草地ANPP变化特征及其与气候因子和载畜量的关系. 中国草地学报, 39(3): 49-56.

李奇, 胡林勇, 陈懂懂, 等. 2019. 基于N%理念的三江源国家公园区域功能优化实践. 兽类学报, 39(4): 347-359.

李秋静, 薛立. 2014. 三江源生态保护与建设的探讨. 青海环境, 24(4): 154-157.

李欣海, 郜二虎, 李百度, 等. 2019. 用物种分布模型和距离抽样估计三江源藏野驴、藏原羚和藏羚羊的数量. 中国科学: 生命科学, 49(2): 151-162.

刘纪远, 邵全琴, 樊江文. 2013. 三江源生态工程的生态成效评估与启示. 自然杂志, 35(1): 40-46.

刘纪远, 徐新良, 邵全琴. 2008. 近30年来青海三江源地区草地退化的时空特征. 地理学报, (4): 364-376.

刘征, 赵旭阳, 米林迪. 2014. 基于3S技术的河北省山区植被净初级生产力估算及空间格局研究. 水土保持研究, 21(4): 143-147, 153, 323.

单菁菁. 2015. 三江源生态保护成效、问题与对策. 开发研究, (5): 21-24.

邵全琴, 刘纪远, 黄麟, 等. 2013. 2005—2009年三江源自然保护区生态保护和建设工程生态成效综合评估. 地理研究, 32(9): 1645-1656.

邵全琴, 樊江文, 刘纪远, 等. 2016. 三江源生态保护和建设一期工程生态成效评估. 地理学报, 71(1): 3-20.

邵全琴, 樊江文, 刘纪远, 等. 2017. 基于目标的三江源生态保护和建设一期工程生态成效评估及政策建议. 中国科学院院刊, 32(1): 35-44.

汪诗平. 2003. 青海省"三江源"地区植被退化原因及其保护策略. 草业学报, (6): 1-9.

王晓鹏, 丁生喜. 2015. 三江源地区人口资源环境承载力动态评价研究——以青海省果洛州为例. 生态经济, 31 (11): 149-152.

韦晶, 郭亚敏, 孙林, 等. 2015. 三江源地区生态环境脆弱性评价. 生态学杂志, 34 (7): 1968-1975.

熊鹰, 董成森. 2014. 武陵源风景区旅游客流量时空变化与调控对策. 经济地理, 34 (11): 173-178.

杨帆, 邵全琴, 郭兴健, 等. 2018. 玛多县大型野生食草动物种群数量对草畜平衡的影响研究. 草业学报, 27 (7): 1-13.

张良侠, 樊江文, 邵全琴, 等. 2014. 生态工程前后三江源草地产草量与载畜压力的变化分析. 草业学报, 23 (5): 116-123.

张泰城, 肖鹤亮. 2010. 旅游环境承载力的国内研究述评. 生态经济, (2): 94-97.

赵赞, 李丰生. 2007. 生态旅游环境承载力评价研究——以桂林漓江为例. 安徽农业科学, (8): 2380-2383, 2385.

甄雪刚. 2017 三江源国家公园运行体系构建的影响因素分析. 改革与开放, (6): 23-24.

周华坤, 赵新全, 张超远, 等. 2010 三江源区生态移民的困境与可持续发展策略. 中国人口·资源与环境, 20 (S1): 185-188.

朱晓丽, 李文龙, 薛中正, 等. 2012 基于生态安全的高寒牧区生态承载力评价. 草业科学, 29(2): 198-203.

Allenby B R. 2000. Environmental security: Concept and implementation. International Political Science Review, 21 (1): 5-21.

Fan J W, Shao Q Q, Liu J Y, et al. 2010. Assessment of effects of climate change and grazing activity on grassland yield in the Three-Rivers Headwaters Region of Qinghai-Tibet Plateau, China. Environmental Monitoring and Assessment, 170 (1-4): 571-584.

Han B, Gao Y, Guo Y, et al. 2017. Modeling aboveground biomass of alpine grassland in the Three-River Headwaters Region based on remote sensing data. Research of Environmental Sciences, 30 (1): 67-74.

Lai M, Wu S, Yin Y. 2014. Valuing ecosystem services under grassland restoration scenarios in the Three-River Headwaters Region nature reserve, China. Manufacture Engineering and Environment Engineering, (1, 2): 911-917.

Liu L, Cao W, Shao Q, et al. 2016. Characteristics of land use/cover and macroscopic ecological changes in the headwaters of the Yangtze River and of the Yellow River over the past 30 years. Sustainability, 8(3): 237.

Lu S, Li J, Guan X, et al. 2018. The evaluation of forestry ecological security in China: Developing a decision support system. Ecological Indicators, 91: 664-678.

Ohl C, Krauze K, Grunbuhel C. 2007. Towards an understanding of long-term ecosystem dynamics by merging socio-economic and environmental research criteria for long-term socio-ecological research sites selection. Ecological Economics, 63 (2-3): 383-391.

Shao Q, Cao W, Fan J, et al. 2017. Effects of an ecological conservation and restoration project in the Three-River Source Region, China. Journal of Geographical Sciences, 27 (2): 183-204.

Su S, Chen X, deGloria S D, et al. 2010 Integrative fuzzy set pair model for land ecological security assessment: A case study of Xiaolangdi Reservoir Region, China. Stochastic Environmental Research and

Risk Assessment, 24（5）: 639-647.

Yang W, Wu X, Shi H, et al. 2010. Research on alpine grassland degradation in the Three-River Headwaters Area based on TWINSPAN classification. Journal of Gansu Agricultural University, 45（6）: 139-143.

Yu X, Shao Q, Liu J, et al. 2012. Spectral analysis of different degradation level alpine meadows in Three-River Headwater Region. Journal of Geo-Information Science, 14（3）: 398-404.

Zhang H, Xu E. 2017. An evaluation of the ecological and environmental security on China's terrestrial ecosystems. Scientific Reports, 7（1）: 811.

Zhang L, Fan J, Zhou D, et al. 2017. Ecological protection and restoration program reduced grazing pressure in the Three-River Headwaters Region, China. Rangeland Ecology Management, 70（5）: 540-548.

第 10 章

适应性管理模式及实践

　　生态系统管理是以人为核心的生态系统保护和发展，核心问题是发展。为解决这一核心问题，本章将提出三江源国家公园适应性管理框架，依据此框架给出适应性管理目标、问题和实现途径；依据N%理念，通过国家公园区域内家畜和主要野生有蹄类食草动物的营养生态位体积和重叠，以及现有家畜、主要野生有蹄类食草动物的数量和当地牧民的基本生活需求，估算理论、现实和预期的N%分别为90%、30%和74%，进一步通过区域资源空间配置优化用于"返青期休牧"和"两段式饲养模式"或用于满足当地牧民基本生活需求等优化了三江源国家公园的现实和预期N%，分别提高至67%和87%。

　　根据三江源国家公园的生态保护、生态体验、科学研究、环境教育和社区发展五大基础功能和生态、生产、生活和社会四维价值，参考三江源地区可持续发展分区情况，在核心保育区、一般管控区基础上增加外围支撑区，通过分析三江源国家公园现状，运用三江源区三区耦合理论和发展模式，形成三江源国家公园资源时空互补的可持续发展管理模式，加强科学理论研究、技术模式研发和管理体制制度探索，践行以人为核心的保护理念，实现三江源国家公园绿色可持续发展。

10.1　生态系统适应性管理理论及途径

10.1.1　生态系统适应性管理基本概念

　　生态系统管理思想在人类管理自然资源的过程中逐渐产生。这种思想将人和自然看作一个复杂的生态系统，人既是生态系统的一部分，又是生态系统的管理者。它以自然生态系统单元为基础，以实现整个生态系统的可持续和多重管理目标为核心，融入复杂的社会学、经济学、生态学、环境学、资源科学等相关知识和其他重要的管理观念，通过认识生态系统的时空动态特征及其功能、结构和多样性的相互联系，整体、综合地管理自然资源、生态环境和人类活动。生态系统管理是以人为核心的生态系统保护和发展，核心问题是发展。为解决这一核心问题，提出了生态系统适应性管理。

　　生态系统吸收和利用各种变化的能力称为弹性（resilience），外部驱动因子和内部弹性的综合响应称为适应（adaptation）。适应性管理作为对自然资源同时管理和学习的方法，已经存在了几十年。Holling（1978）提出了适应性资源管理的名称和概念框架（Walters and Hilborn，1978），Walters（1986）进一步完善了适应决策技术。适应性管理是一个管理活动实施的过程，尤其是其影响的不确定性，管理效果的测定和评估，成果的应用和未来的决策（Elzinga，2001）。生态系统的管理过程具有非线性、效应时滞性和不确定性等特点，适应性管理是"边做边学"的过程，通常人们对生态系统功能或者其他水平生态学单元的认识不是非常清楚，但是其促进了人们进一步改进和修正，而不是对不确定性或者模糊的认识无所作为或放弃。生态系统适应性管理是以生态系统可持续性为目标，在不断探索、认识生态系统本身内在规律、干扰过程的基础上而采取的以提高实践与管理的系统过程。在以人为主导的区域生态系统中，适应是人类调控和管理弹性的综合能力，它以社会、经济、生态系统综合效用的最大化为目标。

国家公园是自然资源的管理手段，管理时除应使用生态系统适应性管理原则外，还需考虑所有"资源托管人"（包括当代人、子孙后代和社会各界）的利益，以管理对象和管理目标确定最适管理范围。这要求管理者及时获取必要信息，采取科学手段平衡竞争性利益，选择被社会广泛接受的制度。

10.1.2　生态系统适应性管理的基本特征

生态系统适应性管理的核心任务是对生态系统驱动因子的弹性、适应及生态系统适应循环与跨尺度影响的辨识（王文杰等，2007），并在此基础上提出管理模式与对策。

1. 弹性

在生态系统管理中，弹性的内涵，除考虑生态系统干扰过程中的稳定程度、抗性等基本因素外，生态系统的时空尺度特征与弹性的关系也是其核心内容。在生态系统管理中，任何尺度、任一区域的生态系统驱动因子的弹性均具有四个基本特征（Beisner et al.，2003）：①范围（latitude），区域生态系统维持其基本功能的系统因子最大变化幅度；②抗性（resistance），引起区域生态系统因子变化的难易程度，即系统抵御外界干扰能力的大小；③系统不稳定性（precariousness），即区域生态系统整体状态与"理想演替态"的距离；④系统空间尺度特征（panarchy），景观生态学理论认为，区域生态系统具有不同的等级特征，某一空间尺度生态系统的变化受更大空间尺度的干扰因子和演替过程的控制，同时其本身也制约着较小尺度生态系统的变化。因此，一个特定尺度生态系统的恢复力特征也要受到与其相邻的空间尺度的影响。生态系统弹性的前三个基本特征是任一系统中恢复力所具备的特征，而尺度特征则反映了不同尺度生态系统之间的弹性恢复力的制约关系。

2. 适应

在生态系统管理中，适应是生态系统内外因子相互影响过程弹性基本特征的综合响应。在以人为主导的生态系统中，适应则是人类调控与管理生态弹性的综合能力。从弹性基本特征分析可以看出，适应则是调控生态系统弹性的不稳定性变化轨迹，改变弹性的振幅或抗性，或者是改变生态系统上一级尺度的生态过程的能力（Griffith et al.，2000；Loreau et al.，2003）。因此，生态系统弹性的辨识及其内在规律研究是生态系统适应与管理的基础。

3. 生态系统适应循环与跨尺度影响

生态系统演替理论认为，在理想状态下，一个生态系统的产生、发展是经过先锋生物的入侵、繁衍、种群/群落形成，并最终达到保持种群/群落稳定状态的顶级演替状态。在实际过程中，由于自然因素变化、外来物种入侵及人为活动影响等的干扰，生态系统往往不能保持原有的正常演替过程，通常会改变原有的演替速度或改变生态系统原有的演替方向。Holling（1978）在分析远离平衡态的复杂生态系统进化过程时，提出了生态系统适应循环的启发式模型，即在两个干扰事件之间，生态系统将经历入侵、保持、系统破坏、系统调整四个环节。然而，并非所有的适应循环都要完全经历上述四个过程，系统可以直接从保持阶段转到系统入侵阶段或从入侵阶段直接进入保持阶段等。同时，生态系统适应循环是在不同空间尺度上进行的，生态系统适应循环也同样存在跨空间尺度影响，这一点在分析以人类社会活动占主导的生态系统中尤为重要。

10.1.3 生态系统适应性管理的框架及模式

1. 生态系统适应性管理框架

在生态系统管理中，人们认识生态系统的结构、功能、生态系统各变量之间的关系以及系统弹性往往是不全面的，甚至是初步的。因此，对于复杂的生态系统，如何从科学、管理角度来调控，是维持当今人类主导的区域生态系统可持续发展的关键。弹性辨识、弹性内在研究以及生态系统适应循环理论为生态系统管理提供了一个全新的框架（图10.1）。

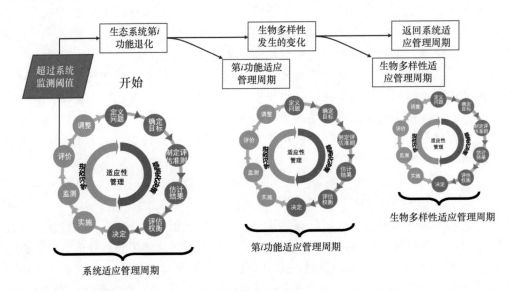

图 10.1　适应性生态系统管理的框架结构（Birgé et al.，2016）

适应性生态系统管理的框架结构可划分为结构化决策和学习改进两个阶段（图 10.1），通过各阶段的分步实施、调整，从而达到保持生态系统可持续发展，或新的演替条件下社会、经济、生态效用最大化的目标（Birgé et al.，2016）。对生态系统适应性管理而言，管理目标界定是基础，生态系统适应循环阶段确定、系统弹性辨识、内在过程与规律的认识是制订合理管理方案的关键；政策制订、配套条件的落实、公众参与是保障；建立合理的监测网络与评估体系，是决定评估管理成败的重要环节。

生态系统适应性管理过程中，由于生态系统演替方向变化或者系统功能调整的影响，需要根据区域生态系统的目标实时调整管理目标（图 10.1）。因此，生态系统管理目标不是一成不变的，而是一个随生态系统适应循环不断调整的过程。

2. 生态系统适应性管理模式

适应性管理的模式有三种。第一种是增量式适应性管理，又称进化型或试验 – 错误型模式或反应型管理。该方法只进行一些表面的决策，用于指导实际，以期改善生态系统。这种形式多数情况下是"糊弄了事"，没有目的性，从中学习到的知识也只是初步的、可能无价值的管理经验。第二种是被动适应性管理，也称顺序型学习，它基于现有的知识、信息和预测模型制定管理决策。随着新知识、信息的获得，模型被升级，决策也相应调整。在此模式下，采用历史数据以寻找解决问题的最佳方法。尽管此模式是使用二手数据和经验来指导决策，但依然显示出了强大的生命力。第三种是主动适应性管理，与前两种模式不同，它完全依赖于对新的假设检验。通过对假设试验的学习以确定最佳管理策略。主动适应性管理具有很强的目的性，它把政策和管理活动视为试验和学习机会，并将试验结果和学到的知识结合到政策、管理措施的制定和执行过程中。主动适应性管理为可选择的管理模式提供信息，并对其相对实施效果进行反馈，而不是集中寻找一种最有效的方法。

10.1.4　三江源国家公园生态系统适应性管理实现途径

1. 三江源国家公园生态系统适应性管理思路

三江源国家公园生态系统适应性管理首要问题是边界的确定。国家公园边界常常是一个理想的和考虑实际成本以及其他因素后权衡的结果，边界的修订与公园生态体验特征和机会、操作及管理上的议题有关，如可达性、地形测量、自然特征、道路等，同时也受到管理授权的影响，如管理可行性、尺度、配置、所有权、成本和其他因素。三江源国家公园的边界虽然已经包含了丰富的水资源和多种野生动物栖息地，但生态格局的演变和生态过程相互作用的范围远远超过了这个边界，野生动物的迁徙和捕食路径不会局限在此边界内，边界之外的气候、地质、水文变化以及人类的生产、生活活动都会对国家公园边界内的自然资源产生影响。依据生态系统的思想，从边界内的生物多样性保护扩展到区域景观的尺度；在管理上打破行政边界的阻隔，以三江源国家公园为核心，面对特定保护目标的需要扩大管理边界。同时，针对生态系统问题建立统一的战略框架，以及信息和数据的共享机制和平台，加强协调和反馈，以政策与法律形式赋予三江源国家公园管理局相应权力，保障发展计划的实施。

2. 三江源国家公园生态系统适应性管理内容和形式

三江源国家公园建设的主要目标是各类生态系统和山水林田湖草生命共同体得到严格保护，满足生态保护第一要求的体制、机制创新取得重大进展，国家公园科学管理体系形成，有效行使自然资源资产所有权和监管权，水土资源得到有效保护，生态服务功能不断提升；野生动植物种群增加，生物多样性明显恢复；绿色发展方式逐步形成，民生不断改善，将三江源国家公园建成青藏高原生态保护修复示范区，共建共享、人与自然和谐共生的先行区，青藏高原大自然保护展示和生态文化传承区。实现此目标，国家公园生态系统受两大外部力量影响：气候变化和土地使用变化。因此，面临的最大问题是：理解大尺度的压力是如何影响生态系统动力及其服务功能的，并在此理解的基础上决定管理景观的最佳途径。在此基础上，确定研究内容包括以下几个方面：在应用基础研究方面，针对生物多样性维持机制及生态系统功能演变机理科学问题，深入揭示三江源国家公园生物多样性维持和演变机制、区域生态格局时空演变规律、气候变化适应机制等重大科学问题，显著提升人们对生态系统演变机制、生态演替机理和生态安全格局以及气候变化影响等关键科学问题的认知能力；在技术研发上，针对生态环境保护与可持续发展技术体系研发问题，发展面向典型功能区域退化生态恢复和区域问题的生态综合治理技术，重点研发群落结构配置与多样性优化、生态系统服务提升、生物多样性保护与维持、气候变化生态适应与调控等关键共性技术，研发区域、流域大尺度生态修复与生态调控技术，大幅提升三江源国家公园退化生态系统的生态修复技术水平；在科学管理上，针对生态适应性综合管理与系统调控模式创建问题，开展区域生态承载力评估，突破生态监测、评估与预警技术，构建三江源国家公园生态监测网络体系，启动实施对生态安全格局动态变化的跟踪监测，加强生态安全调控和管理技术的研发（图10.2）。这3部分的内容可归结为对生态系统中各组成要素之间相互影响的属性、程度、机制和规律的研究，在此科学研究的基础上经设定指标、确立阈值、风险分析等步骤实

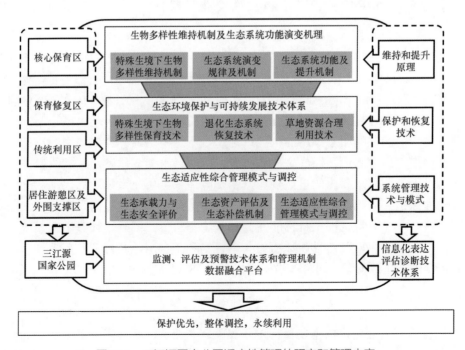

图 10.2　三江源国家公园适应性管理的研究和管理内容

现生态系统的管理，建立起生态科学研究和管理政策之间的联系。

针对气候变化、物种保护、土地使用等问题，通过制定清单普查、监测评估、战略规划、实施计划、管理导则、管理手册等文件落实管理。管理内容主要集中在以下几个方面：①对物种或自然灾害在尺度、范围、结构和功能等属性上进行普查、制作清单，评估其状态并建立监测机制；②采用适应性管理策略进行生态系统的维持、保护和修复；③制定物种管理或灾害防治的管理战略，最终使生态系统保护、生物资源可持续利用和共享生物资源三者之间达到平衡（图 10.2）。

3. 三江源国家公园生态系统适应性管理实现途径

三江源国家公园生态系统适应性管理实现途径以大量的科学评估和监测为依据，通过适应性管理框架把科学知识和管理行动统一起来（图 10.3），以科学监测和评估分析证实或潜在地改变管理行动。生态系统时空尺度变化的多样性，使得生态系统监测的结果可能是非线性的，具有不确定性，导致生态系统管理措施可能会根据科学研究的进展而不断调整、完善。一方面，科研人员通过设计监测模型帮助管理者理解管理行动及其效果；另一方面，在生态资源评估时，管理者可能要求科研人员给出更多信息，甚至让科研人员重新设计数据收集计划，建立监测模型，这就要求科研人员与管理者保持互动与合作，对生态系统进行动态的监测和管理，目的是让科学研究能够更好地服务管理者，从而不断完善基础数据清单和长期监测项目，揭示更有意义的青藏高原生态系统现象和所受影响。

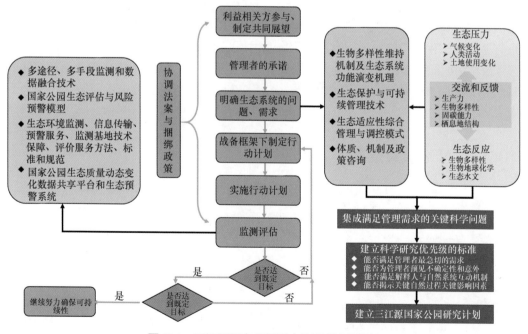

图 10.3　三江源国家公园适应性管理途径框架

10.2　基于 N% 原理的国家公园管理框架设计及实践

10.2.1　N% 概念

　　三江源国家公园实行最严格的生态保护，以加强对"中华水塔"、世界"第三极"、生命和生态"净土"的保护以及山水林田湖草重要生态系统的永续保护利用，维育生物多样性，筑牢国家生态安全屏障。同时，三江源国家公园也要处理好当地牧民群众全面发展与资源环境承载能力的关系，促进生产、生活条件改善，全面建成小康社会。这就需要在三江源国家公园甚至更广泛的区域（三江源区），调动当地广大农牧民群众参与生态保护的积极性，探索生态保护与当地农牧民群众福祉共赢、生态保护和社会经济相互协调的绿色发展路径，形成人与自然和谐发展新模式。

　　人与自然和谐发展的根本问题在于生态保护与经济发展之间的矛盾，缺乏社会各界对生态保护的支持和参与的机制。中国科学院动物研究所魏辅文院士团队提出一个新的理念——N%。N% 是指能够满足峰值人口时人类基本福祉所需的自然区域面积占国土或区域面积的最低比例（Tian et al.，2018）。N% 是保障人类基本生存所需的最低比例，需要保障生物多样保护最小面积与民生需求最大面积的协调一致。N% 理念是为寻找自然保护与社会发展平衡点而提出的一个全新的理念。这就需要将人类自身需求、社会可持续发展与生态保护紧密联系在一起，形成一种"保护与发展新模式"。

　　其中，最关键的是保障人类基本生存所需的最低比例或面积。N% 理念强调面对全球生态环境危机及保护难题，应当重新思考自然保护地体系的主要功能定位，将"保障人类生存与发展"作为其核心目标，协调统筹其他各类目标（Tian et al.，2018）。由此可建立生态保护与社会发展直接、量化的强关联，形成全社会关注支持保护的共识。N% 自然区域的生态总量、质量及生态服务生产能力，必须得到根本保障；而相应区域的传统保护目标（如濒危野生动植物、生物多样性和生态系统等）也就能同时得到更有效的实现。

10.2.2　N% 核算依据

　　1. 基于家畜和野生有蹄类食草动物营养生态位的理论 N% 核算

　　根据三江源国家公园内主要食草动物粪样中的植物碎片比例（表 10.1），确定主要野生有蹄类食草动物与家畜的营养生态位重叠（曹伊凡等，2009）。主要食草动物粪样于暖季（7 月）采集，藏羚、藏原羚、野牦牛、藏野驴、家牦牛（*Bos grunniens*）和绵羊（*Ovis aries*）的粪样各为 55 份、19 份、10 份、17 份、10 份和 22 份（曹伊凡等，2009）。

　　通过对主要有蹄类食草动物的粪样中的植物碎片比例数据进行主成分分析（R 语言 vegan 包的 rda）。根据折棒模型（broken stick model，将单位长度的长棒随机折成数

表 10.1　三江源国家公园食草动物食物资源比例（曹伊凡等，2009）

（单位：%）

属	藏羚	藏原羚	藏野驴	野牦牛	家牦牛	绵羊
针茅属	10.13±4.27	3.24±3.04	43.81±10.62	6.37±2.73	9.59±1.93	13.63±2.83
早熟禾属	36.41±9.27	1.48±1.65	24.57±5.25	21.09±3.62	16.03±4.18	35.06±4.44
以礼草属	1.13±1.24	0.08±0.33	3.18±1.92	1.83±1.95	1.89±1.55	1.89±1.26
野青茅属	4.86±2.78	0.00±0.00	0.56±0.87	0.57±1.21	0.86±0.88	3.24±2.01
羊茅属	2.08±1.40	1.86±2.43	0.30±0.76	0.79±1.57	0.16±0.51	1.74±1.10
亚菊属	0.00±0.00	0.03±0.14	0.00±0.00	0.00±0.00	0.08±0.25	0.00±0.00
无心菜属	0.07±0.19	0.70±1.19	0.10±0.22	0.00±0.00	0.00±0.00	0.00±0.00
微孔草属	0.02±0.09	0.04±0.19	0.00±0.00	0.00±0.00	0.07±0.23	0.18±0.30
革房属	0.02±0.10	0.37±0.57	0.06±0.16	0.06±0.21	0.00±0.00	0.03±0.15
条果芥属	0.00±0.00	0.04±0.18	0.00±0.00	0.00±0.00	0.00±0.00	0.00±0.00
唐松草	0.06±0.21	0.03±0.14	0.06±0.18	0.21±0.44	0.56±0.69	0.03±0.15
蒿草属	5.21±3.23	0.52±0.95	4.36±2.01	20.23±5.72	19.46±6.34	4.79±1.18
嵩草属	16.39±4.53	6.71±6.99	12.71±6.09	47.47±4.64	47.88±5.16	32.98±4.14
水麦冬属	0.00±0.00	2.40±7.86	0.2±0.35	0.78±0.97	0.53±0.51	0.15±0.28
扁穗茅属	0.59±0.66	4.06±3.23	1.10±1.89	0.10±0.32	0.43±1.35	1.74±2.21
囊种草属	0.00±0.00	0.06±0.18	0.00±0.00	0.00±0.00	0.00±0.00	0.00±0.00
女娄菜属	0.00±0.00	0.03±0.14	0.00±0.00	0.00±0.00	0.00±0.00	0.00±0.00
兔耳草属	0.09±0.21	2.07±2.10	0.03±0.12	0.00±0.00	0.00±0.00	0.02±0.10
马先蒿属	0.00±0.00	0.03±0.14	0.00±0.00	0.00±0.00	0.00±0.00	0.00±0.00
绿绒蒿属	0.00±0.00	0.03±0.13	0.00±0.00	0.00±0.00	0.00±0.00	0.00±0.00
龙胆属	0.12±0.44	0.06±0.17	0.00±0.00	0.00±0.00	0.03±0.16	0.03±0.16
梭子芹属	0.33±0.85	0.52±1.46	0.00±0.00	0.00±0.00	0.10±0.25	0.10±0.25
绒茅属	0.14±0.53	0.15±0.58	0.00±0.00	0.00±0.00	0.00±0.00	0.00±0.00
火绒草属	1.31±1.29	0.08±0.33	0.16±0.26	0.12±0.39	0.23±0.41	0.23±0.41
黄耆属和棘豆属	7.53±4.92	63.66±15.02	7.34±2.35	0.30±0.48	2.24±1.28	3.42±2.12
红景天属	7.13±4.61	6.62±10.73	0.49±0.79	0.06±0.21	0.15±0.32	0.68±0.87
红景天属	0.01±0.11	0.00±0.00	0.00±0.00	0.00±0.00	0.00±0.00	0.00±0.00
藁本属	5.09±4.00	0.04±0.18	0.00±0.00	0.00±0.00	0.00±0.00	0.00±0.00
风毛菊属	0.00±0.00	3.21±2.58	0.14±0.41	0.07±0.23	0.07±0.23	0.00±0.00
发草属	0.82±1.35	0.30±0.56	0.00±0.00	0.00±0.00	0.00±0.00	0.00±0.00
点地梅属	0.00±0.00	0.00±0.00	0.36±0.36	0.00±0.00	0.00±0.00	0.00±0.00
翠雀属	0.13±0.41	0.00±0.00	0.00±0.00	0.00±0.00	0.00±0.00	0.03±0.15
葱属	0.34±0.55	1.56±2.36	0.47±1.24	0.00±0.00	0.00±0.00	0.03±0.15

目与主成分分析轴数相同的短棒，短棒的长度视为主成分分析各轴特征值的理论值，当主成分分析某轴特征值的实际值大于理论值时，即选择该轴）分析选取了前 3 轴数据，进行最小值–最大值方法标准化和各轴解释量加权（分别乘以主成分分析各轴的解释量）。通过凸包算法计算各食草动物的生态位体积和各物种对的生态位重叠（R 语言 hypervolume 包 hypervolume_gaussian 和 hypervolume_set）。由于各食草动物样本量差异较大（最少的只有 10 个样品），首先根据所有样品数据进行计算生态位体积和重叠，而后采用随机抽样方法进行计算。藏羚、藏原羚、藏野驴和绵羊分别抽取 10 个样品，野牦牛和家牦牛分别为全部的 10 个样品，重复进行 999 次抽样，分别计算生态位空间和生态位重叠。

根据上述计算的生态位空间和生态位重叠，进行基于家畜和主要野生有蹄类食草动物营养生态位的理论 N% 核算（李奇等，2019），公式如下：

$$N\% = \left(1 - \frac{V_L - O_L}{V_U - O_U}\right) \times 100 \tag{10.1}$$

式中，V_L 和 V_U 分别为家畜和主要野生有蹄类食草动物的生态位体积之和；O_L 和 O_U 分别为家畜物种对和主要野生有蹄类食草动物物种对的生态位重叠之和。

2. 基于家畜和野生动物数量的现实 N% 核算

根据三江源国家公园现有主要有蹄类食草动物数量（表 10.2），核算为羊单位数量，计算密度和占据的面积，据此可确定三江源国家公园基于家畜和野生动物数量的 N% 现实值。

表 10.2 三江源国家公园内家畜数量

县	乡 / 镇	牲畜 /SHU
玛多	黄河乡	47226
	玛查理镇	27829
	扎陵湖乡	27070
曲麻莱	曲麻河乡	84423
	叶格乡	45409
治多	索加乡	310051
	扎河乡	329922
杂多	阿多乡	61666
	昂赛乡	38326
	查旦乡	60038
	莫云乡	79088
	扎青乡	55917
国家公园合计		1166965*

* 本表采用数据来源于国家公园规划资料（2018）。然而，我们在 2015 年、2016 年和 2017 年实际调查资料分别为 1335121SHU、1683790SHU 和 1802725SHU，大于公布值

蔡振媛等（2018）调查并估算了三江源国家公园内藏原羚、藏野驴、藏羚和野牦牛的数量（表 10.3），合计主要野生有蹄类食草动物有 31.4 万 SHU。通过三江源国家公园三个园区核心保育区的典型区野生动物空间分布数据信息，计算获得三个核心保育区典型区主要野生动物密度信息，估计了三江源公家公园核心保育区典型区（约 2.33 万 km²）内藏羚、藏原羚和藏野驴的数量（表 10.4），合计核心保育区典型区各类有蹄类食草动物 12.49 万 SHU（朱伟伟，2019）。

表 10.3 三江源国家公园野生动物数量及羊单位核算（蔡振媛等，2018）

物种	数量/万头（只）	核算标准/（SHU/头）	羊单位数量/万 SHU
藏原羚	6.00	0.50	3.00
藏野驴	3.60	4.00	14.40
藏羚	6.00	1.00	6.00
白唇鹿	1.00	3.00	3.00
野牦牛	1.00	5.00	5.00
合计			31.4

表 10.4 三江源国家公园三个园区核心保育区野生动物数量（朱伟伟，2019）

地区	面积/km²	数量/只（头）		
		藏羚	藏原羚	藏野驴
长江源核心保育区典型区	15042	26023	15042	6468
黄河源核心保育区典型区	3767	—	9418	5764
澜沧江源核心保育区典型区	4524	11174	11039	5248
三江源国家公园核心保育区典型区	23333	37179	35499	17480
核算标准/（SHU/头）		1.00	0.50	4.00
合计/万 SHU		3.72	1.77	6.99

通过计算生态保护修复区和传统利用区的有蹄类食草动物羊单位密度、家畜和主要野生有蹄类食草动物占据的面积，确定三江源国家公园基于家畜和野生动物数量的N% 现实值。

3. 基于当地牧民基本生活需求的预期 N% 核算

三江源国家公园长期建设目标将逐渐减少家畜数量，减轻天然草地放牧压力，未来国家公园内放牧家畜数量仅为满足当地牧民基本生活需求。根据三江源国家公园人口数量和牧区藏族主要食物消费水平，折合牛羊肉消费量（表 10.5 和表 10.6）。通过家畜净肉率和出栏率推算理论存栏量。依据三江源国家公园各县平均理论载畜量，计算三江源国家公园基于当地牧民基本生活需求的 N% 预期值。

4. 基于区域耦合资源空间配置的优化 N% 核算

优化或提高自然比例的主要途径是减少人类活动干扰面积，提高自然保护的面积。

表 10.5　三江源国家公园人口

县	乡镇	行政村	户数 / 户	人口 / 人
玛多	黄河乡	6	857	2642
	玛查理镇	7	1074	2786
	扎陵湖乡	5	720	2095
曲麻莱	曲麻河乡	4	1746	5758
	叶格乡	3	1451	4659
治多	索加乡	4	2152	6318
	扎河乡	4	1910	6703
杂多	阿多乡	4	1733	8492
	昂赛乡	3	1590	8041
	查旦乡	4	1145	4887
	莫云乡	4	1286	5245
	扎青乡	4	1973	6640
合计			17637	64266

表 10.6　藏族牧民主要食物消费水平（杨正雄等，2008）

食物	人均月消费 /kg	售价 /（元 /kg）	折合肉类 /kg
肉类	6.79	65.00	6.79
细粮（大米、小麦面粉）	7.25	6.00	0.67
杂粮、薯类（小米、青稞等）	6.59	4.50	0.46
蔬菜、水果	6.53	5.00	0.60
食用油	6.53	6.00	0.26
酥油	1.05	16.00	3.03
合计			11.81

三江源国家公园主要的人类干扰是放牧活动，提高自然比例就是减少放牧干扰面积，主要问题是解决饲草资源。依据三江源三区耦合理论（Zhao et al.，2018），通过核算三江源区发展草产业的区域面积和草产量，核定饲草产量可供应的家畜数量，依据家畜数量估算可减少的放牧干扰面积，计算三江源国家公园基于区域耦合资源空间配置的 N% 优化值（李奇等，2019）。

$$N\% = \frac{S - S_0 + S_1}{S} \tag{10.2}$$

式中，S 为三江源国家公园面积（km²）；S_0 为优化前家畜利用面积（km²）；S_1 为饲草产量可供应家畜面积（km²）。

10.2.3　理论、现实、预期和优化的 N%

1. 基于家畜和野生有蹄类食草动物营养生态位的理论 N%

三江源国家公园同域分布的主要优势种有蹄类食草动物存在明显的食物资源生态位分化（图 10.4 和表 10.7），除野牦牛和家牦牛未进行随机抽样计算外，其他物种生态位体积存在显著差异，也显著大于野牦牛和家牦牛的生态位体积。而藏羚与绵羊、野牦牛与家牦牛生态位重叠较高，其他物种对间存在不同程度的生态位重叠（如藏羚与藏原羚、藏羚与藏野驴、藏羚与绵羊）或者不存在生态位重叠（图 10.4 和表 10.7）。

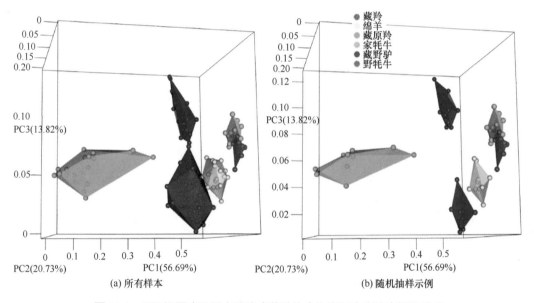

图 10.4　三江源国家公园有蹄类食草动物食物资源生态位空间及重叠

所有样本计算得到的主要野生有蹄类食草动物生态位空间占比为 89.67%，而通过随机抽样获得的主要野生有蹄类食草动物生态位空间占比为 89.87%±2.65%。由此可见，三江源国家公园区域基于家畜和主要野生有蹄类食草动物营养生态位的理论 N% 为 90%。

2. 基于家畜和野生动物数量的现实 N%

蔡振媛等（2018）调查并估算了三江源国家公园内藏原羚、藏野驴、藏羚和野牦牛的数量（表 10.3），合计主要野生有蹄类食草动物为 31.4 万 SHU。除去在核心保育区典型区分布的藏羚、藏原羚和西藏野驴 12.49 万 SHU（表 10.4）外（朱伟伟，2019），生态保护修复区和传统利用区分布主要野生有蹄类食草动物为 18.91 万 SHU。目前，三江源国家公园核心保育区典型区（约 2.33 万 km²）禁止放牧活动，家畜主要在生态保护修

表 10.7　三江源国家公园食草动物食物资源生态位体积和重叠

物种	样本量	生态位体积 /10^{-4}	生态位重叠 /10^{-4}				
			藏羚	藏原羚	藏野驴	野牦牛	绵羊
藏羚	55	6.88 (7.56 ± 3.44) [b]					
藏原羚	19	8.11 (8.78 ± 2.74) [a]	0.01 (0.07 ± 0.14)				
藏野驴	17	6.27 (6.65 ± 1.63) [c]	0.02 (0.14 ± 0.17)	0.00 (0.00 ± 0.00)			
野牦牛	10	0.60 [e]	0.00 (0.00 ± 0.00)	0.00 (0.00 ± 0.00)	0.00 (0.00 ± 0.00)		
绵羊	22	1.64 (1.67 ± 0.44) [d]	0.45 (0.50 ± 0.31)	0.00 (0.00 ± 0.00)	0.00 (0.01 ± 0.01)	0.00 (0.00 ± 0.00)	
家牦牛	10	0.79 [e]	0.00 (0.00 ± 0.00)	0.00 (0.00 ± 0.00)	0.00 (0.00 ± 0.00)	0.26	0.00 (0.00 ± 0.00)

注：括号中为随机抽样 999 计算所得的平均值 ± 标准差。野牦牛和家牦牛各有 10 个样本，未进行随机抽样。生态位体积一列中上标的小写字母表示物种间同随机抽样获得的生态位体积差异显著（$p < 0.05$）

复区和传统利用区放牧（约 9.98 万 km²），三江源国家公园内共有家畜约 1166965SHU（表 10.2）。

三江源国家公园生态保护修复区和传统利用区分布的主要有蹄类食草动物密度为 13.58SHU/km²，家畜和主要野生有蹄类食草动物占据的面积分别为 8.59 万 km² 和 1.39 万 km²。因此，三江源国家公园内家畜和主要野生有蹄类食草动物占据的面积分别为 8.59 万 km² 和 3.72 万 km²。基于家畜和野生动物数量的现实 N% 为 30.25%（李奇等，2019）。

3. 基于当地牧民基本生活需求的预期 N%

三江源国家公园长期建设目标将逐渐减少家畜数量，减轻天然草地放牧压力，未来国家公园内放牧家畜数量仅为满足当地牧民基本生活需求。三江源国家公园内共有牧户 17637 户，人口 64266 人（表 10.5）。根据牧区藏族主要食物消费水平（杨正雄等，2008），折合人均月消费牛羊肉 11.81kg，年均 141.72kg（表 10.6）。绵羊净肉率 36.78%（皮南林和曾绍祥，1980），牦牛净肉率 37.59%（谢荣清等，2006），平均以 37% 计算。三江源国家公园内年均消费牛羊肉 910.70 万 kg，即 49.23 万 SHU。通过优化畜群结构、提高养殖水平，加速牲畜出栏（王清华等，1990；李义明等，1992；辛有俊等，2011；宋仁德等，2014），提高绵羊和牦牛出栏率，平均（含淘汰牲畜）以 40% 计算，则理论存栏量为 123.07 万 SHU。根据三江源国家公园各县 2001 ～ 2016 年平均理论载畜量（杨淑霞，2017），三江源国家公园满足当地牧民基本生活需求的草地面积为 3.17 万 km²（表 10.8）。因此，三江源国家公园满足当地牧民基本生活需求的预期 N% 为 74.29%（李奇等，2019）。

表 10.8 三江源国家公园满足当地牧民基本生活需求的家畜数量和草地面积

县	人口 / 人	人均存栏量 /(SHU/ 人)	所需家畜数量 / 万 SHU	理论载畜量 /(SHU/hm²)	所需草地面积 / 万 km²
玛多	7523		14.41	0.317	0.45
曲麻莱	10417		19.95	0.351	0.57
治多	13021	19.15	24.93	0.275	0.91
杂多	33305		63.78	0.516	1.24
合计	64266		123.07		3.17

4. 基于区域耦合资源空间配置的优化 N%

三江源适合发展草产业的面积约 25.35 万 hm²。在区域内发展草产业生产的饲草资源，可以提供采用"返青期休牧模式"（马玉寿等，2017）1652.68 万 SHU 的家畜饲料，可以提供采用"两段式饲养模式"（赵新全，2011）的 964.06 万 SHU 的家畜饲草（表 10.9）。从整个三江源区域来计算，整个区域发展草产业提供的饲草资源，无论采取何种饲养方式都满足不了实际需求，采用"返青期休牧模式"和"两段式饲养模式"分别短缺 171.57 万 SHU 和 860.19 万 SHU。然而，如果只考虑三江源国家公园，通过区域间耦合模式 (Zhao et al.，2018) 将海南州区域饲草资源和三江源国家公园的家畜在区域间进行相互转移和互补，完全满足三江源国家公园实际家畜数量的需求（表 10.9）。

表 10.9　三江源区发展草产业资源供给量

区域	发展草产业面积/万亩	实际载畜量/万SHU	日食量/(kg/SHU)	"RGDG"畜牧业潜力/万SHU	"RGDG"差额*/万SHU	"TSF"畜牧业潜力/万SHU	"TSF"差额**/万SHU
黄南州	33.69	237.59	1.70	146.39	−91.20	85.40	−152.19
玉树州	36.48	431.65	1.70	158.51	−273.14	92.47	−339.18
果洛州	3.90	445.27	1.70	16.97	−428.30	9.90	−435.37
海南州	306.23	593.04	1.70	1330.81	737.77	776.30	183.26
三江源国家公园	0.00	116.70	1.70	0.00	−116.70	0.00	−116.70
合计	3803010.00	1824.25	—	1652.68	−171.57	964.06	−860.19

* 和 ** 分别代表 "返青期休牧模式" 畜牧业潜力与实际承载力差额和 "两段式饲养模式" 畜牧业潜力与实际承载力差额（万 SHU）

注："RGDG" 和 "TSF" 分别表示 "返青期休牧模式" 和 "两段式饲养模式"

基于区域耦合资源空间配置，海南州区域剩余的饲草资源可满足三江源国家公园放牧家畜在 "返青期休牧" 70 天和 "两段式饲养模式" 120 天的饲草资源，190 天期间家畜完全不利用天然草地，约 4.47（$= \frac{8.59 \times 190}{365}$）万 km²（表 10.9），基于区域耦合资源空间配置的优化 N% 约 67%，与现实 N% 相比提高了 37%。如果将海南州区域剩余的饲草资源用于满足当地牧民基本生活需求，可提供 60.25 万 SHU 载畜量，减少依赖生存草地面积约 1.55 万 km²，基于区域耦合资源空间配置的优化 N% 约 87%，与三江源国家公园满足当地牧民基本生活需求的预期自然比例相比，可提高 13%（李奇等，2019）。

10.2.4　三江源国家公园自然比例及其影响因素

不同的核算条件、方法和目的等，使得 N% 存在较大差异。依据三江源国家公园区域内家畜和主要野生有蹄类食草动物的营养生态位体积和重叠，现有家畜和主要野生有蹄类食草动物的数量，以及当地牧民的基本生活需求、区域耦合资源空间配置优化用于 "返青期休牧模式" 和 "两段式饲养模式" 或用于满足当地牧民基本生活需求等核算了三江源国家公园需要保护的自然区域面积的最低 N% 的理论值、现实值和预期值分别为 90%、30% 和 74%。通过区域耦合资源空间配置，将外围支撑区生产的饲草资源用于 "返青期休牧模式" 和 "两段式饲养模式"，优化三江源国家公园的 N% 的现实值，可达到 67%，或用于满足当地牧民基本生活需求等，优化三江源国家公园的 N% 的预期值，可达到 67% 和 87%。有蹄类食草动物的食性、营养生态位与栖息地利用情况是密切联系的，食性影响了动物的行为，动物的栖息地影响了动物的食性（Ofstad et al., 2016）。已有研究表明，生境可以影响动物的觅食行为和食性，从而影响动物的物理空间利用（Janis and Wilhelm, 1993）。因此，可以通过三江源国家公园主要有蹄类食草动物的食性及营养生态位体积和重叠，核算自然比例。而家畜通过饲养环境、措施、补饲等可以扩大其空间分布，提高空间占用。因此，家畜的现实分布要高于基于食性和营养生态位核算的比例，国家公园的理论 N% 低于 90%。

不同的学者和不同的调查统计方法给出了不同的国家公园家畜和主要野生食草动物的数量和分布（邵全琴等，2018；杨帆等，2018；蔡振媛等，2018；李欣海等，2019）。结合三江源国家公园管理局公布的家畜数量和地域分布，蔡振媛等（2018）报道的三江源国家公园内主要野生有蹄类食草动物数量和三江源国家公园核心保育区主要野生有蹄类食草动物的数量（朱伟伟，2019），假设生态保护修复区和传统利用区的有蹄类食草动物均匀分布，核算了基于家畜和主要野生有蹄类食草动物的数量的现实 N%。以往经验表明，家畜的统计数据往往低估了实际的存栏量，也就是家畜实际占据的空间会更大。其次，有蹄类食草动物具有明显的空间分布特征，家畜主要分布在人类聚集和活动的区域，并且畜牧业生产的家畜密度高于野生动物，而均匀分布的假设会估计过大的空间利用。另外，三江源国家公园的建立加强了野生动物及其栖息地的保护，有利于野生动物的繁殖，未来野生动物占据的空间将会增大。总之，影响三江源国家公园主要有蹄类草地动物的因素都可能给自然比例的核算造成不确定性。未来基于家畜和主要野生有蹄类食草动物数量和分布的自然比例将高于 30%。

基于当地牧民基本生活需求的预期 N% 为 74%，仅考虑了满足当地牧民基本生活需求的家畜存栏量和放牧草地面积。而这与我国 2020 年全面建成小康社会，2050 年实现社会主义现代化的目标尚存较大差距。畜牧业是当地牧民的主要产业，也是未来主要的生活来源。生活水平的提高势必增加畜牧业生产强度和放牧草地面积。因此，依赖于畜牧业满足当地牧民的小康社会和现代化目标的实现将会降低预期的自然比例。这就需要采用生态草地畜牧业和区域耦合资源空间配置，降低三江源国家公园畜牧业生产强度，减小放牧压力和放牧草地面积。

10.2.5　基于生物多样性、生态系统服务评估的生态区域社会 – 生态系统自然比例

2010 年 10 月在日本召开的《生物多样性公约》缔约方大会第十次会议上通过了《生物多样性战略计划》（2011 ～ 2020 年），确定了 2020 年全球生物多样性目标，其中，2020 年 17% 的陆地生态系统要实现保护（徐海根等，2016）。而 Dinerstein 等（2019）提出 2030 年要实现对至少 30% 的陆地面积的保护外，2050 年要实现地球一半面积的保护。上述目标都是基于全球、国家或者是生态区域（ecoregion）设定的保护目标。而三江源国家公园涉及多个生态区域，如何在此类国家公园尺度上进行自然保护比例的科学设定，是一个全新而又具体的问题（Tian et al.，2018）。

三江源国家公园是我国第一个国家公园体制试点，也是一种全新体制的探索。实行最严格的生态保护，以加强对"中华水塔"、世界"第三极"、生命和生态"净土"的典型和代表区域、山水林湖田草重要生态系统的永续保护利用，维育生物多样性，筑牢

国家生态安全屏障；同时要处理好当地牧民群众全面发展与资源环境承载能力的关系，促进生产生活条件改善，全面建成小康社会，形成人与自然和谐发展新模式。这就需要进行三江源国家公园生态区域尺度上社会–生态系统可持续发展的自然比例的探索。

通过对三江源国家公园生物多样性保护优先区域识别及重要性区分、生态安全屏障重点区域识别及重要性区分、应对未来气候变化影响保护区域识别与重要性区分、重要生态系统服务（如水资源）受益区域识别、当地牧民群众发展适宜区域识别及优先性区分、生态系统服务评估和重要性区分、生态系统服务商品供给量核算等多方面全因素综合考量（Lafuite et al.，2017；Lafuite and Loreau，2017；Cazalis et al.，2018；Lafuite et al.，2018），核算了三江源国家公园生态区域的自然比例，从而实现社会–生态系统可持续发展。

10.3 国家公园功能优化模式构建

10.3.1 三江源地区可持续发展分区模式

1. 三江源地区可持续发展分区依据

三江源国家公园包括长江源、黄河源、澜沧江源 3 个园区，总面积为 12.31 万 km²，介于 89°50′57″ ~ 99°14′57″E，32°22′36″ ~ 36°47′53″N，占三江源区域面积的 33.16%，其中，冰川雪山 833.4km²、河湖和湿地 29842.8km²、草地 86832.2km²、林地 495.2km²。

为了实现三江源地区可持续发展，因地制宜规划和指导三江源地区的农林牧业生产，提高土地利用率及经济效益，按照三江源土地利用及相应的生态系统服务价值变化规律（许茜等，2017，2018），从科学揭示和反映三江源农林牧生产的区间一致性和差异性目的出发，将三江源地区划分为四个区（图 10.5）：长江源牧区、黄河源牧区、农林牧多种经营区、三江源林木综合区。

分区依据是：热量、降水量、地形地貌等自然条件以及土地资源基本相似；各业生产连续性及生产潜力基本相似；抵御自然灾害的能力及对农林牧各业适宜性基本相似的情况下，根据三江源地区不同土地利用变化情景模拟预测及不同县区各土地利用类型生态系统服务价值所占有的比重进行分区。

2. 三江源地区可持续发展分区概述

1）长江源牧区：位于长江源区，包括三江源西北部的治多县、唐古拉山镇、曲麻莱县、杂多县、称多县，集中了三江源地区的大部分草地，尤其是低覆盖度草地，是三江源的主要牧区，依托大面积的草地发展畜牧业支撑当地社会经济的发展。虽然本区以草地面积为主，但低覆盖度草地居多，草地退化严重，需通过退牧还草工程保护和恢复源区林草。另外，对该区内宜林荒山、疏林地通过补种、补播、管护围栏等措施实施封山育林，对源头汇水区和高原湖泊周边的湿地进行封育保护。

2）黄河源牧区：位于黄河源区，包括玛多、达日两县，主要土地利用类型为中低覆盖度草地，草地盖度相对于长江源区较高，也是通过发展畜牧业带动当地社会经济

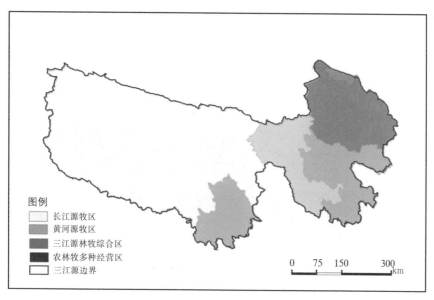

图 10.5　三江源可持续发展分区布局

发展。该区人类活动剧烈，水资源相对稀缺，同时沙漠化土地分布在扎陵湖 – 鄂陵湖及星星海周边，面积为 812.47km²，除了对该区进行退牧还草、合理放牧等保护项目外，还可根据草地生长状况实施游牧政策，对沙漠化土地进行防治，而在高海拔地区人工种植草地恢复植被较难实现，只有通过人工辅助的方式封沙育草，如建立围栏。此外，通过减少人牲畜活动，改善局部地区自然条件，恢复原生自然植被来遏制沙漠化。

3) 三江源林牧综合区：在长江源区、黄河源区及澜沧江源区均有分布，包括久治县、甘德县、河南县、玉树市、囊谦县、班玛县和玛沁县，位于三江源东部和南部，水热条件较好，林草生长茂密，主要土地利用类型为中高覆盖度草地和林地，以林牧业发展为主。该区自然条件相对较好，林草地盖度较高，但需采取一定的措施在保护的前提下合理利用该区资源，如制定合理的放牧计划，包括每个畜群的放牧面积和所需饲料数量，确定具体的放牧小区、畜牧数量和放牧周期等。

4) 农林牧多种经营区：主要位于黄河源区，包括三江源东北部的共和县、贵德县、尖扎县、贵南县、同德县、泽库县、同仁县和兴海县。该区主要土地利用类型为高覆盖度草地、林地及耕地，草地盖度较高，种植业和林木、草业共同发展。在保证林业充足发展的前提下，使种植业与畜牧业协同发展，二者相互制约又相互促进，在资源利用上存在竞争关系，又在产业链上存在互补关系。在该区的发展中，需调整种植业和畜牧业用地结构，大力发展畜产品加工，拓展畜牧产业价值链。

10.3.2　三江源国家公园功能优化框架

1. 三江源国家公园功能体系

三江源国家公园作为我国第一个试点且面积最大的国家公园，具有环境保护、科研、环境教育等方面的功能，各种功能之间相互联系，形成了一个完整的国家公园功能体系。结合三江源战略地位、生态、环境和现状，提出三江源国家公园具有生态保护、生态体验、科学研究、环境教育、社区发展五个基本功能（图 10.6），形成了三江源国家公园的五维功能体系。

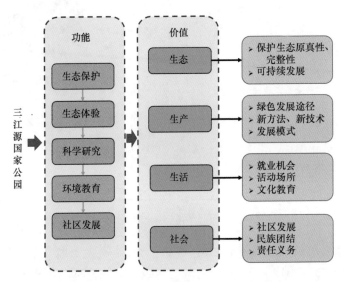

图 10.6　三江源国家公园五大功能和四维价值

下面介绍这五个基本功能。

1）生态保护功能是国家公园的基本功能。国家公园是适应自然资源及环境保护的需要建立起来的，对自然资源及环境的保护功能是国家公园的基础功能。国家公园的实质就是由国家主导建立的自然资源及生态保护体制（刘静佳，2017）。三江源国家公园是长江、黄河、澜沧江三条江河的发源地，多年平均径流量 499 亿 m^3；公园内共有维管束植物 760 种、野生动物 125 种、河湖和湿地及雪山冰川 307 万 hm^2，生态系统类型丰富，景观独特并稀有，是水源涵养、净化、调蓄、供水的重要单元；荒漠主要分布于可可西里自然保护区，未受到人类活动干扰，仍保留着原始风貌，是极其珍贵的自然遗产。山水林田湖草共同组成三江源的生命共同体，孕育了无数的高原精灵，培育了独一无二的生态文化。唯有保证三江源国家公园生态系统的完整性，公园方能得到可持续性发展，并成为当代和子孙后代提供生态体验、科研、环境教育和区域发展的基本场所。

2）生态体验功能是国家公园的价值体现。国家公园以国家所有、全民共享、世代传承为目标，这体现了既满足人类保护自然和生态环境的需求，也满足人类在自然环境中休闲体验的愿望（刘静佳，2017）。园区集草地、湿地、森林、河流、湖泊、雪山、冰川、江河源头和野生动物、世界自然遗产为一体，展现了地球上年轻的地貌，造就了独特的高原高寒山地气候，保存了大面积原真的原始风貌。公园分布的 10 种国家一级保护动物和 15 种国家二级保护动物极具观赏价值。在国家公园范围内，划出一片专门的区域作为公民生态体验的场所，让公民在大自然的怀抱中享受大自然带来的乐趣。

3) 科学研究功能是国家公园的重要功能。国家公园作为一个国家具有代表性的自然遗产和文化遗产的保护地，在保护自然资源、保护环境及为公民提供生态体验休闲场所的同时，还能够依托国家公园内部丰富的生物资源样本及其他自然资源为科学研究服务，同时，围绕国家公园的资源环境承载力、灾害风险、绿色发展途径也需要开展相应的研究工作。国家公园为科学研究服务的特性使国家公园具有了科学研究的功能。国家公园的科学研究主要集中在与保护、展示和生态体验有关的生物多样性保护、生物资源利用、环境变化与水资源和生态系统管理，并为国家公园的管理提供科学基础和信息上（刘静佳，2017）。由于国家公园资源禀赋的多样性与代表性，国家公园往往都是科研工作者的理想家园。此外，国家公园的规划和保护管理等工作的开展，都是在充分科研的基础上进行的。

4) 环境教育功能是国家公园的核心功能。国家公园是一个国家具有代表性的自然遗产和文化遗产资源的公益性保护地，服务于对国家珍贵资源的保护，是进行环境教育最为重要的基地。通过环境教育，能完成个人的价值与观念的养成、技能与态度的培养、决策的做出并形成群体行为准则的一系列过程，能通过改变个体的态度和行为来促进整体国民素质的提高。环境教育是保护国家公园生态和人文环境的有效途径，能促进国家公园保护功能的发挥；环境教育功能更能促使社区民众增进对环境保护的认识，从而产生可持续的保护环境的行为（刘静佳，2017）。

5) 社区发展功能是国家公园可持续发展的基础。国家公园是依托于特定的社区设立、建设、发展的，国家公园在发展过程中，会在经济发展、基础设施建设、文化教育、科学研究等方面带动社区的发展（刘静佳，2017）。国家公园只有和所在社区之间形成一种相互促进的关系，才能确保国家公园和所在社区的可持续发展。要在国家公园和所在社区之间形成良性互动的关系，需要让所在社区充分享受国家公园发展的收益，充分参与国家公园的管理。收益共享、管理参与是国家公园建设成功的保障。

2. 三江源国家公园的四维价值

三江源国家公园的五大功能体系中，被赋予了四维的价值。从图 10.6 可以看出，国家公园对不同的客体，赋予了不同的价值。于生态系统而言，国家公园具有保护生态完整性并使之可持续发展的价值；于生活在这个区域的居民而言，国家公园既是其活动的场所，又提供了不同于风景区或度假区的各项参与式管理活动（如生态管护员），并在这个经历过程中居民得到了环境教育体验；于社区而言，国家公园为社区的绿色发展提供生产技术和模式，并通过态度 – 行为模式，使得社区对环境负责任行为得以加强；于政府、企业、社会组织等相关利益群体而言，国家公园提供了经济和社会价值。四类客体之间的价值相互协调，从而也为国家公园的可持续性发展和永续利用提供了保障（刘静佳，2017）。

3. 国家公园功能优化原则

建立国家公园的目的是保护自然生态系统的原真性和完整性，给子孙后代留下珍贵的自然遗产。根据三江源国家公园的五大基础功能和四维价值，国家公园功能区的优化目的首先是使国家公园内的重要自然生态系统得到有效保护，坚持以人为核心的保护原则。在保护的前提下，可持续地以非消耗性资源的方式利用好区内的资源，带动和辐射周边社区发展，为公众提供自然教育和体验的场所。在国家公园的功能优化中，总体上应遵循以下原则（王梦君等，2017）：

1）坚持生态保护第一的原则，保持自然生态系统的原真性和完整性；

2）合理划分体验区域，以有限空间最大限度地满足公众需求；

3）尊重当地居民生产生活方式，严格控制传统经营用地，有利于社区的绿色发展；

4）客观反映国家公园的资源在保护、科研、教育和体验等功能发挥上的地域空间关系和需求；

5）有利于实行差别化保护管理。

4. 国家公园功能优化依据

1）核心保育区优化依据。核心保育区是国家公园的核心部分，是核心资源的集中分布地，具有典型的原始生态特征，目标是作为自然基线进行封禁保护，保留原真性特征，面积比例一般不低于25%，禁止人为活动，实行最严格保护。国家公园的严格保护区需考虑国家公园主要自然生态系统的完整性。为了保证森林生态系统的完整性，严格保护区还要充分考虑和分析各种动植物资源，特别是国家重点保护的珍稀濒危物种的数量、分布及生境状况，保证珍稀物种的生境适宜性（王梦君等，2017）。

2）一般管控区优化依据。一般管控区是自然或半自然的区域，是国家公园范围内原本和允许存在的社区和当地居民传统生产生活区域，目标是保护和恢复自然生态系统，实现人与自然的和谐相处，保护和传承传统优秀文化。以自然恢复为主，辅以必要的人工修复和保育措施，确保生态过程连续性和生态系统的完整性。保存特有文化及其遗存物，并进行展示；可作为社区参与国家公园体验活动的主要场所，只能开展限制性利用，排除工业化开发活动，除了必要的生产生活设施，禁止大规模建设；可以开展绿色生产方式，开展环境友好型社区发展项目，开展生态体验服务活动（王梦君等，2017）。

3）外围支撑区优化依据。外围支撑区主要是核心保育区、生态修复区和传统利用区等三大区的资源供给区，提供可持续发展资源，同时是开展科研、教育、科普、自然体验等活动的场所。其区要严格依据核心保育区、生态修复区和传统利用区实际发展需求，提供可需资源，保证区域内生活水平，促进核心保育区、生态修复区和传统利用区的人与自然和谐发展。

5. 国家公园功能优化参考指标体系

根据三江源国家公园原真性和完整性特点，按照适应性管理框架结构，参照（王梦君等，2017）的指标体系，提出三江源国家公园功能优化参考指标体系（表10.10）。

表 10.10　三江源国家公园优化参考指标

指标因子类别	一级指标因子	二级指标因子	说明
1. 基础指标	1.1 基础地理信息	遥感影像	选择最近年份的数据
		地形地貌	山系
		水文地质	水系和特殊地质
		土壤	土壤分布
	1.2 旗舰物种	物种分布	痕迹点、分布区域
		栖息地分布	现实栖息地、潜在栖息地、适宜栖息地、次适宜栖息地
	1.3 生物资源	植被	研究不同植被类型的分布规律，分析其与珍稀濒危动植物的关系
		珍稀濒危野生植物	分布区域
		珍稀濒危野生动物	分布区域
	1.4 资源管理	保护区域	自然保护区、世界自然遗产
		土地权属及利用信息	国有、集体
	1.5 资源利用	矿产资源	矿产分布、采矿权、探矿权
		水资源	水电站、水利设施等
		旅游资源	旅游资源分布、旅游景区
	1.6 基础设施	道路	县道、省道、国道、高速公路
		管理站点	站点分布
	1.7 社区	聚居地	村寨、乡镇、城市等
2. 衍生指标	2.1 生态适宜性	适宜	根据实际情况确定等级，以提高评价结论的准确性
		次适宜	
		不适宜	
	2.2 生态敏感性	不敏感	
		轻度敏感	
		中度敏感	
		高度敏感	
		极敏感	
	2.3 可利用度	适宜利用	
		不适宜利用	

续表

指标因子类别	一级指标因子	二级指标因子	说明
3.结果评价指标	3.1 各功能区的面积比例	严格保护区的面积比例	建议不低于 25%
		生态保育区的面积比例	根据实际情况确定
		传统利用区的面积比例	根据实际情况确定
		外围支撑区的面积比例	根据实际情况确定
	3.2 土地权属比例	国有土地在整个国家公园的面积比例	建议不低于 60%
		严格保护区中国有土地所占的比例	建议均为国有
	3.3 社区数量比例	各功能区社区及人口数量比例	建议严格保护区和生态保育区没有社区分布，社区的 90% 以上集中在传统利用区

1) 基础指标。基础指标主要包括国家公园的基础地理信息数据、旗舰物种信息、生物资源数据、资源管理数据、资源利用信息、基础设施信息、社区信息等。基础地理信息数据主要包括遥感影像、地形地貌、水文地质、土壤等信息；旗舰物种信息包括物种及其栖息地信息；生物资源数据包括植被、珍稀濒危野生动植物信息；资源管理数据信息包括森林管理、保护区域、土地权属及利用信息；资源利用信息包括对矿产资源、水资源、风力资源、人文及旅游资源利用信息；基础设施信息包括道路交通、旅游服务设施、管理站点等信息；社区信息主要为乡村、乡镇、城市等人类聚居地的信息。利用 3S（遥感技术 RS、地理信息系统 GIS 以及全球卫星导航系统 GNSS）技术，构建基础指标因子库，为进一步的分析做好准备。旗舰物种及珍稀濒危动植物分布点、栖息地、植被类型等因子，是确定严格保护区、生态保育区等保护类型区域的重要参照指标；参照人为活动、生态体验资源、社区分布等因子确定体验和社区可持续利用的区域，从而划定体验展示区和传统利用区。

2) 衍生指标。对基础数据选择模型进行分析计算得出的指标，如生态适宜性、敏感度或可利用度等类型的指标，这些指标可以划分为不同的级别。指标划分为几个级别可以根据国家公园的类型、重点保护对象等实际情况进行调整，以提高评价及在功能区划中的准确性。

3) 结果评价指标。依据基础指标和衍生指标，经过综合叠加分析及征求相关利益群体的意见，可以区划出各功能区，对划分结果的评价可选择一些可量化、具有可操作性的指标作为评价的指标。

6. 国家公园功能优化流程

正如前述，功能优化是国家公园管理的一个重要环节，因此在调研、现场调查和动态管理过程中，对功能优化所需的数据要进行详细的收集和分类。根据三江源国家公园的特点、价值、适应性分析和威胁等确定功能优化的原则和优化方法，建立国家公园基础监测数据库。根据各类指标的计算和分析，首先满足生态适宜性的需要，然后是可持续利用的需求及多准则决策分析，在目标体系的指引下，经过多次与相关利益群体的沟通，最终确定国家公园的功能优化方案。国家公园的功能优化逻辑框架详见图 10.7。

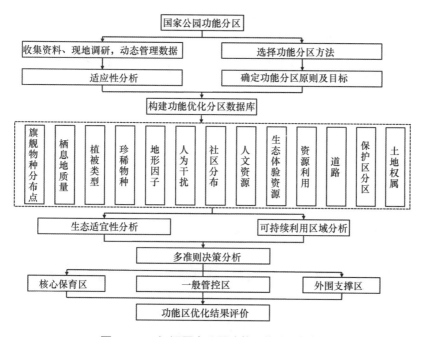

图 10.7　三江源国家公园功能区优化逻辑框架

10.3.3　三江源国家公园功能分区和定位

依据三江源地区可持续发展分区及特点，以及以人为核心的保护原则，遵循生态系统整体保护、系统修复、区域可持续发展和实现人民对美好生活向往的理念，以一级功能分区明确空间管控目标，以二级功能分区落实管控措施。

1. 一级功能分区

在园区内各类保护地功能区划的基础上，遵循各类保护地的管控要求，结合现状评价成果，突出更加严格的保护，通过地理统筹和功能统筹，按照生态系统功能、保护目标将各园区划分为核心保育区、一般管控区和外围支撑区，实行差别化管控策略，实现生态、生产、生活空间的科学合理布局和可持续利用（图 10.8）。

1）核心保育区，是维护自然生态系统功能，实行更加严格保护的基本生态空间。以自然保护区的核心区和缓冲区范围为基线，衔接区域内自然遗产地、国际和国家重要湿地核心区域、国家级水产种质资源保护区、国家水利风景区等的核心区边界，以

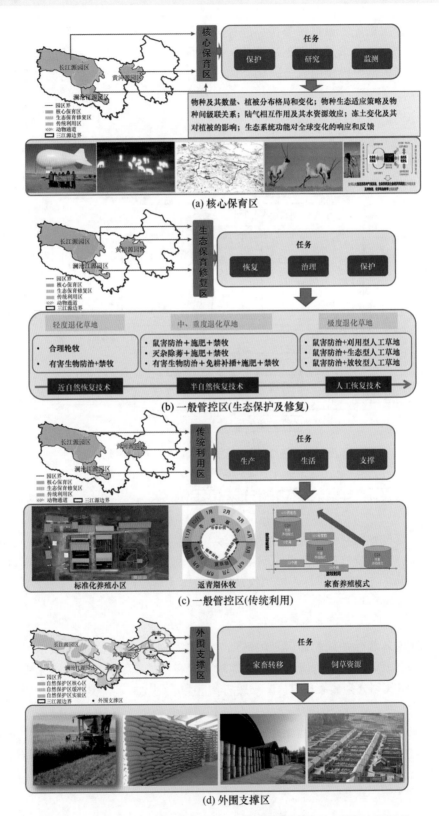

(a) 核心保育区

(b) 一般管控区(生态保护及修复)

(c) 一般管控区(传统利用)

(d) 外围支撑区

图 10.8 三江源国家公园核心保育区、一般管控区和外围支撑区主要任务

及野生动物关键栖息地等划定。该区采取严格保护模式，重点保护好雪山冰川、江源河流、湖泊、湿地、草原草甸和森林灌丛，着力提高水源涵养、生物多样性和水土保持等服务功能。维护大面积原始生态系统的原真性，限制人类活动。

2) 一般管控区，是国家公园核心保育区以外的区域，生态状况总体稳定，是当地牧民的传统生活、生产空间，是承接核心保育区人口、产业转移与区外缓冲的地带。按照土地利用总体规划，对城乡建设用地进行严格管控；其他区域严格落实草畜平衡政策，适度发展生态有机畜牧业，进一步减轻草原载畜压力，加快牧民转产转业，逐步减少人类活动。

3) 外围支撑区，是一般管控区的资源保障区和转移接纳区，集中布局公共服务和访客接待、交通运输、自驾营地、医疗救护等设施，成为国家公园的保障基地、培训基地、宣教基地及科研监测、生态体验的支撑节点。

2. 二级功能分区

在符合土地利用总体规划的前提下，在专项规划中开展二级功能分区，制定更有针对性的管控措施：一是坚持一级和二级功能分区管控对象、管控目标、管控措施相统一；二是以自然资源本底评估为基础，充分掌握自然资源的分布、数量、等级和状况；三是依据国家关于划定并严守生态保护红线的要求，落实生态保护红线；四是按照土地利用总体规划，对城乡建设用地进行严格管控；五是针对重要自然资源管理目标制定经营管理方案，实现自然资源保护和利用的有效管控；六是在一级功能分区基础上细化到重要自然资源，提出保育措施，明确作业要求。

1) 核心保育区。在现状调查基础上，以保持自然生态过程的原真完整为目的，以生态系统服务功能为依据，针对水源涵养、水土保持及动植物重要栖息地等重要生态功能区，提出保育措施［图 10.8(a)］。

2) 一般管控区。在生态系统和生态过程评价的基础上，按照退化成因，结合草原承包经营权界限，划分自然修复和人工修复区，提出保育措施［图 10.8(b)］。在实现更加严格保护的前提下，根据生态保护要求和生态畜牧业生产需要、村落分布和草原承包经营权界限等情况，划分生活区和生产区，按照土地利用总体规划，控制城乡建设用地规模和布局，优化划区轮牧线［图 10.8(c)］。

3) 外围支撑区。根据传统利用区和生态保育区的资源盈亏，以及保护和恢复状况，在定期监测评估的基础上，提出定制性资源供给技术和模式［图 10.8(d)］。

对三个功能分区进行动态管理，核心保育区面积逐步扩展，一般管控区逐步缩小，生态保育修复区域适当调节，外围支撑区适当进行优化。禁止任何影响自然生态原真性、完整性的资源利用活动，包括采矿、挖沙、狩猎、捕鱼等；严格控制和管理交通、建筑等建设；经特许可适度开展科考、生态体验等活动。

10.4 资源空间优化配置的三区耦合模式及应用

10.4.1 三江源国家公园区域草地资源现状

根据《三江源国家公园总体规划》，三江源国家公园包括长江源园区、黄河源园区和澜沧江源园区。正如前面所述，虽然 2000～2017 年整个园区草地资源整体状况变好（图 10.9），但是局部区域还是变差，特别是野生动物与家畜动物共栖区域和人类聚集区（图 10.9）。长江源园区草地资源总面积为 6.3 万 km²，园区草地类型有 3 大类，分别为高寒草甸类、高寒草原类和高寒荒漠类，主要以高寒草甸类和高寒草原类两大类型为主，未退化草地面积为 133.40 万 hm²，退化草地面积为 575.26 万 hm²（其中，轻度退化面积为 229.13 万 hm²，中度退化面积为 305.10 万 hm²，重度退化面积为 41.03 万 hm²），草地平均产草量为 1410.31kg/hm²，平均可食产草量为 1144.02kg/hm²，综合植被盖度为 48.40%。黄河源园区草地资源总面积为 1.42 万 km²，黄河源园区草地类型有 3 大类，分别为高寒草甸类、高寒草原类和高寒荒漠类，以高寒草甸类和高寒草原类两大类型为主，园区未退化草地面积为 78.31 万 hm²，退化草地面积为 84.33 万 hm²（其中，轻度退化面积为 34.85 万 hm²，中度退化面积为 16.30 万 hm²，重度退化面积为 33.18 万 hm²），平均产草量为 1553.87kg/hm²，平均可食产草量为 1044.50kg/hm²，综合植被盖

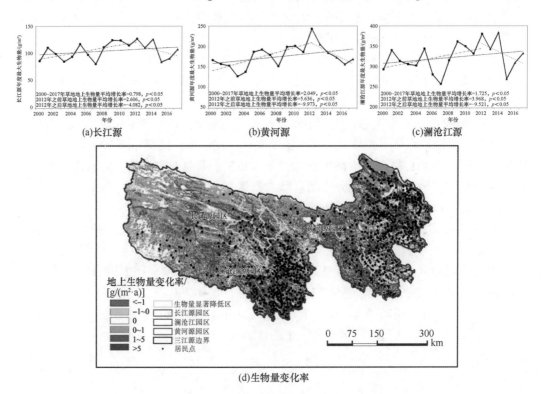

(a)长江源　　　　　　　　　(b)黄河源　　　　　　　　　(c)澜沧江源

(d)生物量变化率

图 10.9　2000～2017 年三江源国家公园地上生物量变化

度为 69.82%；澜沧江源园区草地资源总面积为 0.96 万 km²，园区草地类型有 3 大类，分别为高寒草甸类、高寒草原类和山地草甸类，主要以高寒草甸类和高寒草原类两大类型为主，未草地退化面积为 5.19 万 hm²，退化草地面积为 119.37 万 hm²（其中，轻度退化面积为 44.06 万 hm²，中度退化面积为 14.57 万 hm²，重度退化面积为 60.74 万 hm²），草地平均产草量为 1970.76kg/hm²，平均可食产草量为 1674.93kg/hm²，综合植被盖度为 75.69%。

10.4.2　三江源国家公园区域对灾害天气应对能力

根据 2019 年 2 月 21 日、27 日和 3 月 2 日 3 次 EOS/MODIS 卫星遥感监测，雪灾发生地区集中在三江源区东部，该区是重要的草地畜牧业生产基地。据统计，雪灾较为严重的玉树、称多、杂多、囊谦、玛沁、达日等县市家畜数量约有 715.91 万 SHU，占三江源 16 个县市家畜数量的 40.1%（表 10.11）。通过分析发现，全三江源区受到中度及以上雪灾影响的家畜数量约有 231.2 万 SHU，包括牦牛 52.5 万头，羊 21.3 万只，约占全区受灾家畜标准羊单位总量的 78.3%。全区受重度及以上雪灾影响的家畜约有 154.0 万 SHU，其中牦牛 35.5 万头，羊 12.2 万只，约占全区受灾家畜标准羊单位总量的 52.1%。在这些受灾区中，三江源国家公园核心属地玉树受灾程度最为严重，中度及以上雪灾影响的牦牛为 393416 头，藏羊 76467 只，受影响的家畜羊单位占比为 20%。通过对家畜死亡数据和受中度及以上雪灾影响家畜测算数据的比例进行分析发现，三江源国家公园核心区占全玉树州 71.6%，其中，治多县 51.2%、曲麻莱县 11.5%、杂多县 8.9%，占果洛州 13.3%（玛多县）。由此看来，三江源国家公园区域综合御灾能力弱。

表 10.11　2018～2019 年冬春季雪灾对果洛州、玉树州家畜影响的遥感测算

受灾情况		果洛州	玉树州
轻度受灾	牦牛／头	52845	65180
	藏羊／只	23926	17014
	羊单位占比／%	5.43	3.36
中度受灾	牦牛／头	58673	98139
	藏羊／只	44951	21387
	羊单位占比／%	6.45	5.01
重度受灾	牦牛／头	39440	178887
	藏羊／只	37683	35326
	羊单位占比／%	4.51	9.09
极重度受灾	牦牛／头	13519	116390
	藏羊／只	13279	19754
	羊单位占比／%	1.55	5.88

10.4.3　草地和食草动物平衡是三江源国家公园建设的核心

　　三江源国家公园牧民的生活提升和生产发展，将会降低园区内的预期自然比例。另外，根据《三江源国家公园总体规划》，核心保育区维护大面积原始生态系统的原真性，限制人类活动，传统利用区严格落实草畜平衡政策，适度发展生态有机畜牧业，进一步减轻草原载畜压力，加快牧民转产转业，逐步减少人类活动，将一般管控区中、重度退化草地进行生态保育和修复，待恢复后再开展休牧、轮牧形式的适度利用，并加强严格保护，这些措施将增加自然比例。因此，保障当地牧民生计的畜牧业生产活动和保护生物多样性与生态系统原真性、完整性之间的矛盾仍是三江源国家公园的主要矛盾。三江源国家公园社会－生态系统的可持续发展必须依赖于生态草地畜牧业技术、模式提升和区域耦合资源空间配置的路径（图 10.10），从而实现生态、生产和生活的协调发展（图 10.11）。

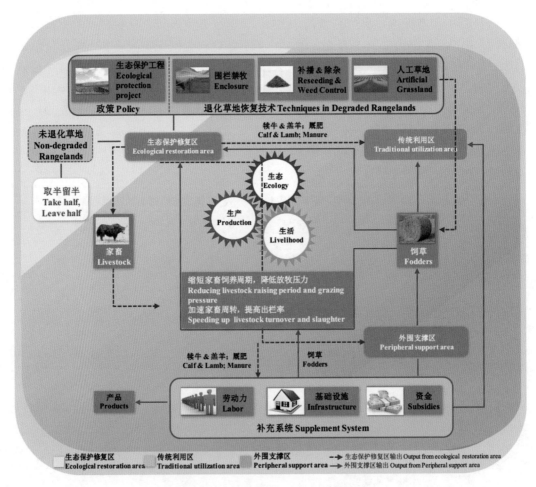

图 10.10　三江源国家公园可持续系统

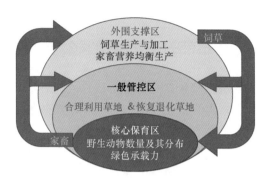

图 10.11 生态资源时空优化配置——"三区耦合理论"

三江源国家公园地上生物量遥感监测发现，2000～2017 年三江源国家公园植被总体向好，然而自 2012 年以来植被变化趋势减缓。无人区植被向好，而人类聚集区仍有变差的趋势（图 10.9）。草地和食草动物平衡是三江源国家公园社会－生态系统可持续发展的关键问题。适度放牧利用有利于草地维持和物种多样性保护。动植物在长期的进化过程中已经形成了协同进化，选择最优放牧策略将提高草地初级生产力，维护草地生态平衡，有效防止草地退化。所以，科学地利用草地资源、平衡草地－食草动物关系、转变生产方式成为三江源国家公园社会－生态系统可持续发展的根本。

10.4.4 三区耦合模式是三江源国家公园可持续发展的有效途径

草地牧草供给和家畜营养需求的季节性不平衡，降低了物质和能量的转化效率，浪费了大量的牧草资源。家畜饲养周期长、出栏率低是制约三江源国家公园畜牧业的最大瓶颈。在基于草地饲草资源量、野生食草动物数量和需求、家畜需求量、季节性变化以及季节性差异等参数的基础上，推行畜群优化管理，实行"返青期休牧"和"暖牧冷饲两段式养殖"新模式，加强良种培育和良种改良，在入冬前出售大批牲畜到农牧交错区和河谷农业区，以转移冬春草场放牧压力，为野生食草动物释放空间，充分利用农业区的饲草料资源进行育肥，实现饲草资源和家畜资源在时空上的补偿（图 10.11）。

以退化生态系统恢复和资源循环利用为目标的生态畜牧业发展模式，是生态畜牧业的较高级生产模式，作为一种新的生产模式，实现生态上合理、经济上可行、社会上可接受是畜牧业生产新模式成败的关键。确定草地合理放牧利用强度以及舍饲圈养的时间，建立以休牧时间为主要指标的可持续牧草生产的管理制度，改变传统的畜牧业经营方式，由自然放牧向舍饲半舍饲的饲养方式转变，推行标准化的集约舍饲畜牧业，为转移天然草场的家畜放牧压力和释放野生食草动物的生存空间提供强大的物质保障。保护草原生态环境，区域耦合优化资源空间配置是解决草地和食草动物矛盾和季节不平衡，提高草地资源的利用效率、畜牧业的经济效益和实现草地畜牧业及三江源国家公园可持续发展的主要方法。

10.4.5　以外围支撑区为纽带的三江源国家公园资源空间优化配置

以外围支撑区草产业为纽带，依据生态学的理论，充分考虑三江源国家公园三个功能分区和外围支撑区各个单元的功能、结构特点和自然条件，激活一般管控区和外围支撑区的物质、能量和信息流动，合理配置，科学规划，恢复生态保育修复区生态功能、发展传统利用区和外围支撑区舍饲畜牧业、调整外围支撑区的产业结构，形成三江源国家公园草地资源的保护和合理利用及以外围支撑区为纽带的饲草资源合理配置的草产业（Lafuite and Loreau，2017；Zhao et al.，2018）（图10.10）。以外围支撑区饲草料生产基地为依托实现经营方式由粗放经营向集约经营转变、饲养方式由自然放牧向舍饲半舍饲转变的生态畜牧业，促进当地牧民群众生产生活条件改善和小康社会建设，形成人与自然和谐发展的新模式。

在三江源国家公园周边适宜区域，如玉树巴塘、称多县、囊谦县、果洛大武、海南贵南、同德、河卡等地，建立外围支撑区，建植稳定、高产的人工草地，加强冷季补饲，解决草畜矛盾，减缓区域间时空相悖性（赵新全，2011；Zhao et al.，2018）（图10.11）。以饲草料建设为重点，切实加强畜牧业基础设施建设，大力推广舍饲半舍饲方式，加快推进畜牧业科技创新和应用，加大结构调整力度，促进产业优化升级，推进畜牧业产业化，提高畜牧业的综合效益。基于饲草料加工技术和绵羊冬季补饲技术的集成示范，凝练出放牧家畜"暖牧冷饲两段式饲养"模式，仅2012~2014年在贵南地区累计完成冷季健康养殖牛羊规模达8.0万SHU以上。通过冷季舍饲养殖，加快出栏周期，按每羊单位需求的高寒草甸草地面积平均为1.11hm²，可有效保护三江源8.67多万公顷的天然草地冷季草场，同时舍饲育肥新增经济利润达到4000万元；提高生态效益的同时经济效益也大幅提高。

如图10.10所示，在一般管控区实践由传统自然放牧向放牧+饲草料基地建设+冷季舍饲养畜的"暖牧冷饲两段式养殖"的生态畜牧业生产方式转变；同时将一般管控区的部分牲畜逐步迁移到传统利用区和外围支撑区进行"暖牧冷饲"。优化传统利用区的畜群结构，提高出栏率和经济效益，减少单位畜产品的碳排放；同时，缓解一般管控区的天然草地的放牧压力，使天然草地得到保护，有效地遏制草地退化，促进草地生态系统趋于良性循环，维持天然草地生态功能（赵新全，2011；Zhao et al.，2018；李奇等，2019）。

10.5　对策与建议

针对国家公园的研究主要集中在国家公园的概念、性质和功能定位、管理模式和发展历程、其他国家经验的对比和借鉴，以及我国国家公园试点存在的问题等方面。目前，仅仅是舆论报道，缺乏系统的科学研究。国家公园建设的可行性、自然和人文本底评估、区域遴选和空间布局、规划设计、社区发展、管理体制机制等方面都缺乏深入研究，急需科学理论和技术方法的支撑；受顶层设计不足、理论基础薄弱、利益相关者众多且关系复杂等方面制约，体制改革进展滞后，仍面临一系列实践与科学问题。

10.5.1 因地制宜、分区指导，优化草地保护功能区划

建议根据生态环境特征、生态环境敏感性和生态服务功能的区域差异性，将草原空间划分为不同生态、生产功能区，实行功能分区管理。对重点生态功能保护区，建立以国家公园为主体的自然保护地体系。开展不同区划内生态服务价值评估及分类经营模式优化研究工作，实现草地的分类经营和区域草地资源的优化配置及利用。

10.5.2 遵循自然规律、保证草地可持续利用

从生态系统的可持续发展角度出发，建议实施划区轮牧和季节性休牧。对于未退化天然草地要进行适度放牧，遵循"取半留半"的放牧原理，即草地利用率在 45% ～ 50%；对于轻、中度退化草地遵循"保原增多"的草地治理原则，即保持原有物种、增加牧用型物种；对于通过近自然措施难以恢复的重度退化草地应该遵循"分类治理"原理，建植"放牧型"、"保育型"和"刈用型"人工草地。

10.5.3 基于区域耦合、发展草地保护新范式

通过粮改饲，在农牧交错或农业种植区因地制宜发展营养体农业，以小面积的人工饲草地保护大面积的天然草地。基于系统耦合理论，充分利用地域优势，实现资源、信息与资金的时空互补，构建天然草地－人工草地－家畜整合新范式，系统解决天然草地草畜供需的季节性失衡。

10.5.4 优化生态补偿、充分调动牧民参与积极性

整合生态补偿资金来源，以生态补偿驱动生态保护。实施差异化的生态补偿方案，打破单一的"金钱"补偿途径及方式，改变"补偿就是发钱"的思想观念。以需代补，实施资金、物质和技术多元化的补偿方式。重点保护地区实行"每户一个生态守护岗位"，引导牧民积极主动地参与生态保护和生产。建议结合国家公园体制试点建立生态补偿试验区。

10.5.5 国家公园原真性和完整性的认识和评价技术体系的研发

根据国家公园的国家代表性、生态系统的原真性和完整性、区域适宜性原则，旨在研发国家公园遴选的指标体系，创新国家公园生态资产评价方法，建立我国国家公

园遴选的科学评价指标体系。主要通过生物物种及数量分布格局的本底调查、物种衰退及恢复的遗传学机制、特殊生境下物种生态适应及生存对策、生物物种之间的级联关系、典型生态系统功能对气候变化与人类活动的响应和反馈等方面研究，建立新的生态系统分类体系，回答国家公园原真性和完整性概念；制定国家公园原真性和完整性认识及评价技术体系，明确国家公园在全国乃至全球尺度的生态系统服务功能重要性；设立国家公园认证指标，建立国家公园认证体系；完善国际公认的生态资产评价体系及其产品。

10.5.6 国家公园原真性和完整性保护和维持的技术与方法

针对国家公园不同类型生态系统的生态环境保护与可持续发展的关键技术问题，发展野生动物栖息地的评价体系与恢复技术，濒危珍稀物种种群数量精准测量技术，典型生物遗传资源的保护及利用技术，退化草地生态系统恢复技术，资源合理利用技术，建设数字国家公园，发展"星－空－地"一体化监测网络，制定绿色承载力，实现国家公园的科学化、精准化管理。

10.5.7 国家公园自然－社会－经济系统可持续管理模式与绿色发展路径

主要技术需求区域适宜的生态补偿方案，特许经营制度；生态体验、环境教育、环境衍生产业发展模式；绿色发展决策支持系统；"自然－社会－经济"协调共赢绿色发展路径。

10.5.8 国家公园原真性和完整性适宜性评估

编制国家公园建设与管理评估技术方案和规范，制定生态系统完整性和原真性评估、生态资产增值核算、全民公益性评估等评估核算标准；评价管理目标、管理需求和管理成效，建立多元共治的国家公园管理体制和差异化的区域模式；制定区域适宜的生态补偿方案，建立保障当地居民利益的特许经营制度，提供保护为主和全民公益角度的决策依据和政策建议。

参考文献

蔡振媛, 覃雯, 高红梅, 等. 2018. 三江源国家公园兽类物种多样性及区系分析. 兽类学报, 39(4): 410-420.

曹伊凡, 张同作, 连新明, 等. 2009. 青海省可可西里地区几种有蹄类动物的食物重叠初步分析. 四川动物, 28(1): 49-54.

李欣海, 郜二虎, 李百度, 等. 2019. 用物种分布模型和距离抽样估计三江源藏野驴、藏原羚和藏羚羊的数量. 中国科学: 生命科学, 49(2): 151-162.

李义明, 王祖望, 皮南林, 等. 1992. 高寒草甸生态系统牲畜种群的线性规划模型和最优化利用策略. 应用生态学报, 3(1): 48-55.

刘静佳. 2017. 基于功能体系的国家公园多维价值研究——以普达措国家公园为例. 学术探索, (1): 57-62.

马玉寿, 李世雄, 王彦龙, 等. 2017. 返青期休牧对退化高寒草甸植被的影响. 草地学报, 25(2): 290-295.

皮南林, 曾缙祥. 1980. 藏系绵羊产肉性能及体组织热值的研究. 中国畜牧杂志, (5): 10-12.

邵全琴, 郭兴健, 李愈哲, 等. 2018. 无人机遥感的大型野生食草动物种群数量及分布规律研究. 遥感学报, 22(3): 497-507.

宋仁德, 汪永洲, 李国梅, 等. 2014. 玉树州畜种畜群结构调查与对策初探. 家畜生态学报, 35(2): 53-57.

王梦君, 唐芳林, 张天星. 2017. 国家公园功能分区区划指标体系初探. 林业建设, (6): 8-13.

王清华, 刘身庆, 魏雅萍, 等. 1990. 牦牛牛群结构及其出栏方案最优化数学模型的研究. 中国牦牛, (2): 27-36.

王文杰, 潘英姿, 王明翠, 等. 2007. 区域生态系统适应性管理概念、理论框架及其应用研究. 中国环境监测, 23(2): 1-8.

谢荣清, 郑群英, 杨平贵, 等. 2006. 牦牛的适宜屠宰年龄研究. 家畜生态学报, (1): 60-62.

辛有俊, 杜铁瑛, 辛玉春, 等. 2011. 青海草地载畜量计算方法与载畜压力评价. 青海草业, 20(4): 13-22.

徐海根, 丁晖, 欧阳志云, 等. 2016. 中国实施2020年全球生物多样性目标的进展. 生态学报, 36(13): 3847-3858.

许茜, 李奇, 陈懂懂, 等. 2017. 三江源土地利用变化特征及因素分析. 生态环境学报, 26(11): 1836-1843.

许茜, 李奇, 陈懂懂, 等. 2018. 近40 a三江源地区土地利用变化动态分析及预测. 干旱区研究, 35(3): 695-704.

杨帆, 邵全琴, 郭兴健, 等. 2018. 玛多县大型野生食草动物种群数量对草畜平衡的影响研究. 草业学报, 27(7): 1-13.

杨淑霞. 2017. 三江源地区高寒草地生物量和草畜平衡的时空变化动态及其影响因素研究. 兰州: 兰州大学博士学位论文.

杨正雄, 达瓦, 张坚, 等. 2008. 藏族与汉族中老年人膳食模式的差异对血脂的影响. 中国慢性病预防与控制, (3): 239-241, 274.

赵新全. 2011. 三江源区退化草地生态系统恢复与可持续管理. 北京: 科学出版社.

朱伟伟. 2019. 中国科学院科技服务网络计划2017年重点项目"三江源国家公园生物多样性保护及生态系统适应性管理技术与模式"课题二"生态承载力与生态安全评价"总结报告. 西宁: 中国科学院西北高原生物研究所.

Beisner B E, Haydon D T, Cuddington K. 2003. Alternative stable states in ecology. Frontiers in Ecology and the Environment, 1(7): 376-382.

Birgé H E, Bevans R A, Allen C R, et al. 2016. Adaptive management for soil ecosystem services. Journal of Environmental Management, 183(2): 371-378.

Cazalis V, Loreau M, Henderson K. 2018. Do we have to choose betweenfeeding the human population and conserving nature? Modelling the global dependence of people on ecosystem services. Science of the Total Environment, 634: 1463-1474.

Dinerstein E, Vynne C, Sala E, et al. 2019. A global deal for nature: Guiding principles, milestones, and targets. Science Advances, 5(4): eaaw2869.

Elzinga C L. 2001. Monitoring Plant and Animal Populations. New York: John Wiley and Sons.

Griffith J A, Martinko E A, Price K P. 2000. Landscape structure analysis of Kansas at three scales. Landscape and Urban Planning, 52(1): 45-61.

Holling C S. 1978. Adaptive Environmental Assessment and Management. New York: John Wiley and Sons.

Janis C M, Wilhelm P B. 1993. Were there mammalian pursuit predators in the tertiary? Dances with wolf avatars. Journal of Mammalian Evolution, 1(2): 103-125.

Lafuite A S, Loreau M. 2017. Time-delayed biodiversity feedbacks and the sustainability of social~ecological systems. Ecological Modelling, 351: 96-108.

Lafuite A S, De M C, Loreau M. 2017. Delayed behavioural shifts undermine the sustainability of social-ecological systems. Proceedings of the Royal Society B: Biological Sciences, 284(1868): 20171192.

Lafuite A S, Denise G, Loreau M. 2018. Sustainable land-use management under biodiversity lag effects. Ecological Economics, 154: 272-281.

Loreau M, Mouquet N, Holt R D. 2003. Meta-ecosystems: A theoretical framework for a spatial ecosystem ecology. Ecology Letters, 6(8): 673-679.

Ofstad E G, Herfindal I, Solberg E J, et al. 2016. Home ranges, habitat and body mass: Simple correlates of home range size in ungulates. Proceedings of the Royal Society B: Biological Sciences, 283(1845): 20161234.

Tian D, Xie Y, Barnosky A D, et al. 2018. Defining the balance point between conservation and development. Conservation Biology, 33(2): 231-238.

Walters C J. 1986. Adaptive Management of Renewable Resources. New Jersey: Blackburn Press.

Walters C J, Hilborn R. 1978. Ecological optimization and adaptive management. Annual Review of Ecology and Systematics, 9(1): 157-188.

Zhao X, Zhao L, Li Q, et al. 2018. Using balance of seasonal herbage supply and demand to inform sustainable grassland management on the Qinghai-Tibetan Plateau. Frontiers of Agricultural Science and Engineering, 5(1): 1-8.